纺织服装类“十三五”部委级规划教材（高职高专）

无机化学（2版）

（上册：理论部分）

主　　编：任　洁　刘旭峰

副 主 编：吴舒红　梁　冬

参编人员：彭　涛　何丽清　周　芬

魏芬芬　冯　顺　刘春杰

東華大學出版社

·上海·

内 容 提 要

本教材依据高职高专“无机化学”课程教学的基本要求，结合高职高专院校学生的特点，按照模块结构进行编写。全书分上、下两册，上册为理论部分，下册为实验部分。上册内容分三个模块：储备知识模块——绪论和化学基础知识；基本原理模块——化学反应速率、化学平衡、电解质溶液和离子平衡、沉淀反应、氧化还原反应和电化学基础、原子结构与元素周期表、化学键与分子结构、配位化合物；元素及其化合物模块——主族元素和副族元素。下册内容为三个实践模块：无机化学实验基本知识、无机化学实验基本技能、无机化学实验项目。教材内容与生产实践紧密结合，体现“贴近学生、贴近生活、贴近行业”的高职高专教育特色，在指导学生掌握化学的基础知识、基本技能和基本方法的同时，加强实验操作能力和实践应用能力的训练，提高学生在化工专业领域从事科技工作的能力。

本教材可作为高职高专院校化工、环保、轻纺、材料、生物、医药卫生等专业的教材，也可作为从事化工类相关专业的技术人员的参考资料。

图书在版编目(CIP)数据

无机化学/任洁，刘旭峰主编. —2版. —上海：东华大学出版社，2020.6

ISBN 978-7-5669-1742-3

Ⅰ.①无… Ⅱ.①任… ②刘… Ⅲ.①无机化学 Ⅳ.①O61

中国版本图书馆CIP数据核字(2020)第083764号

责任编辑：张 静

封面设计：魏依东

出 版：东华大学出版社(上海市延安西路1882号，200051)

出版社官网：http://dhupress.dhu.edu.cn

出版社邮箱：dhupress@dhu.edu.cn

天猫旗舰店：http://dhdx.tmall.com

营销中心：021-62193056 62373056 62379558

印 刷：句容市排印厂

开 本：787 mm×1092 mm 1/16 印张 20

字 数：487千字

版 次：2020年6月第2版

印 次：2020年6月第1次印刷

书 号：ISBN 978-7-5669-1742-3

定 价：69.00元

前　言

根据教育部“十三五”规划确定的高等教育要以培养生产、建设、管理、服务第一线的高素质技能型专门人才为根本任务的要求，结合新时期高职高专院校学生的特点及行业、企业对化工、纺织、食品、环境、材料、农林医等人才培养的新要求，编写符合高职高专教育规律和特点的教材已经成为当务之急。

本教材根据高职高专院校的教学特点及其学生的认知规律，对无机化学的课程体系和教学内容进行了适当的调整，删减了应用性较弱的内容，按照模块结构把理论知识和实践内容结合在一起进行编排。

(1) 教材内容与生产实践紧密结合。突出基本知识、基本理论、基本技能在生产中的应用，体现“贴近学生、贴近生活、贴近行业”的职业教育的特色。

(2) 对教材内容进行有序化重建，按模块结构进行编写。采用模块及任务结构的编写方式，这更有利于推进基于工作过程的行动导向教学法的实施。

(3) 教材内容的安排注重中高职衔接，适合高职高专院校的实际教学需要。以“实用为主，够用为度”为原则，删减了部分实际生产中不常用的相关内容，同时加入一些选修内容，可根据具体情况选择。突出了基础知识和基本操作技能，力求基础、够用、实用，为学生将来的职业能力的进一步发展奠定坚实的基础。

(4) 教材内容的表达形式适合高职高专院校的教学需要。根据高职高专学生的学识基础和认知水平等方面的特点，文字表述深入浅出、通俗易懂，同时尽量多地采用图表以体现直观性，并结合具备较好实用价值的案例，进一步增强学生的学习兴趣。

本教材由任洁、刘旭峰担任主编，吴舒红、梁冬任副主编。全书分上、下两册出版，上册为理论部分，下册为实验部分。参加教材编写的人员有广东职业技术学院任洁、刘旭峰、吴舒红、梁冬、彭涛、何丽清、周芬、魏芬芬、冯顺、刘春杰。最后，全书由任洁、刘旭峰统稿、定稿。

在教材的编写过程中，得到了编者所在院系领导的大力支持，在此表示感谢。教材的编写还参考了大量公开发行的教材及精品课程网站资源，在此也向相关的作者和老师表示感谢。

东华大学出版社为本教材的出版做了大量的工作，在此谨表示衷心的感谢。

由于编者水平有限，教材中难免存在不足之处，热切希望广大同行和读者批评指正，使本教材得到不断的完善。

编者

2020-3-31

目　录

储备知识模块

基本原理模块

元素及其化合物模块

储备知识模块

第1章 绪论

1.1 化学的研究对象

宇宙中的万物，从宏观的天体、银河、日月、星辰、山川、河流、动植物到微观世界的电子、中子、离子等粒子，都是不依赖于人的意识而客观存在的物质。这些物质告诉我们客观存在的物质是不能创造，也不能消灭的，只能在一定的条件下相互转化，人类只能通过认识它们来改造物质世界。所以，一切自然科学（包括化学）都以客观存在的物质世界作为考察和研究的对象。

1.1.1 化学的定义

人们把客观存在的物质划分为实物和场（电磁场、引力场等）两种基本形态，化学研究的对象是实物而不是场。就物质的构造情况来说，大至宏观的天体，小至微观的基本粒子，其间可分为若干层次。如果包括地球在内的天体作为第一个层次，那么组成天体的单质和化合物就成为下一个层次，组成单质和化合物的原子、分子和离子作为再下一个层次，组成原子、分子和离子的电子、质子、中子及其他基本粒子还可构成一个层次。在物质构造的这些层次中，仅有某些基本粒子（如光子等）属于场这种物质形态，而包括其余基本粒子在内的所有层次的物质都属于实物。化学研究的对象只限于原子、分子和离子这一层次上的物质。

组成每个物体的分子和原子都处于永远不停的运动中。物质的运动包含有多种形式，例如机械的、热的、化学的和生物的运动等。化学主要研究物质的化学运动，即化学变化。在化学变化过程中，分子、原子或离子由于核外电子运动状态的改变而发生分解或化合，同时伴有物理变化（如光、热、电、颜色、物态等）。因此，在研究物质的化学变化的同时，必须注意相关的物理变化。由于物质的化学变化基于物质的化学性质，而物质的化学性质同物质的组成和结构密切相关，所以物质的组成、结构和性质必然成为化学研究的内容。不仅如此，物质的化学变化还同外界条件有关，因而研究物质的化学变化一定同时要研究变化发生的外界条件。

因此，化学是一门在原子、分子或离子层次上研究物质的组成、结构、性质，以及可能发生的变化和变化中的能量关系的自然科学。

1.1.2 化学在人类社会发展中的作用

化学对人类社会发展做出的贡献是多方面和全方位的，从人类的衣食住行到高科技发展的各个领域，到处留下了化学研究的足迹，人类享受着化学发展的成果。

追溯历史，火是人类最早掌握的一种自然力。在我国，早已有“燧人氏”钻木取火的传说。《韩非子·五蠹》记载：“民食果蓏蜯蛤，而伤害腹胃，民多疾病。有圣人作，钻燧取火，以化腥臊，而民悦之，使王天下，号曰燧人氏。”人工取火是一个了不起的发明，从那时候起，人们就随时可以吃到熟的东西，寒夜可以取暖、驱逐野兽，使人类结束了茹毛饮血的原始生活，充分地利用燃烧时的发光发热现象。

约在公元前3000年左右，世界上开始了奴隶社会时期。一直到公元前后的这段时期，埃及人已经学会利用铁矿石炼铁，制造有色玻璃，鞣制皮革，从植物中提取药物、染料和香料，制造陶器，等等。在印度和中国，化学工艺的发展比埃及还要早一些。我国铜的冶炼技术约开始于公元前2500—前2000年，两汉时(公元前1世纪)发明了造纸术。

由于中国封建主的贪得无厌，梦想长生，许多道家设法炼“丹”，公元2世纪(东汉)魏伯阳著成《周易参同契》一书，记载了世界上现存最古老的炼丹术文献。

到16世纪初期，欧洲的生产力发展较快，突破了封建制度，开始了资本主义工业的发展，商业的兴盛和生活本身所提出的一系列新要求(如医治疾病等)，迫使化学走上正路。阿格利柯拉则总结了那时的采矿和冶金技术，著成一本巨著《论金属》。我国明代医药化学家、医生李时珍著有一药物学巨著《本草纲目》，书中列有中药材、矿物1 000多种，并附有制备方法、性质介绍。明代的宋应星也像阿格利柯拉一样，总结了我国的工业技术，著有《天工开物》(1639)一书。

前述都属于实用化学工艺时期，直到17世纪英国化学家波义耳提出了科学的化学元素概念，化学的发展更为迅速，主要表现在对物质结构与化学变化的规律有了较深刻的认识，各种不同类型的物质大量地被合成出来，形成了近现代庞大的化工体系。化学技术的不断发展，促进了人类生产力的发展，推动了历史的进步。

当今人类生活的各个方面、社会发展的各种需要，都与化学息息相关。1997年原美国化学学会主席R. Breslow在《化学的今天和明天——化学是一门中心的、实用的和创造性的科学》一书中，有一段生动的叙述：“早晨开始，我们在用化学品建造的住宅和公寓中醒来，家具是部分地用化学工业生产的现代材料制作的，我们使用化学家们设计的肥皂和牙膏，并穿上由合成纤维和合成染料制成的衣着；即使天然的纤维(如羊毛或棉花)也是经化学品处理过并染色的，这样可以改进它们的性能。为了保护起见，我们的食品被包装起来和冷藏起来，且这些食品或是用肥料、除草剂和农药使之成长；或是家畜类需用兽医药来防病；或是维生素类可以加到食品中或制成片剂后口服；甚至我们购买的天然食品，诸如牛奶，也必须要经化学检验来保证纯度。我们的交通工具——汽车、火车、飞机在很大程度上是要依靠化学加工的产品。晨报是印刷在经化学方法制成的纸上，所用的油墨是由化学家们制造的；用于说明事物的照片要用化学家们制造的胶片。在我们生活中的所有金属制品都是用矿石经过以化学为基础的冶炼转化变成金属或将金属再变成合金，化学油漆还能保护它们。化妆品是由化学家制造和检验过的。执法用的和国防上用的武器要依靠化学。事实上，在我们日常生活所用的产品中很难找出有哪一种不是依靠化学和在化学家们的帮助下制造出来的。”

特别是进入21世纪以来，人类社会面临着粮食、能源、资源、环境、人口等众多问题的挑战，天然能源的有效利用、新能源的开发、环境保护、人口健康、资源的合理开发和利用，给化学的进步提供了广阔的天地，即在发展新材料学、新能源与可再生能源科学技术、生命科学

技术、信息科学技术及有益于环境的高新技术中,化学工作者都将能发挥十分重要的工作。

1.2　无机化学的简介

化学在其发展过程中逐步形成了许多分支学科。按照研究物质的化学运动的对象和方法不同,化学通常分为无机化学、有机化学、分析化学、物理化学和高分子化学等基础学科。随着化学在各方面的应用,化学与其他学科的结合及新技术、新材料的发展,又陆续形成了许多新的分支和边缘学科,例如农业化学、生物化学、海洋化学、环境化学等。

1.2.1　无机化学的研究对象

无机化学是化学科学中发展最早的一个分支学科,它承担着研究所有元素的单质和化合物(碳氢化合物及其衍生物除外)的组成、结构、性质和反应的重大任务。无机物质包括除有机化合物以外的所有元素及其化合物,因此无机化学的研究范围极其广阔。化学中最重要的一些概念和规律,如元素、分子、化合、分解、元素周期律等,都是无机化学早期发展过程中形成和发现的。

从18世纪后半叶到19世纪初期,无机化学还未形成一门独立的化学分支学科以前,可以讲化学发展史也就是无机化学发展史。随着有机工业的发展,有机化学得到了蓬勃发展,相形之下,在19世纪中叶以后,无机化学处于停滞落后的状态。20世纪40年代以来,由于原子能工业、电子工业、宇航、激光等新兴工业和尖端科学技术的发展,对有特殊性能的无机材料的需求日益增多,无机化学又重新得到快速的发展。特别是结构理论的发展(化学键、配合物)和现代物理方法的引入,使人们对无机物的结构和变化规律有了比较系统的认识,积累了丰富的热力学和动力学数据。在这个基础上建立了大规模的无机工业体系,工业发展和科学发展相互促进,无机化学开始"复兴"。

当前,无机化学和其他化学分支一样,正从基本上是描述性的科学向推理性的科学过渡,从定性向定量过渡,从宏观向微观深入,一个比较完整的、理论化的、定量化的和微观化的现代无机化学新体系正在迅速地建立起来。

1.2.2　无机化学的发展前景

当今化学发展总的趋势大致是:由宏观到微观,由定性到定量,由稳定态向亚稳态,由经验上升到理论,并用理论指导实践,进而开创新的研究。为适应需要,合成具有特殊性能的新材料、新物质,解决和其他自然科学互相渗透过程中所不断产生的新问题,并向探索生命科学和宇宙起源的方向发展。

随着科技的日新月异,各类学科纵横交叉,出现了无机化学自身继续发展与相关学科融合发展相结合的发展趋势。在化学学科范围内,与有机化学相互渗透,形成元素有机化学、金属有机化学;与物理化学交叉,形成物理无机化学。在化学学科范围之外,与材料科学结合,形成固体无机化学和固体材料化学;向生物化学渗透,形成生物无机化学,研究生命过程中无机离子的作用机理。环境科学中的很多化学问题基本上是无机化学问题。因此,与数年前相比较,无机化学所研究的范围越来越广阔。

现代社会中的三大支柱产业——能源、信息和材料,都与无机化学的基础研究密切相

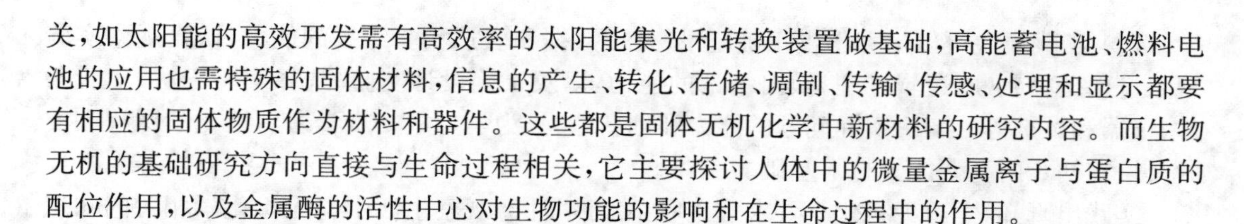

关，如太阳能的高效开发需有高效率的太阳能集光和转换装置做基础，高能蓄电池、燃料电池的应用也需特殊的固体材料，信息的产生、转化、存储、调制、传输、传感、处理和显示都要有相应的固体物质作为材料和器件。这些都是固体无机化学中新材料的研究内容。而生物无机的基础研究方向直接与生命过程相关，它主要探讨人体中的微量金属离子与蛋白质的配位作用，以及金属酶的活性中心对生物功能的影响和在生命过程中的作用。

随着工业的发展，未来无机化学主要面临着环境、能源等领域提出的问题，这当中也涉及到配位化学、生物无机化学、绿色化学、无机材料化学等相当多的无机化学前沿课题。展望未来无机化学事业和对人类生活的影响，我们充满信心，倍感兴奋，化学是无限的，化学是至关重要的，它将帮助我们解决21世纪所面临的一系列问题，化学将迎来它的黄金时代。

1.3 无机化学的学习方法

1.3.1 培养学习兴趣

爱因斯坦说："兴趣是最好的老师……"孔子说："知之者不如好之者，好之者不如乐之者。"苏联教育学家斯卡特金说："教育效果取决于学生的学习兴趣。"在非智力因素的动机、兴趣、情感、意志和性格等诸多因素中，兴趣有着举足轻重的作用。它是学生探求知识的巨大动力，是发明创造的精神源泉。化学作为基础学科，乏味而枯燥，怎么能够培养学生学习无机化学的兴趣呢？

这里提出两点建议：

(1) 建立积极的期望。积极期望就是从改善学习者自身的心理状态入手，对自己不喜欢的学科充满信心，相信该学科是非常有趣的，自己一定会对这门学科产生信心。想象中的"兴趣"会推动我们认真学习该学科，从而导致对此学科真正感兴趣。做到遇到容易的内容不骄傲，遇到难懂的内容不气馁。

(2) 营造活跃的学习氛围。年龄特点决定了学生具有好奇、勇于探索的个性，乐意接受新事物，容易吸收新知识。在学习中积极探索，并与生活实例相结合，开发小实验解决生活小问题，让枯燥的知识变得有趣，让学习氛围变得活跃。

1.3.2 理论联系实践

无机化学是化学教学中一门独立课程，其目的不仅是传授化学知识，更重要的是培养学生的能力和优良的素质。在熟练掌握化学基础知识的同时，更要掌握基本实验操作技能，用理论指导实践，培养分析问题、解决问题的能力。尤其注意用已经掌握的知识来解释和指导生活和生产实际中的一些问题。学生在学习时应注重理论模块和实践模块的结合。

(1) 通过系统的学习，逐渐熟悉无机化学实验的基本知识及实验基本技能模块，获得大量物质变化的感性认识，加深对课堂上讲授的基本原理和基础知识模块的理解和掌握。

(2) 在常用基本操作实验和基本原理实验项目中，计算始终纵贯于实验，从而使学生更好地掌握无机化学基本计算知识。

(3) 通过重要元素及其化合物性质实验，使学生进一步熟悉元素及化合物的重要性质和反应，掌握无机化合物的一般分离和制备方法。

(4) 实践模块可以培养学生正确记录、处理数据和表达实验结果的能力，认真观察实验现象进而分析判断、逻辑推理、做出结论的能力，以及正确设计实验（选择实验方法、实验条件、仪器和试剂等）、解决实际问题的能力和创新能力，为学生进一步学习后续化学课程和实验及培养初步的科研能力打下基础。

实践出真知，学习无机化学要求理论联系实践，注意观察生活中与无机化学相关的知识和信息，用已知的知识来解释和指导生活和生产实践。

无机化学是一门以实验为基础的自然科学，理论课和实验课是一个整体，它们相互补充和完善，要相互结合学习。

1.3.3　抓好各个环节

学好无机化学要抓好各个环节，主要从以下几个方面去抓：

(1) 课前做好预习。浏览一遍即将要讲授的内容，通过自学了解课程的内容，找出自己的难点，有目的地去听讲。

(2) 课堂认真听讲。跟上教师的讲授思路，有弄不懂的问题暂且放下，待以后解决。不然，由于讲授速度快，容易积累更多的疑难问题。

(3) 做好课堂笔记。在听课时适当做好笔记，有利于课后复习。

(4) 课后复习。本课程理论性较强，概念抽象难理解，课后一定要反复看书自学，才能加深理解并掌握。

(5) 课后认真做作业。练习习题是掌握化学理论知识的最好方法，也有助于培养独立思考和自学的能力。

(6) 学会利用图书馆、网络查阅资料。除了以上环节，还可以通过图书馆查阅资料来获取知识，网络也是获取知识最好最快的途径。这也是独立思考和自学的极好方法。

第2章 化学基础知识

知识要点

(1) 掌握化学基本概念。
(2) 能利用理想气体状态方程和气体定律进行相关的计算。
(3) 掌握溶液浓度的基本表示方法。
(4) 会应用化学反应方程式进行相关的计算。
(5) 理解化学反应中的能量关系和热化学定律。

2.1 化学基本概念

2.1.1 分子、原子

在保持物质化学性质的前提下，物质分割的极限，称为分子，即分子是保持物质化学性质的最小微粒。

分子只保持物质的化学性质，而不保持物质的物理性质。物质的物理性质，如熔点、沸点、密度、硬度等，都是许多分子聚集在一起才能表现出来的。

分子是构成物质的最小微粒，是以“保持物质化学性质”为前提的。离开这个前提，分子就不再是构成物质的最小微粒。因为分子能再分成更小的微粒——原子，而原子已不再具有原物质的化学性质。例如，将一个二氧化碳分子再分，就会生成碳原子和氧原子，它们的性质和二氧化碳完全不同。

化学反应是分子可以再分为原子的有力证据。例如，水电解能得到 H_2 和 O_2，说明 H_2O 分子是由更小的微粒构成的。在电解水的过程中，H 原子和 O 原子发生了新的组合，而原子本身并没有变成其他原子。可以说，原子是物质进行化学反应的基本微粒。原子有四个显著的特点：(1)原子由原子核和核外电子构成，原子核由质子和中子构成，而质子和中子由三个夸克构成；(2)原子的大部分质量集中于原子核内；(3)核的体积很小，约为整个原子体积的 10^{-15}，原子核外有较大的空间；(4)原子内原子核的密度非常大，约为金属铀的密度的 5×10^{12} 倍。

分子和原子都是构成物质的微粒，它们都在不断地运动着。但它们有着本质的差别：分子能独立存在，它保持原物质的化学性质，在化学反应中，一种分子能变成另外一种或几种分子；原子则一般不能独立存在，不一定保持原物质的化学性质，在化学反应中，一种原子不会变成另外的原子。分子和原子是构成物质的不同层次。

2.1.2 元素、核素和同位素

根据现代化学的概念,元素指原子核内核电荷数(即质子数)相同的一类原子的总称。元素是以核电荷为标准对原子进行分类的。也就是说,原子的核电荷是决定元素内在联系的关键。到2010年为止,人们在自然中发现的物质有3 000多万种,但组成它们的元素只有118种。

由同种元素组成的物质为单质,如氧气、铜、金刚石等。由不同种元素组成的物质称为化合物,如水、盐酸、氢氧化钠等。

注意,不要把元素、单质、原子三个概念彼此混淆。元素和单质是宏观的概念。单质是元素存在的一种形式(自由态或称为游离态)。某些元素可以形成几种单质,如碳元素可以形成金刚石、石墨两种单质。元素是一定种类的原子的总称。元素符号既表示一种元素,也表示该元素的一个原子。元素只能存在于具体的物质(单质或化合物)中,脱离具体的物质是不存在的。原子是微观的概念,既可以论个数,也可以论质量。但元素没有这样的含义,它指的是同一种类的原子。例如水是由氢、氧两种元素组成的,水分子中含有2个氢原子和1个氧原子,而绝不能说成水分子中含有2个氢元素和1个氧元素。

有些元素以多种稳定的原子形式存在。为了区分,把具有一定数目的质子和一定数目的中子的一种原子称为核素。例如:原子核里有8个质子和8个中子的氧原子,它的质量数为16,称为氧—16核素,表示为^{16}O;原子核里有8个质子和9个中子的氧原子,它的质量数为17,称为氧—17核素,表示为^{17}O;原子核里有8个质子和10个中子的氧原子,它的质量数为18,称为氧—18核素,表示为^{18}O。具有多种稳定核素的元素又称为多核素元素,氢、氧元素都为多核素元素。有些元素只有一种稳定的核素,称为单核素元素,例如钠元素,只有质子数为11、中子数为12的一种核素$^{23}_{11}Na$。天然元素多数为多核素元素。

质子数相同而中子数不同的同一元素的不同原子互称为同位素,即多核素元素中的不同核素互称为同位素。同种元素的不同核素,质子数相同,在周期表中占同一位置,这就是同位素的原意。在自然界中天然存在的同位素称为天然同位素,人工合成的同位素称为人造同位素。如果该同位素具有放射性,则被称为放射性同位素。

2.1.3 相对原子质量和相对分子质量

由于原子的绝对质量很小,用“千克”做单位很不方便。1973年国际计量局公布了原子质量的单位,规定一个^{12}C核素原子质量的1/12为“统一的原子质量单位”,用“u”表示。因此,^{12}C的原子质量等于12 u。

通过质谱仪可以测定各核素的原子质量及其在自然界的丰度,根据同位素的原子质量和丰度的乘积之和就可以计算出元素的平均原子质量,如汞的平均原子质量为200.6 u。根据相对原子质量的定义,某元素一个原子的平均质量与核素^{12}C原子质量的1/12之比,即为该元素的相对原子质量(A_r):

$$A_r = \frac{\text{元素的平均原子质量}}{^{12}\text{C 的原子质量} \times 1/12} \tag{2-1}$$

例如：$^{35}_{17}Cl$ 核素的原子质量为 34.969 u，丰度为 75.77%；$^{37}_{17}Cl$ 核素的原子质量为 36.966 u，丰度为 24.23%。则氯元素的平均原子质量为：

$$34.969\ \text{u} \times 75.77\% + 36.966\ \text{u} \times 24.23\% = 35.453\ \text{u}$$

$$A_r(\text{Cl}) = \frac{35.453\ \text{u}}{12\ \text{u} \times 1/12} = 35.453$$

可见，相对原子质量和平均原子质量是两个有区别的概念，同一元素的相对原子质量和平均原子质量的数值相同，但平均原子质量有单位(u)，相对原子质量则是一个没有单位的物理量。根据数学上"比"的道理，同量纲的量比只有比值而没有单位，它仅仅表示对某一基准的倍数。如汞元素的相对原子质量 $A_r(\text{Hg})=200.6$ 表示汞元素的平均原子质量是核素 ^{12}C 原子质量的 1/12 的 200.6 倍。

相对分子质量等于组成该分子的各原子的相对原子质量的总和，用符号 M_r 表示。例如，水的相对分子质量为：$M_r(H_2O)=2\times A_r(\text{H})+A_r(\text{O})=2\times 1.008+15.999=18.015$。

2.1.4　物质的量及其单位、摩尔质量

"物质的量"是用于计量指定的微观基本单元，如分子、原子、离子、电子等微观粒子或其特定组合的一个物理量。1971 年 10 月有 41 个国家参加的第 14 届国际计量大会正式通过的有关"物质的量"的单位，其名称为"摩尔"，单位符号为"mol"。摩尔是一系统的物质的量，该系统中所包含的基本单元数与 0.012 kg^{12}C 的原子数目相等。0.012 kg^{12}C 所含的碳原子数目(约 6.02×10^{23} 个)称为阿伏加德罗常数(N_A)。因此，如果某物质系统中所含的基本单元的数目为 N_A 时，则该物质系统的"物质的量"即为 1 mol。例如：

1 mol H_2 表示有 N_A 个 H_2 分子；

1 mol OH^- 表示有 N_A 个 OH^- 离子；

2 mol C 表示有 2 N_A 个 C 原子；

1 mol $\frac{1}{2}O_2$ 表示有 N_A 个 $\frac{1}{2}O_2$ 基本单元。

在使用摩尔这个单位时，一定要指明基本单元(以化学式表示)，否则示意不明。

"物质的量"是表示组成物质的基本单元数目的物理量。某物系中所含基本单元数是阿伏加德罗常数的多少倍，则该物系中"物质的量"就是多少摩尔。

从上面的讨论我们知道，摩尔是一个数量单位，而不是质量单位。物质的质量是以"千克"来度量的。那么，一定数量的物质必然具有一定的质量。1 mol^{12}C 原子的质量是 12 g，1 mol H_2 的质量为 2.016 g。因此，人们将 1 mol 物质的质量称为摩尔质量，用 M 表示，单位为"$\text{g}\cdot\text{mol}^{-1}$"。

由上述可知，某物质的摩尔质量在数值上等于其基本单元的相对分子质量。摩尔质量(M)也等于某物质的质量(m_B)除以该物质的物质的量(n_B)：

$$M = \frac{m_B}{n_B} \tag{2-2}$$

这也是物质的量、质量、摩尔质量三者的关系。

【例 2-1】 H_2O 的相对分子质量为 18.0。18.0 g H_2O 以 H_2O 和 $\frac{1}{2}H_2O$ 表示时，其物

质的量分别为:

$$n(H_2O)=\frac{18.0\ g}{18.0\ g\cdot mol^{-1}}=1.00\ mol$$

$$n\left(\frac{1}{2}H_2O\right)=\frac{18.0\ g}{9.00\ g\cdot mol^{-1}}=2.00\ mol$$

2.2　物质的聚集状态

在常温常压下,物质主要有气态、液态和固态三种形式,它们总是以大量的分子、原子、离子聚集而成。在一定条件下,物质的三种聚集状态可以相互转化。本节主要讨论三种聚集状态的性质及其变化规律。

2.2.1　气体

气体的基本特征是它的扩散性和压缩性。在压力不太高、温度不太低的情况下,气体分子间的距离大,并做无规则运动,能扩散而充满整个容器。气体的存在状态主要取决于压力、体积、温度及物质的量之间的关系,这四个因素可近似地用理想气体状态方程进行描述。

2.2.1.1　理想气体状态方程

理想气体是一种假设的气体模型,实际上并不存在理想气体。它可看作是实际气体在压力很低时的一种极限状况,认为这种分子间无相互作用力,分子本身不占体积。

理想气体状态方程的表达式:

$$pV = nRT \tag{2-3}$$

式中:p 为气体的压力(Pa); V 为气体的体积(m^3); n 为气体的物质的量(mol); T 为气体的热力学温度,简称气体温度(K); R 为摩尔气体常数,常用值为 $8.314\ J\cdot mol^{-1}\cdot K^{-1}$。

【例 2-2】　在体积为 $0.20\ m^3$ 的钢瓶中盛有 0.89 kg 的 CO_2 气体,当温度为 30 ℃时,钢瓶内的压力达到多少?

解:因为 $pV = nRT$, $n = m/M$

$$所以\ p=\frac{mRT}{MV}=\frac{0.89\ kg\times 8.314\ J\cdot mol^{-1}\cdot K^{-1}\times 303.15\ K}{0.044\ kg\cdot mol^{-1}\times 0.20\ m^3}=2.55\times 10^5\ Pa$$

2.2.1.2　混合气体分压定律

在日常生活中,我们经常遇到的气体多数是以任意比混合的混合物。例如:空气是氧气、氮气、稀有气体等几种气体的混合物;合成氨的原料气是氢气、氮气的混合物。如果组成混合气体的各组分之间不发生化学变化,在温度、压力不太高的条件下,视为理想气体混合物。混合气体中各组分气体的相对含量,可以用组分气体的分压表示,也可以用气体的分体积或体积分数表示。

在一定温度下,将 1 和 2 两种气体分别放入体积相同的两个容器里,在保持两种气体的温度和体积相同的情况下,测定它们的压力分别为 p_1 和 p_2,将其中的一个容器中的气体全部充入另一个容器中(图 2-1),混合后混合气体的总压力约为 $p=p_1+p_2$。

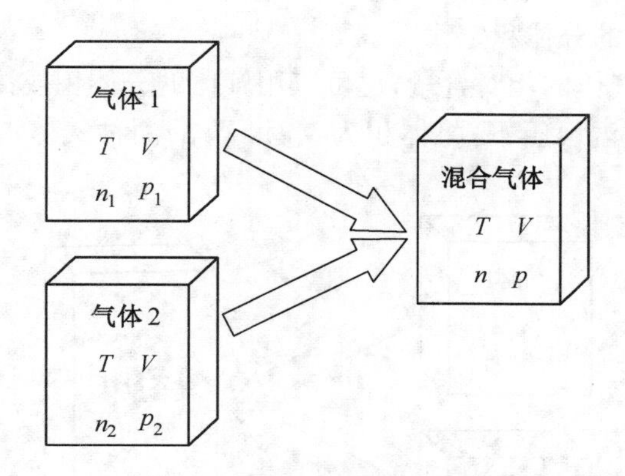

图 2-1　混合气体的分压和总压示意图

1807 年，道尔顿总结了大量实验数据，提出混合气体分压定律：混合气体的总压力等于各组分气体分压之和。表达式为：

$$p_{总} = p_1 + p_2 + \cdots + p_i;\ p_{总} = \sum p_i \tag{2-4}$$

根据理想气体状态方程，组分气体 i 和混合气体的物质的量分别为 n_i 和 $n_{总}$，它们的压力分别为：

$$p_i V = n_i RT \tag{2-5a}$$

$$p_{总} V = n_{总} RT \tag{2-5b}$$

式中：V 为混合气体的体积。

将式(2-5a)除以式(2-5b)，可得下式：

$$\frac{p_i}{p_{总}} = \frac{n_i}{n_{总}} \tag{2-6}$$

$\frac{n_i}{n_{总}}$ 又称为摩尔分数，用 x_i 表示，所以：

$$p_i = \frac{n_i}{n_{总}} p_{总} = x_i p_{总} \tag{2-7}$$

式(2-7)为分压定律的另一种表达形式，它表明混合气体中任一组分气体 i 的分压(p_i)等于该气体的摩尔分数与总压之积。

【例 2-3】 将 2.50×10^{-3} mol 的氢气和 1.00×10^{-3} mol 的氦气充入 0.020 0 m^3 的容器中，求 25 ℃时各组分的分压和总压力。

解：

$$p(H_2) = \frac{n(H_2)RT}{V} = \frac{2.50\times10^{-3}\ \text{mol} \times 8.314\ \text{J}\cdot\text{mol}^{-1}\cdot\text{K}^{-1}\times(273.15+25)\ \text{K}}{0.020\,0\ \text{m}^3} = 310\ \text{Pa}$$

$$p(He) = \frac{n(He)RT}{V} = \frac{1.00\times10^{-3}\ \text{mol} \times 8.314\ \text{J}\cdot\text{mol}^{-1}\cdot\text{K}^{-1}\times(273.15+25)\ \text{K}}{0.020\,0\ \text{m}^3} = 124\ \text{Pa}$$

$$p_{总} = p(H_2) + p(He) = 310\ \text{Pa} + 124\ \text{Pa} = 434\ \text{Pa}$$

2.2.1.3 混合气体的分体积定律

混合气体中各组分气体的相对含量，也可以用气体的分体积或体积分数表示。

如图 2-2 所示，在恒温恒压下，将体积为 V_1 和 V_2 的两种气体混合，在压力很低的条件下，可得：$V=V_1+V_2$。

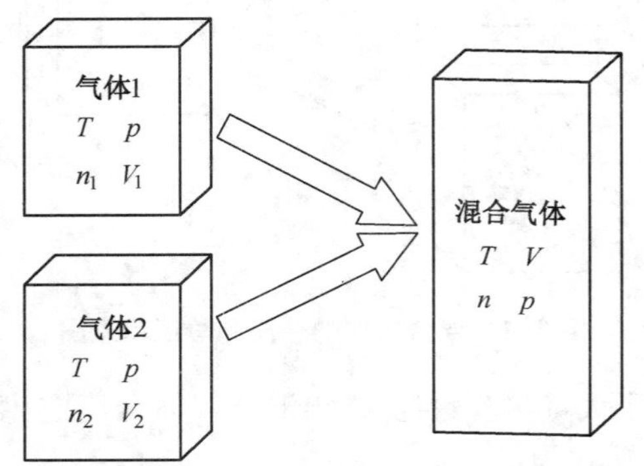

图 2-2 混合气体的分体积和总体积示意图

根据大量实验得到阿马格定律：混合气体的总体积等于所有组分的分体积之和。表达式为：

$$V_{总}=V_1+V_2+\cdots+V_i;\quad V_{总}=\sum V_i \tag{2-8}$$

例如在恒温、恒压下，将 0.03 L 氮气和 0.02 L 氧气混合，所得混合气体的体积为 0.05 L。我们把该组分的分体积与总体积之比又称为体积分数，用 φ_i 表示：

$$\varphi_i=\frac{V_i}{V_{总}} \tag{2-9}$$

上例中氮气和氢气的体积分数分别为：

$$\varphi_{N_2}=\frac{0.03}{0.05}=0.6;\ \varphi_{H_2}=\frac{0.02}{0.05}=0.4$$

根据理想气体状态方程式，在同温同压下，$\frac{V_i}{V_{总}}=\frac{n_i}{n_{总}}$，所以 $\varphi_i=\frac{V_i}{V_{总}}=x_i=\frac{n_i}{n_{总}}=\frac{p_i}{p_{总}}$，即混合气体中某一组分的体积分数等于其摩尔分数。混合气体的压力分数、体积分数与其摩尔分数均相等。

【例 2-4】 在 25 ℃时，将压力为 6.66×10^4 Pa 的氮气 0.200 L 和压力为 5.67×10^4 Pa 的氧气 0.300 L 移入 0.300 L 的真空容器中，混合气体中各组分气体的分压力、分体积和总压力各为多少？

解：由 $p_1V_1=p_2V_2$ 得

氮气的分压：$p(N_2)=6.66\times10^4\ \text{Pa}\times\frac{0.200\ \text{L}}{0.300\ \text{L}}=4.44\times10^4\ \text{Pa}$

氧气的分压：$p(O_2)=5.67\times10^4\ \text{Pa}\times\frac{0.300\ \text{L}}{0.300\ \text{L}}=5.67\times10^4\ \text{Pa}$

混合气体的总压：

$$p_{总}=p(N_2)+p(O_2)=4.44\times10^4\ \text{Pa}+5.67\times10^4\ \text{Pa}=10.11\times10^4\ \text{Pa}$$

由 $\varphi_i=\dfrac{V_i}{V_{总}}=x_i=\dfrac{n_i}{n_{总}}=\dfrac{p_i}{p_{总}}$ 得：

氮气的分体积：$V(N_2)=0.300\ \text{L}\times\dfrac{4.44\times10^4\ \text{Pa}}{10.11\times10^4\ \text{Pa}}=0.132\ \text{L}$

氧气的分体积：$V(O_2)=0.300\ \text{L}\times\dfrac{5.67\times10^4\ \text{Pa}}{10.11\times10^4\ \text{Pa}}=0.168\ \text{L}$

2.2.2　液体

液体内部分子间距离介于气体和固体之间。液体具有一定的体积和流动性，而没有一定形状，难被压缩。

2.2.2.1　液体的蒸气压

在一定温度下，溶液中分子运动的速度及其具有的能量都不相同，液面上那些能量较大的分子可以克服液体分子间的引力而逸出液体表面，成为蒸气分子；这个过程称为蒸发。另一方面，其中的一些气体分子撞击液体表面被吸引重新返回液体；这个与液体蒸发现象相反的过程称为凝聚。

起初，液体上方没有气体分子，凝聚的速度为零；随着气体分子越来越多，凝聚的速度也越来越快，当凝聚速度和液体蒸发速度相等时，即单位时间内，逸出液体表面的分子数等于返回液体变成液体的分子数，就达到了蒸发与凝聚的动态平衡：

$$液体 \underset{凝聚}{\overset{蒸发}{\rightleftharpoons}} 蒸气$$

此时，在液面上方的气体分子数不再改变，蒸气的压力就恒定了。在恒定的温度下，与液体平衡的蒸气称为饱和蒸气；饱和蒸气的压力就是该温度下的饱和蒸气压，简称蒸气压。

在一定温度下，每种液体都有恒定的蒸气压(表 2-1)，它是液体的一种特征，常用来表示液体在一定温度下的挥发性。蒸气压大的物质为易挥发物质，反之为难挥发物质。同一物质在不同温度下有不同的蒸气压，并随着温度的升高而增大。

表 2-1　一些液体的饱和蒸气压(293.15 K)

液体	水	苯	乙醇	乙醚
蒸气压/kPa	2.34	9.96	5.85	57.74

2.2.2.2　液体的沸点

液体的蒸气压随温度的升高而增大，当液体的蒸气压等于外界大气压时，液体内部产生大量气泡并不断逸出，在液体内部和表面同时发生剧烈汽化的现象；这种现象称为沸腾，此时的温度称为该液体的沸点。以水为例，一个大气压下，若水温达到 100 ℃，此时水的蒸气压正好是 1 个大气压，水开始沸腾，100 ℃即是 1 个大气压下水的沸点。

液体的沸点和外部压强有关。当液体所受的压强增大时，它的沸点升高；压强减小时，沸点降低。例如，蒸气锅炉里的蒸气压强约有几十个大气压，锅炉里的水的沸点可在 200 ℃以上。又如，在珠穆朗玛峰上大气压为 32 kPa，水加热到 71 ℃就沸腾了，但饭不易煮熟。这是由

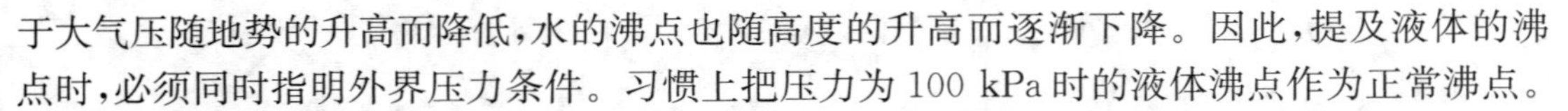

于大气压随地势的升高而降低,水的沸点也随高度的升高而逐渐下降。因此,提及液体的沸点时,必须同时指明外界压力条件。习惯上把压力为 100 kPa 时的液体沸点作为正常沸点。

化工生产中经常利用沸点和外界压力的关系来处理生产中遇到的问题,常采用减压蒸馏的方法来分离和提纯高沸点化合物或在常压下易分解的化合物。例如生活用的高压锅,就是利用升高液面的压力使液体沸点升高,从而升高锅内的温度,使食物更易煮熟。

2.2.3 固体

固体是物质存在的另一种状态。固体分子间距离最小,分子间作用力较强,无规则程度最小。与液体和气体相比,固体有比较固定的体积和形状,质地比较坚硬,难被压缩。

固体可以分为三大类:第一种为有规则的结构,称为晶状固体,如糖、盐;第二种为无规则的结构,称为非晶状固体,如玻璃;第三种由大量结晶体或晶粒聚集而成,结晶体或晶粒本身有规则结构,但它们聚集成多晶固体时的排列方式是无规则的,称为准晶体,如金属互化物 $Al_{65}Cu_{23}Fe_{12}$。自然界中绝大多数的固体是晶体,晶体有许多特征不同于非晶体。

(1) 有一定的几何外形

晶体拥有整齐规则的几何外形,例如:明矾($KAl(SO_4)_2 \cdot 12H_2O$)晶体为八面体形,食盐(NaCl)晶体为立方体形,石英(SiO_2)晶体为六角柱体形(图 2-3)等。与晶体相反,非晶体没有固定的几何外形,所以又叫无定形体,如玻璃、沥青、松香等,它们的外形是随意的。

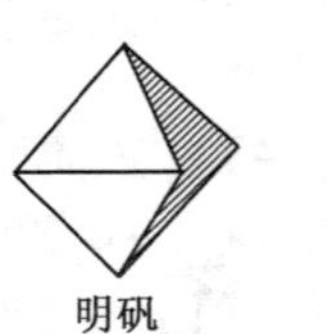

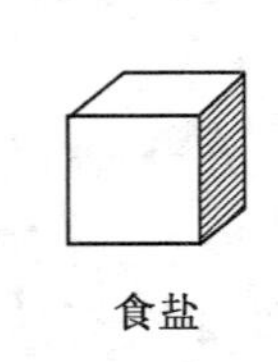

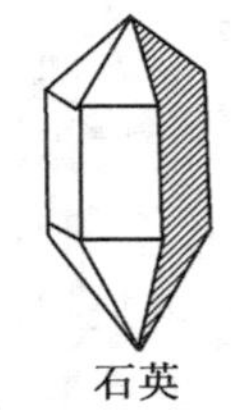

图 2-3 几种晶体形状

(2) 有固定的熔点

在一定压力下将晶体加热,只有达到某一温度(熔点)时,晶体才开始熔化。在晶体没有全部熔化之前,温度保持恒定不变,这时所吸收的热能都消耗在使晶体从固态转变为液态,直至晶体完全熔化后,温度才继续上升,熔化时的温度称为熔点。这说明晶体都具有固定的熔点。非晶体则不同,加热熔化时温度是不断升高的,没有固定的熔点。

(3) 各向异性

晶体的导热性、介电系数、膨胀系数、折射率等物理性质在晶体的不同方向会表现出差异,如:在有些方向传热快,而在另一个方向则传热慢;加热时,在有些方向膨胀较多,而在另一个方向则较少。这就是晶体的各向异性。又如我们熟悉的石墨晶体结构为层状,在平行各层的方向,其导电、传热性好,易滑动。非晶体的这些物理性质在各个方向是相同的,表现出各向同性。晶体的各向异性也是其内部粒子有规则排列的反映。

晶体和非晶体之间也可以相互转化,如:二氧化硅能形成石英晶体,也能形成非晶体燧石及石英玻璃;玻璃在适当条件下也可以转化为晶态玻璃。

2.3 溶液

一种或一种以上的物质以分子或离子形式分散于另一种物质中所形成的均一、稳定的混合物,称为溶液。按聚集态不同,溶液分为气态溶液、固态溶液和液态溶液。各种气体的混合物(如空气)为气态溶液,各种合金为固态溶液。通常所说的溶液一般指的是液态溶液。

在化工生产和日常生活中,溶液起着十分重要的作用,如:人体的血液、组织液都是以溶液形式存在的,化工生产需要在溶液中进行,农药和化肥需要配成一定浓度的溶液才能使用。学习和掌握溶液的基本知识有着极其重要的意义。

2.3.1　溶液浓度的表示方法

溶液以溶质和溶剂组成,它的表示方法常用的有以下四种:

2.3.1.1　质量分数

溶液中某组分 B 的质量 m_B 占溶液总质量 $m_{总}$ 的百分比称为质量分数,用 w_B 表示,表达式为:

$$w_B = \frac{m_B}{m_{总}} \times 100\% \tag{2-10}$$

2.3.1.2　摩尔分数

溶液中某物质的物质的量 n_B 与溶液的物质的量 $n_{总}$ 之比称为摩尔分数,用 x_B 表示,无量纲,表达式为:

$$x_B = \frac{n_B}{n_{总}} \tag{2-11}$$

2.3.1.3　物质的量浓度

溶液中某组分 B 的物质的量 n_B 与溶液的体积 V 之比称为物质的量浓度,用 c_B 表示,单位为“$mol \cdot L^{-1}$”,表达式为:

$$c_B = \frac{n_B}{V} \tag{2-12}$$

2.3.1.4　质量摩尔浓度

溶液中某组分 B 的物质的量 n_B 与溶剂的质量 m_A 之比称为质量摩尔浓度,用 b_B 表示,单位为“$mol \cdot kg^{-1}$”,表达式为:

$$b_B = \frac{n_B}{m_A} \tag{2-13}$$

【例 2-5】　将 23.0 g 乙醇溶于 500 g 水中组成溶液,其密度为 $9.92 \times 10^2\ g \cdot L^{-1}$,用(1)质量分数,(2)摩尔分数,(3)物质的量浓度,(4)质量摩尔浓度,分别表示该溶液的组成。已知乙醇的摩尔质量为 $46.0\ g \cdot mol^{-1}$。

解:(1)质量分数

$$w_{乙醇} = \frac{m_{乙醇}}{m_{乙醇} + m_{水}} \times 100\% = \frac{23.0\ g}{23.0\ g + 500\ g} \times 100\% = 4.40\%$$

$$w_{水} = \frac{m_{水}}{m_{乙醇} + m_{水}} \times 100\% = \frac{500\ g}{23.0\ g + 500\ g} \times 100\% = 95.6\%$$

(2) 摩尔分数

$$x_{乙醇}=\frac{n_{乙醇}}{n_{乙醇}+n_{水}}=\frac{23.0\ \text{g}\div 46.0\ \text{g}\cdot\text{mol}^{-1}}{23.0\ \text{g}\div 46.0\ \text{g}\cdot\text{mol}^{-1}+500\ \text{g}\div 18.0\ \text{g}\cdot\text{mol}^{-1}}=0.018$$

(3) 物质的量浓度

$$c_{乙醇}=\frac{n_{乙醇}}{V}=\frac{n_{乙醇}}{\dfrac{m_{乙醇}+m_{水}}{\rho}}=\frac{23.0\ \text{g}\div 46.0\ \text{g}\cdot\text{mol}^{-1}}{\dfrac{23.0\ \text{g}+500\ \text{g}}{9.92\times10^{2}\ \ \text{g}\cdot\text{L}^{-1}}}=0.948\ \text{mol}\cdot\text{L}^{-1}$$

(4) 质量摩尔浓度

$$b_{乙醇}=\frac{n_{乙醇}}{m_{水}}=\frac{23.0\ \text{g}\div 46.0\ \text{g}\cdot\text{mol}^{-1}}{0.500\ \text{kg}}=1.00\ \text{mol}\cdot\text{kg}^{-1}$$

2.3.2　溶液的配制

溶液的配制分为三种情况：一是将纯溶质直接溶于溶剂中；二是将浓溶液稀释；三是将不同浓度的溶液混合。无论哪种情况，都要遵循："溶液配制前后溶质的物质的量保持不变。"

【例 2-6】　要配制 50 mL 1 mol · L^{-1} NaOH 溶液，需要 NaOH 固体多少克？

解：配制前后溶液中溶质的物质的量没有变化

$$n_{NaOH}=1\ \text{mol}\cdot\text{L}^{-1}\times0.05\ \text{L}=0.05\ \text{mol}$$

$$m_{NaOH}=0.05\ \text{mol}\times40\ \text{g}\cdot\text{mol}^{-1}=2\ \text{g}$$

【例 2-7】　如何把 50 mL 2 mol · L^{-1}NaCl 溶液稀释为 1 mol · L^{-1}？

解：溶液稀释前后溶质的物质的量没有变化

$$c_1V_1=c_2V_2$$

$$2\ \text{mol}\cdot\text{L}^{-1}\times0.05\ \text{L}=1\ \text{mol}\cdot\text{L}^{-1}\times V_2$$

$$V_2=0.1\ \text{L}=100\ \text{mL}$$

将溶液稀释到 100 mL，溶液浓度即为 1 mol · L^{-1}。

【例 2-8】　将 20 mL 0.1 mol · L^{-1}HCl 与 30 mL 0.2 mol · L^{-1}HCl 混合后，混合液的物质的量浓度为多少？

解：$c=\dfrac{c_1V_1+c_2V_2}{V_1+V_2}=\dfrac{0.1\ \text{mol}\cdot\text{L}^{-1}\times0.02\ \text{L}+0.2\ \text{mol}\cdot\text{L}^{-1}\times0.03\ \text{L}}{0.02\ \text{L}+0.03\ \text{L}}=0.16\ \text{mol}\cdot\text{L}^{-1}$

2.4　化学反应中物质的关系及能量关系

2.4.1　应用化学反应方程式的计算

参与化学反应前各种物质的总质量等于反应后全部生成物的总质量，称为质量守恒定律，化学反应方程式是质量守恒定律的具体表现形式。化学反应式中各物质的量关系，可以根据化学方程式进行计算。例如，氢氧化钠与硫酸发生中和反应，生成硫酸钠和水，可表示为：

$$2NaOH + H_2SO_4 = Na_2SO_4 + 2H_2O$$

它表明化学反应中各物质的量之比等于其化学式前的系数之比。人们又把分子式前面的系数称为化学计量系数。即表示每消耗 2 mol NaOH 和 1 mol H_2SO_4 就可得到 1 mol Na_2SO_4 和 2 mol H_2O。据此可从已知反应物的量，计算生成物的理论产量，或从所需产量计算反应物的量。

【例 2-9】 化工厂经常用浓氨水检查管道是否漏氯气，其反应方程式为 $3Cl_2 + 8NH_3 = 6NH_4Cl + N_2$，如果漏气将有白烟（$NH_4Cl$）生成，当有 160.5 g NH_4Cl 生成时，计算有多少克氯气漏气？

解：设氯气的质量为 x g

根据方程式　$3Cl_2 + 8NH_3 = 6NH_4Cl + N_2$

$$\begin{array}{ll} 3\times 71 & 6\times 53.5 \\ x & 160.5 \end{array}$$

$$\frac{3\times 71}{x} = \frac{6\times 53.5}{160.5}$$

$$x = 106.5\ \text{g}$$

【例 2-10】 某硫酸厂以黄铁矿（FeS_2）为原料生产 H_2SO_4，现需要生产 1 万吨 98% H_2SO_4，问需含 40% S 的黄铁矿多少吨？

解：从 H_2SO_4 和 S 的化学式可得到，$n(H_2SO_4) : n(S) = 1 : 1$

则　$n(H_2SO_4) = \dfrac{m(H_2SO_4)}{M(H_2SO_4)} = \dfrac{0.98\times 10^4 \times 10^6\ \text{g}}{98\ \text{g}\cdot\text{mol}^{-1}} = 1\times 10^8\ \text{mol}$

即　$n(H_2SO_4) = n(S) = 1\times 10^8\ \text{mol}$

得到　$m(S) = 1\times 10^8\ \text{mol} \times 32\ \text{g}\cdot\text{mol}^{-1} = 3.2\times 10^9\ \text{g} = 3.2\times 10^3\ \text{t}$

因为黄铁矿里含 S 40%，则：

$$m(FeS_2) = 3.2\times 10^3\ \text{t} \div 40\% = 8.0\times 10^3\ \text{t}$$

2.4.2 化学反应热效应

2.4.2.1 基本概念——体系和环境

宇宙间各事物总是相互联系的，为了研究方便，常把要研究的物质和空间与其余物质或空间分开。被划分出来作为研究对象的物质或空间称为体系，体系以外的一切称为该体系的环境。例如，一杯 NaCl 溶液，如果只研究杯中的 NaCl 溶液，NaCl 溶液就是体系，而杯和杯以外的物质和周围空间则为环境。

按照体系和环境之间物质和能量的交换情况，可将体系分为以下三类：

① 敞开体系——体系和环境之间，既有物质交换，又有能量交换。

② 封闭体系——体系和环境之间，没有物质交换，但有能量交换。

③ 孤立体系——体系和环境之间，既没有物质交换，也没有能量交换。

例如:热水盛放于敞口玻璃瓶中,以热水为研究对象,它为敞开体系;加瓶盖后则为封闭体系;热水盛放于保温瓶中并加盖,水温保持不变,则为孤立体系。

2.4.2.2 反应热和焓变

化学反应的实质是化学键的重组,旧键的断裂需要吸收能量,新键的生成又会放出热量。所以大多数化学反应总是伴随着能量的变化——吸热或放热。例如:H_2和Cl_2化合成HCl时会放热;煅烧石灰石生成生石灰时要吸热。

化学反应时,如果体系不做非体积功,当反应终了的温度恢复到反应前的温度时,体系所吸收或放出的热量,称为该反应的热效应,也称反应热,用符号Q表示。

通常,化学反应是在恒容或恒压条件下进行的,如果体系不做非体积功,此过程的反应热称为恒容反应热或恒压反应热,分别用符号Q_V和Q_P表示。

Q_V与体系的状态函数热力学能(即内能)U有关:

$$Q_V = U_2 - U_1 = \Delta U \tag{2-14}$$

即在恒温、恒容、不做非体积功的条件下,封闭体系所吸收的热全部用来增加体系的热力学能(即内能)。

Q_P与体系的状态函数焓H有关:

$$Q_P = H_2 - H_1 = \Delta H \tag{2-15}$$

即在恒温、恒压、不做非体积功的条件下,封闭体系所吸收的热全部用来增加体系的焓,所以恒压反应热等于反应焓变(ΔH)。

若$\Delta H<0$,体系把热量传递给环境,该反应为放热反应;若$\Delta H>0$,热量从环境传给体系,该反应为吸热反应。

2.4.3 热化学方程式

表示化学反应与热效应关系的方程式称为热化学方程式。例如:

$$N_2(g)+3H_2(g)=\!=\!=2NH_3(g) \quad \Delta_r H_m^{\ominus}(298.15K)=-92.2\ kJ\cdot mol^{-1}$$

上式表示:在298.15 K和100 kPa条件下,当反应进度为1 mol时,即1 mol N_2与3 mol H_2反应生成2 mol NH_3时,放出的热量为92.2 kJ·mol^{-1}。$\Delta_r H_m^{\ominus}$读作298.15 K时的标准摩尔反应焓变,其中:

下标“r”(reaction的词头)表示一般的化学反应;

下标“m”(molar的词头)表示按反应方程式进行反应,反应进度为1 mol;

“⊖”读作标准,表示体系中各物质都处于标准态。气体物质的标准态$p^{\ominus}$指分压为一个标准大气压,即100 kPa且具有理想状态气体的性质;液体或固体的标准态是$p^{\ominus}$下的纯净液体或固体;溶液的标准态是指溶液的浓度,严格地说,应用标准质量摩尔浓度$m^{\ominus}=1\ mol\cdot kg^{-1}$表示,在浓度不太大时,通常可用标准物质的量浓度$c^{\ominus}=1\ mol\cdot L^{-1}$表示。

书写热化学方程式应注意以下几点:

(1) 应注明反应的温度和压力,如果是298.15 K,可略去不写。

(2) 热效应与方程式书写有关,以不同的化学计量系数表示时,热效应不同。如合成氨的反应写成下式:

$$\frac{1}{2}N_2(g)+\frac{3}{2}H_2(g)=NH_3(g)$$

则 $$\Delta_r H_m^{\ominus}(298.15\ K)=-46.1\ kJ\cdot mol^{-1}$$

(3) 必须标出物质的聚集状态。通常以 g、l 和 s 分别表示气态、液态和固态，因为状态不同，反应热的数值亦不同。例如：

$$H_2(g)+\frac{1}{2}O_2(g)=H_2O(g) \quad \Delta_r H_m^{\ominus}(298.15\ K)=-241.82\ kJ\cdot mol^{-1}$$

$$H_2(g)+\frac{1}{2}O_2(g)=H_2O(l) \quad \Delta_r H_m^{\ominus}(298.15\ K)=-285.83\ kJ\cdot mol^{-1}$$

(4) 正逆反应的 $\Delta_r H_m^{\ominus}$ 绝对值相同，但符号相反。例如：

$$N_2(g)+3H_2(g)=2NH_3(g) \quad \Delta_r H_m^{\ominus}(298.15\ K)=-92.2\ kJ\cdot mol^{-1}$$

$$2NH_3(g)=N_2(g)+3H_2(g) \quad \Delta_r H_m^{\ominus}(298.15\ K)=92.2\ kJ\cdot mol^{-1}$$

2.4.4 热化学定律

化学反应热一般可以通过实验测得。但是，有些复杂反应的反应热不易准确测定。1840 年俄籍瑞士人赫斯(G. H. Hess)根据大量的实验结果总结出一条规律：任一化学反应，不论是一步完成还是分几步完成，反应的热效应是完全相同的。即总反应的反应热等于各步反应的反应热之和，此为赫斯定律。从热力学观点来讲：化学反应的焓变只取决于反应的始态和终态，而与变化过程的具体途径无关。

例如，在恒温、恒压下，碳燃烧生成 CO_2 的反应可以按两种不同途径来完成：一种途径是碳燃烧直接生成 CO_2；另一种是碳先被氧化成 CO，CO 再氧化成 CO_2。如下图所示：

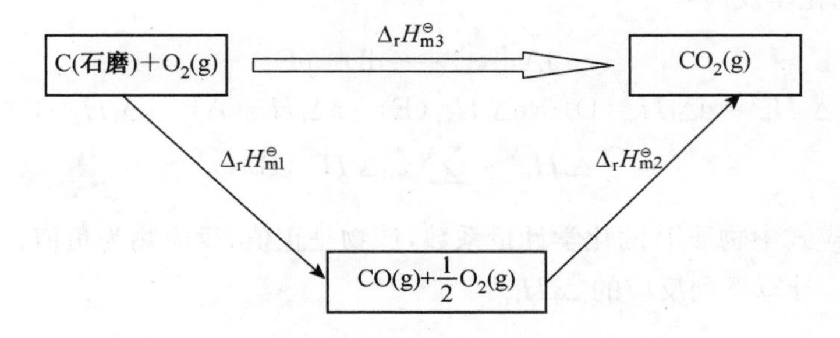

若碳燃烧生成 CO_2 的反应热和 CO 燃烧生成 CO_2 的反应热已知：

$$C(石磨)+O_2(g)=CO_2(g) \quad \Delta_r H_{m3}^{\ominus}=-393.51\ kJ\cdot mol^{-1}$$

$$CO(g)+\frac{1}{2}O_2(g)=CO_2(g) \quad \Delta_r H_{m2}^{\ominus}=-282.98\ kJ\cdot mol^{-1}$$

由赫斯定律得：

$$\Delta_r H_{m3}^{\ominus}=\Delta_r H_{m1}^{\ominus}+\Delta_r H_{m2}^{\ominus}$$

则：

$$\Delta_r H_{m1}^{\ominus}=\Delta_r H_{m3}^{\ominus}-\Delta_r H_{m2}^{\ominus}=(-393.51\ \text{kJ}\cdot\text{mol}^{-1})-(-282.98\ \text{kJ}\cdot\text{mol}^{-1})$$
$$=-110.53\ \text{kJ}\cdot\text{mol}^{-1}$$

应用赫斯定律不仅可以得到某些恒压反应热,从而减少大量实验测定工作,而且可以计算出难以或无法用实验测定的某些反应的反应热。

2.4.5　标准摩尔生成焓

在热力学标准状态下,由最稳定的单质生成 1 mol 某物质的焓变(即恒压反应热),称为该物质的标准摩尔生成焓,用符号 $\Delta_f H_m^{\ominus}$ 表示。上标"⊖"表示标准态,下标"f"(formation 的词头)表示生成反应,单位为 $\text{kJ}\cdot\text{mol}^{-1}$,通常使用的是 298.15 K 的标准摩尔生成焓数据。例如:

$$\text{C(石墨)}+O_2(g)=\!=\!=CO_2(g)\quad \Delta_f H_m^{\ominus}=-393.51\ \text{kJ}\cdot\text{mol}^{-1}$$

$$Ag(s)+\frac{1}{2}Cl_2(g)=\!=\!=AgCl(s)\quad \Delta_f H_m^{\ominus}=-127.07\ \text{kJ}\cdot\text{mol}^{-1}$$

根据定义可知 CO_2 和 AgCl 的标准摩尔生成焓分别为 $-393.51\ \text{kJ}\cdot\text{mol}^{-1}$ 和 $-127.07\ \text{kJ}\cdot\text{mol}^{-1}$;也表示生成 1 mol CO_2 气体放出 393.51 kJ 热量,生成 1 mol AgCl 沉淀放出 127.07 kJ 热量。

焓的绝对值无法测得,规定稳定单质的标准摩尔生成焓等于零。如果元素的单质有几种同素异形体,根据定义,最稳定的一种单质的标准摩尔生成焓为零。例如在标准态下,碳的稳定单质有石墨和金刚石,其中石墨是最稳定的,所以 $\Delta_f H_m^{\ominus}$(石墨)=0。

各种物质的 $\Delta_f H_m^{\ominus}$ 在化学手册里可以查到,本书附录中也列出了常见物质的标准摩尔生成焓。化合物的标准摩尔生成焓是很重要的基础数据,可用于间接计算化学反应的反应热。根据标准摩尔生成焓的定义.应用赫斯定律可以导出:化学反应的标准摩尔反应焓变等于生成物的标准摩尔生成焓的总和减去反应物的标准摩尔生成焓的总和。

对于一般的化学反应:

$$aA+cC=\!=\!=dD+eE$$
$$\Delta_r H_m^{\ominus}=d\Delta_f H_m^{\ominus}(D)+e\Delta_f H_m^{\ominus}(E)-a\Delta_f H_m^{\ominus}(A)-c\Delta_f H_m^{\ominus}(C)$$
$$\Delta_r H_m^{\ominus}=\sum v_B\Delta_f H_m^{\ominus}(B)\tag{2-16}$$

式中:v_B表示反应式中物质 B 的化学计量系数,产物是正值,反应物为负值。

【例 2-11】　计算下列反应的 $\Delta_r H_m^{\ominus}$:

$$2NaHCO_3(s)=\!=\!=Na_2CO_3(s)+CO_2(g)+H_2O(l)$$

解:查表得$\Delta_f H_m^{\ominus}(NaHCO_3)=-950.81\ \text{kJ}\cdot\text{mol}^{-1}$

$\Delta_f H_m^{\ominus}(Na_2CO_3)=-1130.68\ \text{kJ}\cdot\text{mol}^{-1}$

$\Delta_f H_m^{\ominus}(CO_2)=-393.51\ \text{kJ}\cdot\text{mol}^{-1}$

$\Delta_f H_m^{\ominus}(H_2O)=-285.83\ \text{kJ}\cdot\text{mol}^{-1}$

$$\Delta_r H_m^{\ominus}=\Delta_f H_m^{\ominus}(Na_2CO_3)+\Delta_f H_m^{\ominus}(CO_2)+\Delta_f H_m^{\ominus}(H_2O)-2\Delta_f H_m^{\ominus}(NaHCO_3)$$
$$=(-1\,130.68)+(-393.51)+(-285.83)-2(-950.81)$$
$$=91.60\ \text{kJ}\cdot\text{mol}^{-1}$$

习　题

2.1　0.5 mol的乙醇溶于36 g水中，乙醇的摩尔分数是(　　)。

A. $\frac{1}{2}$　　B. $\frac{1}{4}$　　C. $\frac{1}{5}$　　D. $\frac{4}{5}$

2.2　下列方程式错误的是(　　)。

A. $p_{总}V_{总}=n_{总}RT$　　B. $p_iV_i=n_iRT$　　C. $p_iV_{总}=n_iRT$　　D. $p_{总}V_i=n_iRT$

2.3　在273.15 K和101.325 kPa条件下，1.7 kg的$NH_3(g)$的体积是(　　)。

A. 2.24 m^3　　B. 22.4 m^3　　C. 1.12 m^3　　D. 11.2 m^3

2.4　已知某温度下，反应$2SO_2(g)+O_2(g)\rightleftharpoons 2SO_3(g)$的$\Delta_r H_m^\ominus=-197.78\ kJ\cdot mol^{-1}$，则该温度下，反应$SO_3(g)\rightleftharpoons SO_2(g)+\frac{1}{2}O_2(g)$的$\Delta_r H_m^\ominus$是(　　)。

A. $-98.89\ kJ\cdot mol^{-1}$　　B. $98.89\ kJ\cdot mol^{-1}$

C. $-197.78\ kJ\cdot mol^{-1}$　　D. $197.78\ kJ\cdot mol^{-1}$

2.5　下列反应的$\Delta_r H_m^\ominus$和产物的$\Delta_f H_m^\ominus$相同的是(　　)。

A. $H_2(g)+\frac{1}{2}O_2(g)=H_2O(l)$　　B. $NO(g)+\frac{1}{2}O_2(g)=NO_2(g)$

C. C(金刚石)$=$C(石墨)　　D. $2H_2(g)+O_2(g)=2H_2O(g)$

2.6　在一定温度下，将100 kPa压力下的氢气150 mL和45 kPa压力下的氧气75 mL装入250 mL的真空瓶中，则氢气分压力为(　　)kPa。

A. 13.5　　B. 127　　C. 60　　D. 72.5

2.7　高山上的水的沸点低于海平面的，原因是(　　)。

A. 在高山上水分子的作用力减小了　　B. 在高山上水的饱和蒸气压升高了

C. 在高山上水的饱和蒸气压降低了　　D. 在高山上外界大气压减小了

2.8　下列物质中，$\Delta_f H_m^\ominus$不等于零的是(　　)。

A. Fe(s)　　B. C(石墨)　　C. Ne(g)　　D. NaCl(s)

2.9　计算下列物质的量：

(1) 36 g H_2O；(2) 9 g Al；(3) 14 g N_2；(4) 98 g H_2SO_4

2.10　燃烧18 g铝粉，可得多少克Al_2O_3？

2.11　在30 ℃时，于一个10.0 L的容器里，O_2、N_2和CO_2混合气体的总压力为93.3 kPa，分析结果得$p(O_2)=26.7$ kPa，CO_2的质量为5.00 g，求：

(1) 容器中的$p(CO_2)$；

(2) 容器中的$p(N_2)$；

(3) 氧气的摩尔分数。

2.12　现需2.2 L浓度为2.0 $mol\cdot L^{-1}$的盐酸。试问：

(1) 应该取多少毫升密度为1.10 $g\cdot mL^{-1}$的20%浓盐酸进行配制？

(2) 现有550 mL 1.0 $mol\cdot L^{-1}$的稀盐酸，应该加多少毫升20%浓盐酸后再冲稀？

2.13　已知下列反应的$\Delta_r H_m^\ominus$，求C_2H_2的$\Delta_f H_m^\ominus$。

(1) C(石墨)$+O_2=CO_2$　　$\Delta_r H_m^\ominus(1)=-394\ kJ\cdot mol^{-1}$

(2) $H_2(g)+\frac{1}{2}O_2(g)=H_2O(l)$　　$\Delta_r H_m^\ominus(2)=-285.8\ kJ\cdot mol^{-1}$

(3) $C_2H_2(g)+\frac{5}{2}O_2(g)=2CO_2+H_2O(l)$　　$\Delta_r H_m^\ominus(3)=-1\,301\ kJ\cdot mol^{-1}$

基本原理模块

第3章 化学反应速率

知识要点

(1) 掌握化学反应速率的表示方法。
(2) 理解反应速率理论概要。
(3) 了解基元反应、反应级数的概念。
(4) 掌握浓度、温度及催化剂对反应速率的影响。

不同的化学反应,进行反应的速率差别很大。有的反应进行得很快,几乎在瞬间就能完成,如炸药的爆炸、滴定分析中的酸碱中和反应等;而有些反应进行得很慢,如乙烯的聚合反应、金属的腐蚀、煤炭石油的形成等,都需要几天、几个月、几年甚至几十万年或更久才能完成。此外,即使是同一反应,在不同条件下,反应速率也不相同。在实际化工生产过程中,为了提高产率,往往需要使反应进行得更快,以缩短生产时间;另一方面,对于一些不利的反应,如设备的腐蚀、塑料的老化等,又要设法抑制其进行,以减少损失。因此,研究化学反应速率对化工生产有着重要的意义。

3.1 化学反应速率的定义和表示方法

为了定量地比较反应进行的快慢,必须明确反应速率的概念。化学反应速率指在一定条件下反应物转变为生成物的速率。浓度单位常以 $mol \cdot L^{-1}$ 表示,时间单位则根据具体反应的快慢用 s(秒)、min(分)或 h(小时)表示。因此,反应速率的单位为:$mol \cdot L^{-1} \cdot s^{-1}$、$mol \cdot L^{-1} \cdot min^{-1}$ 或 $mol \cdot L^{-1} \cdot h^{-1}$。

习惯上,反应速率用单位时间内反应物浓度的减少或生成物浓度的增加来表示,而且习惯取正值。因此,反应速率的常用定义式为:

反应速率=浓度的变化/变化所用的时间

反应速率可选用反应体系中任一物质浓度(或分压)的变化来表示,因为反应过程中各物质变化量之间的关系与化学反应式中计量系数间的关系式一致。

例如,340 K 时,N_2O_5 的热分解反应:

$$2N_2O_5 \rightleftharpoons 4NO_2 + O_2$$

以反应物浓度变化表示其反应速率为:

$$\bar{v}(N_2O_5)=\frac{-\Delta c(N_2O_5)}{\Delta t} \tag{3-1}$$

以生成物浓度变化表示其反应速率为：

$$\bar{v}(NO_2)=\frac{\Delta c(NO_2)}{\Delta t} \tag{3-2}$$

$$\bar{v}(O_2)=\frac{\Delta c(O_2)}{\Delta t} \tag{3-3}$$

式中：Δt 表示时间间隔；$\Delta c(N_2O_5)$、$\Delta c(NO_2)$、$\Delta c(O_2)$分别表示 Δt 时间内反应物 N_2O_5、生成物 NO_2、O_2的浓度变化。

用反应物浓度的变化表示反应速率时，因为浓度是减少的，$\Delta c(N_2O_5)$为负值，所以在式前用负号，使反应速率为正值。

例如上述反应进行了 100 s 以后，各物质的浓度变化如下：

	$2N_2O_5 \rightleftharpoons$	$4NO_2$ +	O_2
起始浓度/$mol \cdot L^{-1}$	2.10	0	0
100 s 后浓度/$mol \cdot L^{-1}$	1.95	0.3	0.075

反应速率分别表示为：

$$\bar{v}(N_2O_5)=\frac{-\Delta c(N_2O_5)}{\Delta t}=-\frac{(1.95-2.10)/mol \cdot L^{-1}}{100\ s}=1.5\times10^{-3}mol \cdot L^{-1} \cdot s^{-1}$$

$$\bar{v}(NO_2)=\frac{\Delta c(NO_2)}{\Delta t}=\frac{(0.3-0)/mol \cdot L^{-1}}{100\ s}=3.0\times10^{-3}mol \cdot L^{-1} \cdot s^{-1}$$

$$\bar{v}(O_2)=\frac{\Delta c(O_2)}{\Delta t}=\frac{(0.075-0)/mol \cdot L^{-1}}{100\ s}=0.75\times10^{-3}mol \cdot L^{-1} \cdot s^{-1}$$

显然，上面三个式子都表示同一化学反应的速率；但采用不同物质的浓度变化来表示速率时，其数值不一定相同。由于每生成 1 mol O_2就消耗 2 mol N_2O_5，同时生成 4 mol NO_2，因此，O_2浓度增加速率是 N_2O_5浓度减少速率的 1/2，是 NO_2浓度增加速率的 1/4。因此 $\bar{v}(N_2O_5):\bar{v}(NO_2):\bar{v}(O_2)=2:4:1$，即它们之间的比值为化学反应式中各物质计量系数之比。

对一般的反应：

$$aA+bB = dD+eE$$

可表示为：

$$-\frac{1}{a}\frac{\Delta c(A)}{\Delta t}=-\frac{1}{b}\frac{\Delta c(B)}{\Delta t}=\frac{1}{d}\frac{\Delta c(D)}{\Delta t}=\frac{1}{e}\frac{\Delta c(E)}{\Delta t} \tag{3-4}$$

或

$$\frac{1}{a}\bar{v}(A)=\frac{1}{b}\bar{v}(B)=\frac{1}{d}\bar{v}(D)=\frac{1}{e}\bar{v}(E) \tag{3-5}$$

在上述反应速率表示式中，所表示的是在 Δt 时间内的平均速率 $\bar{\upsilon}$。实际上，绝大部分化学反应都不是等速进行的，反应过程中，系统中各组分的浓度和反应速率都是随时间而变化的。因此，为了准确地表示某时刻 t 时的反应速率，需用在某一瞬间进行的瞬时速率 υ 来表示。

瞬时速率是 Δt 趋近于0时平均速率的极限，用微分式表示。N_2O_5 的热分解反应瞬时速率表示为：

$$\upsilon(N_2O_5)=\lim_{\Delta t\to 0}\frac{-\Delta c(N_2O_5)}{\Delta t}=-\frac{dc(N_2O_5)}{dt} \tag{3-6}$$

$$\upsilon(NO_2)=\lim_{\Delta t\to 0}\frac{\Delta c(NO_2)}{\Delta t}=\frac{dc(NO_2)}{dt} \tag{3-7}$$

$$\upsilon(O_2)=\lim_{\Delta t\to 0}\frac{\Delta c(O_2)}{\Delta t}=\frac{dc(O_2)}{dt} \tag{3-8}$$

以上瞬时速率之间的关系为：

$$-\frac{1}{2}\frac{dc(N_2O_5)}{dt}=\frac{1}{4}\frac{dc(NO_2)}{dt}=\frac{dc(O_2)}{dt}$$

可见，对于某一化学反应，用各组分浓度变化表示的反应速率之比，等于各自计量系数之比。

3.2 反应速率理论

化学反应如何发生？外界因素（如温度、浓度及催化剂等）又如何影响反应速率？为解释这些问题，自1889年阿仑尼乌斯提出活化分子、活化能之后，在气体分子运动论和分子结构知识的基础上，逐渐形成两种主要的反应速率理论：碰撞理论和过渡状态理论。这里做简要介绍。

3.2.1 碰撞理论和活化能

早在1918年，路易斯（G. N. Lewis）就运用气体分子运动论的成果，提出了反应速率的碰撞理论。该理论认为，反应物分子间的相互碰撞是发生化学反应的先决条件，反应物分子碰撞的频率越高，反应速率越大。

实际上，在无数次的碰撞中，并非所有的分子间碰撞都能发生反应，只有极少数分子间碰撞才能发生化学反应。这是因为发生反应的反应物分子间既要克服分子无限接近时电子云之间的斥力，又要打破反应物分子内旧的化学键。人们把能够发生化学反应的碰撞称作有效碰撞。因此，分子间发生有效碰撞必须满足以下两个条件：

（1）反应物分子必须具有足够高的能量，这样在碰撞时原子的外层电子层才能相互穿透，成键电子重新排列，使旧键断裂，新键生成。

（2）反应物分子必须按照一定的取向进行碰撞，使相应的原子能相互接触而发生化学反应。

把具有较高能量、能发生有效碰撞的分子称作活化分子。通常,它只是分子总数中的一小部分,大部分是非活化分子。

在一定温度下,气体分子能量分布情况如图 3-1 所示。

横坐标表示分子能量 E,纵坐标表示具有一定能量的分子百分率。

$\overline{E}$ 表示该温度下分子的平均能量。可见大部分分子的能量接近 $\overline{E}$ 值,能量大于 $\overline{E}$ 或小于 $\overline{E}$ 值的分子只占极少数或少数。

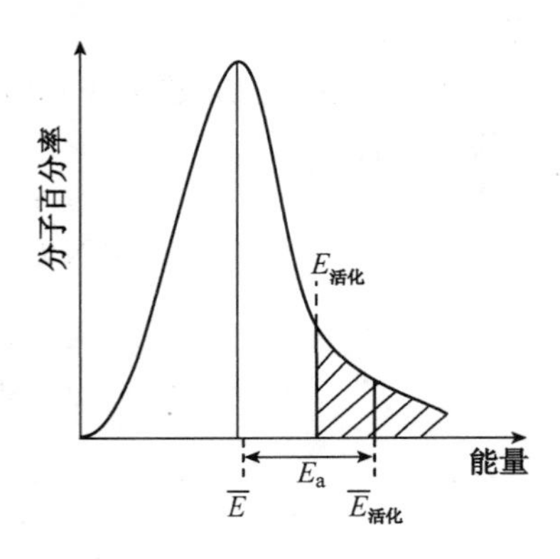

图 3-1　分子能量分布示意图

$E_{活化}$为活化分子应具有的最低能量,$\overline{E}_{活化}$是活化分子的平均能量。只有能量高于 $E_{活化}$的分子才能够发生有效碰撞。

为了能发生化学反应,普通分子必须吸收足够的能量,先变成活化分子,然后活化分子才能进一步转变为产物分子。因此,反应速率与活化分子数成比例。把由普通分子变成活化分子至少需要吸收的能量称为活化能。塔尔曼进一步严格地证明了活化能(E_a)是活化分子的平均能量($\overline{E}_{活化}$)与反应物分子平均能量($\overline{E}$)之差:

$$E_a=\overline{E}_{活化}-\overline{E} \tag{3-9}$$

从图 3-1 显然可以看出,活化能 E_a 越大,$E_{活化}$越大,活化分子的数目就越小,反应速率越慢;反之,活化能 E_a 越小,反应速率越快。

可见,反应的活化能是决定化学反应速率的重要因素。碰撞理论较好地解释了有效碰撞,但它不能说明反应过程及其能量的变化,为此,过渡状态理论应运而生。

3.2.2　过渡状态理论(选学)

按照过渡状态理论,化学反应不只是通过反应物分子之间的简单碰撞就能完成的,而是在碰撞后先要经过一个中间的过渡状态,即首先形成一个活性基团(活化配合物),然后再分解为产物。设有反应:

$$A+BC\longrightarrow AB+C$$

当反应物的活化分子按符合反应要求的空间取向(此例中 A 与 BC 沿 A…B—C 的直线方向)相互碰撞,新的 A…B 键部分地形成,而旧的B—C 键部分地断裂,形成一个活化配合物[A…B…C],这种状态称为过渡状态。过渡状态是一个高能态,很不稳定,易转化为产物分子而降低势能。该过程可以用简式描述:

$$A+B—C\longrightarrow[A\cdots B\cdots C]\longrightarrow A—B+C$$

过渡状态

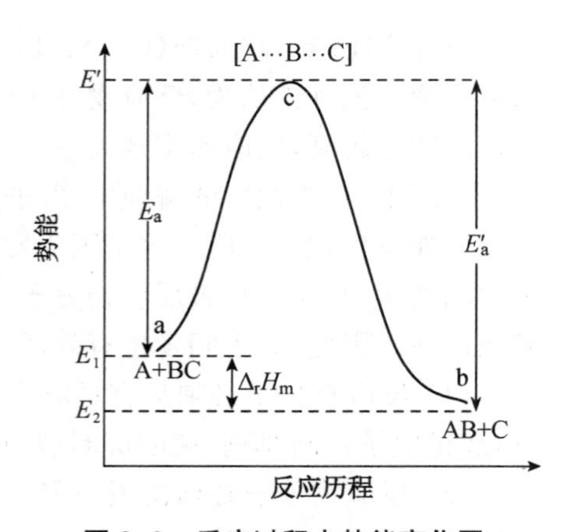

图 3-2　反应过程中势能变化图

反应过程中体系能量变化如图 3-2 所示,其中:a

点表示反应物分子的平均势能 E_1，b 点表示生成物分子的能量 E_2，c 点表示基态活化配合物[A…B…C] 的势能 E'。在反应历程中，A 和 BC 分子必须越过势能垒才能经由活化配合物[A…B…C]生成 AB 和 C 分子。

图 3-2 中，反应物分子的平均势能与活化配合物的势能之差为正反应的活化能 E_a，生成物分子的平均势能与活化配合物的势能之差为逆反应的活化能 E_a'，$\Delta_r H_m$ 为反应的焓变。在过渡状态理论中，活化能的实质为反应进行所必须克服的势能垒。由此可见，过渡状态理论中活化能的定义与分子碰撞理论不同，但其含义实质上是一致的。

3.3 影响反应速率的因素

化学反应速率首先取决于反应物本身的内部因素。对于某一指定的化学反应，其反应速率还与浓度（或分压）、温度、催化剂等因素有关。

3.3.1 浓度或分压对反应速率的影响

3.3.1.1 基元反应和非基元反应

化学反应方程式只表明反应物和产物是什么，以及反应物与产物之间的计量关系，但并不能说明化学反应进行的具体途径。根据反应机理不同，又可将化学反应分为基元反应和非基元反应。

反应物分子经碰撞一步转化为产物的反应就为基元反应。例如：

$$SO_2Cl_2 \longrightarrow SO_2 + Cl_2$$
$$2NO_2 \longrightarrow 2NO + O_2$$
$$NO_2 + CO \longrightarrow CO_2 + NO$$

绝大多数的化学反应并不是简单的一步就能完成的，而往往是经过若干步骤（即通过若干个基元反应）才能完成的。人们把分几步才能完成的反应称为非基元反应。例如：

$$2NO + 2H_2 \xlongequal{800\ ℃} N_2 + 2H_2O$$

该反应实际上是分两步进行的：

第一步：

$$2NO + H_2 \longrightarrow N_2 + H_2O_2$$

第二步：

$$H_2O_2 + H_2 \longrightarrow 2H_2O$$

每一步都是一个基元反应，总反应是两步反应的加和。

3.3.1.2 质量作用定律

大量实验事实证明，在一定温度下，化学反应的速率主要取决于反应物的浓度或分压，反应物浓度越大，反应速率越快。这个现象可用碰撞理论进行解释。因为在恒定的温度下，对某一化学反应来说，反应物中活化分子数目是一定的，增加反应物浓度，单位体积内活化分子数目增多，从而增加了单位时间内在此体积中反应物分子有效碰撞的频率，导致反应速率加快;相反,若反应物浓度降低,则反应速率减慢。对于有气体参加的反应,由于气体的分压与浓度成正比($p_B=c_BRT$),因而增加反应物气体的分压,反应速率加快;反之,则减慢。

对于基元反应,反应速率与反应物浓度幂(以反应物的计量系数为指数)的乘积成正比,这就是质量作用定律。

例如,任一基元反应 $aA+bB \longrightarrow cC+dD$

$$v=kc^a(A)c^b(B) \tag{3-10}$$

式中:v 为反应的瞬时速率;物质的浓度为瞬时浓度;k 称为速率常数。

式(3-10)又称为速率方程。

显然,在上式中,当 $c(A)=c(B)=1\ mol \cdot L^{-1}$ 时,$v=k$。因此,k 的物理意义是:单位浓度时的反应速率。速率常数 k 值取决于反应的本性,与浓度无关。k 随温度而变化,温度升高,k 值通常增大。

反应物浓度的幂之和($a+b$)称为反应的级数,用 n 表示。a 和 b 分别称为 A 和 B 的分级数,对 A 是 a 级,而对于 B 为 b 级。反应级数 n 不一定是整数,可以是分数,也可以是零。

绝大多数化学反应不是基元反应,而是由两个或多个基元反应完成的复杂反应。例如:

$$A_2+B \longrightarrow A_2B$$

该反应是分两个基元步骤完成的:

第一步: $A_2 \longrightarrow 2A$ (慢反应)

第二步: $2A+B \longrightarrow A_2B$ (快反应)

对于总反应来说,决定反应速率的肯定是第一个基元步骤。即这种前一步的产物作为后一步的反应物的连串反应,决定反应速率的步骤是最慢的一个基元步骤。故速率方程是 $v=kc(A_2)$,而不会是 $v=kc(A_2)c(B)$。

对于这种非基元反应,其反应的速率方程只有通过实验来确定。如任一化学反应:

$$dD+eE \longrightarrow \text{生成物}$$

其反应速率方程式为:

$$v=kc^{\alpha}(D)c^{\beta}(E) \tag{3-11}$$

式中各反应物浓度的指数 α、β 均由实验测定来确定,而不是像基元反应那样由化学计量系数确定(表 3-1)。

表 3-1 一些反应及其反应速率方程和反应级数

反应方程式	反应速率方程	反应级数 n
$N_2O \xrightarrow{Au} N_2+\frac{1}{2}O_2$	$v=kc^0(N_2O)$	0
$2N_2O_5 \longrightarrow 4NO_2+O_2$	$v=kc(N_2O_5)$	1
$CHCl_3+Cl_2 \longrightarrow CCl_4+HCl$	$v=kc(CHCl_3)c^{\frac{1}{2}}(Cl_2)$	1.5
$2NO+2H_2 \longrightarrow N_2+2H_2O$	$v=kc^2(NO)c(H_2)$	3

观察上述反应的反应级数，并与化学反应方程中反应物的计量系数比较，可以明显地看出，反应级数不一定与计量系数相符合，因而反应不能直接由反应方程导出反应级数。

有关反应速率与反应浓度关系的定量计算，如下例。

【例3-1】 340 K，N_2O_5浓度为0.160 mol·L^{-1}时，其分解反应(一级反应)的速率为0.056 mol·L^{-1}·min^{-1}，计算该反应的速率常数及N_2O_5浓度为0.100 mol·L^{-1}时的反应速率。

解：(1) 求k

$$\upsilon=kc(N_2O_5)$$

$$k=\frac{\upsilon}{c(N_2O_5)}=\frac{0.056\ \mathrm{mol\cdot L^{-1}\cdot min^{-1}}}{0.160\ \mathrm{mol\cdot L^{-1}}}=0.35\ \mathrm{min^{-1}}$$

(2) 求N_2O_5浓度为0.100 mol·L^{-1}时的反应速率

$$\upsilon=kc(N_2O_5)=0.35\ \mathrm{min^{-1}}\times 0.100\ \mathrm{mol\cdot L^{-1}}=0.035\ \mathrm{mol\cdot L^{-1}\cdot min^{-1}}$$

3.3.2 温度对反应速率的影响

温度对化学反应速率的影响特别显著。以氢气和氧气化合成水的反应为例：在常温下氢气和氧气作用十分缓慢，以致几年都观察不到有水生成；如果温度升高到873 K，它们立即起反应，并发生猛烈的爆炸。一般来说，化学反应都随着温度的升高而反应速率增大。归纳许多实验结果发现，对于一些反应，在反应物浓度恒定时，温度每升高10 ℃，反应速率大约增加到原来的2～4倍。

温度对反应速率的影响可根据碰撞理论来理解。当温度升高时，反应物分子获得能量，使得一部分非活化分子转变为活化分子，提高了活化分子百分率，从而增加了活化分子的数目，反应速率便增加。

温度对反应速率的影响表现为对速率常数k的影响。由表3-2中数据可知，对于反应NO_2+CO══$NO+CO_2$，当温度从600 K升高到800 K时，速率常数k几乎增大上千倍。

表3-2 温度与速率常数的关系(NO_2+CO══$NO+CO_2$)

T/K	600	650	700	750	800
k/(L·mol^{-1}·s^{-1})	0.028	0.22	1.3	6.0	23

化学反应速率与温度的定量关系，早在1889年阿伦尼乌斯(S. A. Arrhenius)就在总结大量实验事实的基础上提出了一个经验公式：

$$k=Ae^{-\frac{E_a}{RT}}\quad 或\quad \ln k=-\frac{E_a}{RT}+\ln A \tag{3-12}$$

这个近似公式称为阿伦尼乌斯公式。式中，k是速率常数，A为给定反应的特征常数(或称频率因子)，E_a为反应的活化能，R为理想气体常数(8.314 J·mol^{-1}·K^{-1})，T为热力学温度。其指数项表示温度对速率常数的影响。对于某个指定的化学反应，E_a和A可视为一个定值，不随温度而变化，故速率常数仅取决于温度。由于k和T的关系是一个指数函数，T 的微小变化会导致 k 值发生很大的变化，从而体现了温度对反应速率的显著影响。

3.3.3　催化剂对反应速率的影响

催化剂是一种能改变化学反应速率，其本身组成和质量在反应前后保持不变的物质。例如加热氯酸钾固体制备氧气时，放入少量二氧化锰，反应即可大大加速，这里的二氧化锰就是该反应的催化剂。

催化剂改变反应速率的作用称为催化作用。凡能加快反应速率的催化剂叫作正催化剂，凡能减慢反应速率的催化剂叫作负催化剂。例如合成氨生产中使用的铁、硫酸，以及促进生物体化学反应的各种酶（如淀粉酶、蛋白酶、脂肪酶）等，均为正催化剂；为防止橡胶老化而掺入的防老化剂，为延缓金属腐蚀的缓蚀剂，均可视为负催化剂。一般提到催化剂，若不明确指出是负催化剂时，都指能加快反应速率的正催化剂。

大量实验证明，催化剂之所以能加快反应速率，是因为它参与了反应过程，改变了反应的途径，降低了反应的活化能。对于反应：

$$A+B \longrightarrow AB$$

当催化剂不存在时，按照图 3-3 中的途径Ⅰ进行，其活化能为 E_a；当催化剂 K 存在时，其反应机理发生改变，反应按照途径Ⅱ分两步进行：

$$A+K \longrightarrow AK \qquad 活化能为 E_1$$

$$AK+B \longrightarrow AB+K \qquad 活化能为 E_2$$

从图 3-3 可以看出，E_1 和 E_2 均小于 E_a。所以当反应按途径Ⅱ进行时，由于活化能降低，使得一部分非活化分子转化为活化分子，提高了活化分子百分率，从而活化分子数目增加，有效碰撞增加，反应速率加快。

从上述分析可以看出，催化剂在反应过程中是参与反应的。它先与反应物生成某种不稳定的中间化合物；该中间化合物继续反应，生成产物，并析出原催化剂。

关于催化剂对反应速率的影响，需要注意以下几点：

（1）催化剂对反应速率的影响是通过改变反应机理来实现的，并不影响反应物和产物的相对能量，它不改变反应的始态和终态。

（2）对同一可逆反应，催化剂同等程度地降低正、逆反应的活化能，即同等程度地加快正、逆反应的速率，缩短了达到平衡的时间。

图 3-3　催化剂改变反应途径的示意图

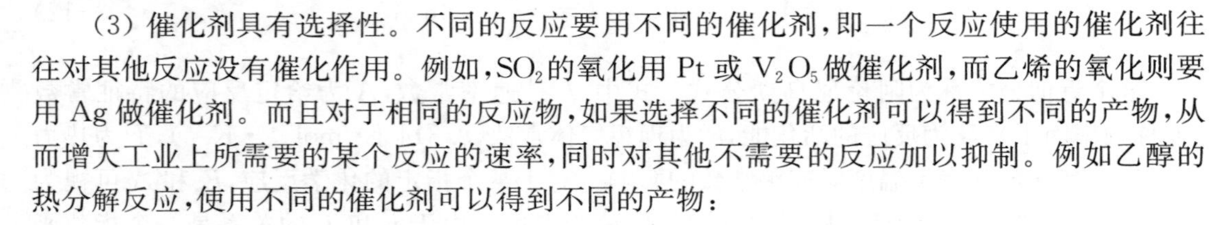

（3）催化剂具有选择性。不同的反应要用不同的催化剂，即一个反应使用的催化剂往往对其他反应没有催化作用。例如，SO_2 的氧化用 Pt 或 V_2O_5 做催化剂，而乙烯的氧化则要用 Ag 做催化剂。而且对于相同的反应物，如果选择不同的催化剂可以得到不同的产物，从而增大工业上所需要的某个反应的速率，同时对其他不需要的反应加以抑制。例如乙醇的热分解反应，使用不同的催化剂可以得到不同的产物：

$$C_2H_5OH \xrightarrow[623\sim633\ K]{Al_2O_3} C_2H_4 + H_2O$$

$$C_2H_5OH \xrightarrow[473\sim523\ K]{Cu} CH_3CHO + H_2$$

$$2C_2H_5OH \xrightarrow[413\ K]{浓\ H_2SO_4} CH_3CH_2OCH_2CH_3 + H_2O$$

3.3.4 影响反应速率的其他因素

上述讨论的多种不同条件对反应速率的影响，大多是就单相系统而言的。对于多相反应，由于反应物处于不同的相，反应只能在相与相的界面上进行，除以上讨论的影响因素外，反应速率还与反应物接触面积、接触机会、扩散速率等因素有关。

在化工生产中，常采用适当方法来增加反应物分子之间的相互接触机会。例如，煤粉的燃烧速率要比煤块的燃烧速率快；锌粉与酸的反应速率要比锌粒与酸的反应快。

扩散速率也是影响多相反应速率的一个重要因素。由于分子的扩散，反应物分子不断地进入界面，生成物分子不断地离开界面。扩散过程本身具有一定的速率，当扩散速率比界面的化学反应速率小得多时，整个过程的速率便由扩散速率来决定。这时，搅拌、摇动等可以加快分子的扩散，也就能加快多相反应的速率。工业上用鼓风机鼓风来加快煤的燃烧，沸腾炉焙烧粉状硫铁矿来制取 SO_2 等，都是加快扩散速率的例子。但是，对于一些破坏性的反应，例如面粉厂中易发生的“尘炸”反应（大量飘逸在厂房内的粉尘与空气充分混合，遇火燃烧、爆炸），则务必要严防粉尘扩散，并且在车间内安设防尘、防火、防爆装置。

此外，超声波、激光及高能射线的作用，也可能影响某些化学反应的反应速率。

3.1 什么是化学反应的平均速率、瞬时速率？两种反应速率之间有何区别与联系？

3.2 什么叫活化分子？什么叫有效碰撞？

3.3 什么叫基元反应？什么叫非基元反应？

3.4 催化剂是如何影响化学反应速率的？

3.5 用金属锌和稀硫酸制取氢气时，在反应开始后的一段时间内反应速率加快，后来反应速率又变慢。试从浓度、温度（联系反应放热）等因素解释该现象。

3.6 温度是如何影响反应速率的？

3.7 对于反应 $2A + 3B \longrightarrow C$，下列所示的速率表达式中，正确的是（　　）。

A. $\frac{\Delta c(A)}{\Delta t} = \frac{2}{3}\frac{\Delta c(B)}{\Delta t}$　　B. $\frac{\Delta c(C)}{\Delta t} = -\frac{1}{3}\frac{\Delta c(A)}{\Delta t}$

C. $\frac{\Delta c(C)}{\Delta t} = -\frac{1}{2}\frac{\Delta c(B)}{\Delta t}$　　D. $\frac{\Delta c(B)}{\Delta t} = \frac{\Delta c(A)}{\Delta t}$

3.8 使用质量作用定律的条件是（　　）。

A. 基元反应　　B. 非基元反应

C. 基元反应，非基元反应均可　　D. 恒温条件下发生

3.9 反应 $mA + nB \longrightarrow pC + qD$ 的反应速率间的关系为 $v_A : v_B : v_C : v_D = 1 : 3 : 2 : 1$，则 $m : n : p : q$ =（　　）。

A. 1∶1/3∶1/2∶1　　B. 1∶3∶2∶1　　C. 3∶1∶2∶3　　D. 6∶2∶3∶6

3.10　A(g) ⟶ B(g)为二级反应。当 A 的浓度为 0.050 $mol \cdot L^{-1}$ 时,其反应速率为 1.2 $mol \cdot L^{-1} \cdot min^{-1}$。

(1)写出该反应的速率方程;(2)计算速率常数;(3)温度不变时,欲使反应速率加倍,A 的浓度应是多少?

3.11　气体 A 的分解反应 A(g) ⟶ 产物,当 A 的浓度等于 0.50 $mol \cdot L^{-1}$ 时,反应速率为 0.014 $mol \cdot L^{-1} \cdot s^{-1}$。若该反应为:

(1)零级反应;(2)一级反应;(3)二级反应。

A 的浓度等于 1 $mol \cdot L^{-1}$ 时,该反应的反应速率分别是多少?

3.12　假定一个多相反应,其本身的反应速率远小于扩散速率。试问搅拌速度的快慢对反应系统速率的影响程度如何?

第4章 化学平衡

知识要点

(1) 掌握化学平衡的概念。
(2) 熟练掌握有关化学平衡的计算及化学平衡移动原理。
(3) 了解化学反应速率与化学平衡原理在化工生产中的应用。

任何一个化学反应都涉及两个方面的问题：一个是反应进行的快慢如何？即反应速率问题，这是化学动力学研究的范畴；另一个是反应进行的方向和程度如何？即化学平衡问题，它属于化学热力学研究的范畴。在上一章，我们讨论了化学反应的速率问题。本章将对化学平衡问题做初步介绍，为学习后面的电离平衡、氧化还原反应、配位反应和有关元素、化合物的性质打下初步的理论基础。

4.1 可逆反应与化学平衡

在日常生活中，人们可以看到水蒸发变成水蒸气，水蒸气冷凝又变成水的物理现象。同样，对于多数化学反应来说，在一定条件下也能够向两个相反的方向进行。例如，在密闭容器中充入 $H_2(g)$ 和 $I_2(g)$，在一定温度下发生反应生成 $HI(g)$：

$$H_2(g)+I_2(g) \longrightarrow 2HI(g)$$

与此同时，在另一密闭容器中充入 $HI(g)$，在相同条件下，它也能分解为 $H_2(g)$和 $I_2(g)$

$$2HI(g) \longrightarrow H_2(g)+I_2(g)$$

以上两个反应式可写为：

$$H_2(g)+I_2(g) \rightleftharpoons 2HI(g)$$

在同一条件下，既能向正反应方向进行又能向逆反应方向进行的反应，称为可逆反应。在可逆反应中，把按反应方程式从左到右进行的反应称为正反应，而把从右到左进行的反应称为逆反应。

绝大多数的化学反应都有一定的可逆性。仅有少数反应的逆反应倾向比较弱，从整体上看，反应实际上是朝着一个方向进行的，反应物几乎全部转变为产物，例如氯化银的沉淀反应。还有些反应在进行时，逆反应发生的条件尚未具备，反应物即已耗尽，例如二氧化锰作为催化剂时氯酸钾受热分解放出氧的反应。这些反应，习惯上称为不可逆反应。

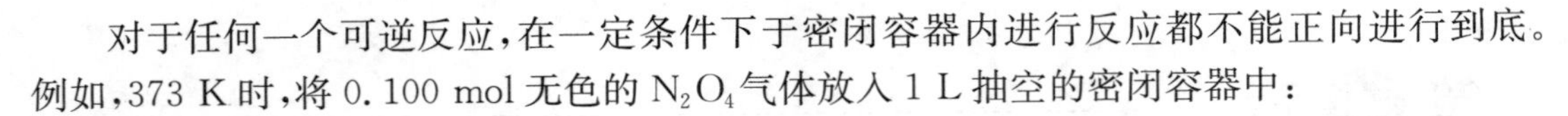

对于任何一个可逆反应,在一定条件下于密闭容器内进行反应都不能正向进行到底。例如,373 K时,将0.100 mol无色的N_2O_4气体放入1 L抽空的密闭容器中:

$$N_2O_4 \rightleftharpoons 2NO_2$$

隔一定时间对该体系进行分析,可得表4-1的数据。

表4-1 $N_2O_4 \rightleftharpoons 2NO_2$平衡体系的建立(373 K时)

时间/s	0	20	40	60	80	100
$c(N_2O_4)/(mol \cdot L^{-1})$	0.100	0.070	0.050	0.040	0.040	0.040
$c(NO_2)/(mol \cdot L^{-1})$	0.000	0.060	0.100	0.120	0.120	0.120

从上表中可以看到,N_2O_4的浓度不断减少,NO_2的浓度不断增大,60 s后N_2O_4和NO_2的浓度不再随时间变化,最多只有0.060 mol N_2O_4分解为NO_2。为什么这个分解反应不能进行到底呢?这一过程可以用反应速率解释。

反应开始时,N_2O_4的浓度较大,NO_2的浓度几乎为零,因此正反应速率较大;NO_2一旦生成,逆反应便立即发生,随着反应的进行,反应物N_2O_4的浓度不断降低,正反应速率逐渐减慢,产物NO_2的浓度不断增大,逆反应速率逐渐加快(图4-1)。经过一定时间,正反应速率和逆反应速率相等,N_2O_4和NO_2的浓度都不再变化,这时建立了化学平衡。

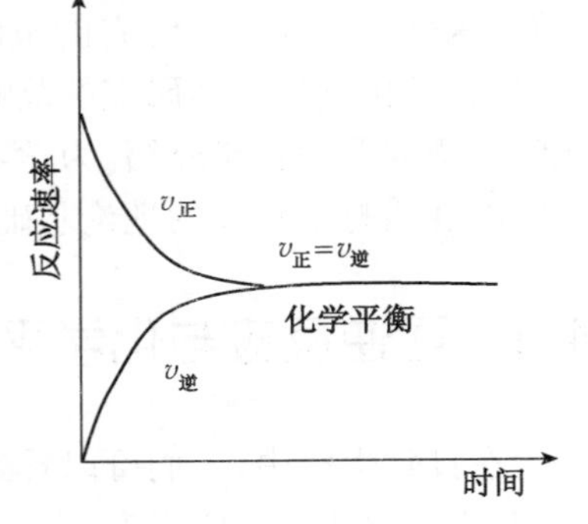

图4-1 正、逆反应速率与化学平衡的关系

正、逆反应速率相等时,体系所处的状态称为化学平衡状态。

化学平衡状态有以下几个重要特点:

(1) 只有在恒温条件下,封闭体系中进行的可逆反应,才能建立化学平衡。这是建立平衡的前提。

(2) 正、逆反应速率相等是平衡建立的条件。

(3) 化学平衡是一种动态平衡。在反应体系达到平衡后,表面上看反应似乎是“停止”了,但实际上正、逆反应仍在进行,只不过是它们的速率相等、方向相反,单位时间内各物质(生成物或反应物)的生成量和消耗量相等。所以,总的结果是各物质浓度都不再随时间而改变。这是建立平衡的标志。

(4) 化学平衡是有条件的、相对的、暂时的平衡。当外界条件改变时,正、逆反应速率发生变化,原有的平衡将被破坏,直到建立新的动态平衡。

4.2 平衡常数

4.2.1 实验平衡常数

对于前述的可逆反应:

$$N_2O_4 \rightleftharpoons 2NO_2$$

做进一步的研究，就会发现可逆反应的另一特点。

表4-2给出了N_2O_4和NO_2三组不同起始浓度的实验数据，不论反应的初始浓度如何，也不管反应是从正向开始还是从逆向开始，最后都能建立平衡。平衡时，反应物和产物的浓度都相对稳定，不随时间变化。但对于每组实验，$c^2(NO_2)/c(N_2O_4)$比值(生成物浓度系数次方的乘积与反应物浓度系数次方的乘积之比)近乎相等(大约为0.37)，即此比值为一常数。这个常数就是该反应在指定温度下的浓度实验平衡常数K_c。当温度发生变化时，K_c亦随之改变。

表4-2 N_2O_4—NO_2体系的平衡浓度(373 K)

序号		初始浓度/$(mol\cdot L^{-1})$	平衡浓度/$(mol\cdot L^{-1})$	$c^2(NO_2)/c(N_2O_4)$
实验1	NO_2	0.000	0.120	0.36
	N_2O_4	0.100	0.040	
实验2	NO_2	0.100	0.072	0.37
	N_2O_4	0.000	0.014	
实验3	NO_2	0.100	0.160	0.37
	N_2O_4	0.100	0.070	

对于任一可逆反应：

$$aA(g)+bB(g)\rightleftharpoons dD(g)+eE(g)$$

在一定温度下达到平衡时，反应物A、B和生成物D、E的平衡浓度有如下关系：

$$K_c=\frac{c^d(D)c^e(E)}{c^a(A)c^b(B)} \tag{4-1}$$

式中：K_c为浓度实验平衡常数。

上式表示，在一定温度下，某个可逆反应达到平衡状态时，生成物浓度系数次方的乘积与反应物浓度系数次方的乘积之比是一个常数，这个关系称为化学平衡定律。

对于有气体参与的可逆反应，由于温度一定时气体的压力与浓度成正比，平衡常数表达式中常以平衡时气体的分压来代替气体物质的浓度。其平衡常数表达式可表示为：

$$K_p=\frac{p^d(D)p^e(E)}{p^a(A)p^b(B)} \tag{4-2}$$

式中：K_p为分压实验平衡常数。

显然，实验平衡常数的单位由其平衡常数表达式决定。K_c的单位为$(mol\cdot L^{-1})^{(d+e)-(a+b)}$，$K_p$的单位为$Pa^{(d+e)-(a+b)}$(如用大气压，应做相应换算)。但该常数往往只给出数值而无需标出单位。K_c与K_p均属于实验平衡常数。K值越大，表示反应越完全。

对于同一反应，K_c与K_p有何关系？

应用理想气体状态方程，$pV=nRT$，$p=cRT$，则：

$$K_p=\frac{p^d(D)p^e(E)}{p^a(A)p^b(B)}=\frac{[c(D)RT]^d[c(E)RT]^e}{[c(A)RT]^a[c(B)RT]^b}=K_c(RT)^{(d+e)-(a+b)}$$

令 $\Delta n=(d+e)-(a+b)$,得:

$$K_p=K_c(RT)^{\Delta n} \tag{4-3}$$

上式中,当压力单位取“Pa”,体积单位取“L”,浓度单位取“$mol \cdot L^{-1}$”时,R 的值为 $8.314\times10^3 Pa \cdot L \cdot mol^{-1} \cdot K^{-1}$。由上式可见,当 $\Delta n=0$ 时,$K_p=K_c$。若已知某反应的 K_c,便可根据式(4-3)求出 K_p。

4.2.2 标准平衡常数

根据标准热力学函数计算得到的平衡常数称为热力学平衡常数,又称标准平衡常数,以 $K^{\ominus}$ 表示,它是温度的函数。

热力学上规定在实验平衡常数的表达式中,用平衡浓度除以其标准态($c/c^{\ominus}$,称为相对浓度)来代替平衡浓度,或以平衡分压除以标准分压($p/p^{\ominus}$,称为相对分压)来代替平衡分压,求得的平衡常数为标准平衡常数 $K^{\ominus}$。

溶液的标准态 $c^{\ominus}$ 为 $1\ mol \cdot L^{-1}$,而气体分压的标准态 $p^{\ominus}$ 为 100 kPa,故相对浓度和相对分压都是无量纲的量。本书为了简化书写,以下均用“[ ]”来表示物质的相对浓度或相对分压。即:

物质 B 的相对浓度表示为:$[B]=\dfrac{c(B)}{c^{\ominus}}$

气体 B 的相对分压表示为:$[p(B)]=\dfrac{p(B)}{p^{\ominus}}$

这样,对于可逆反应:

$$aA(aq)+bB(aq)\rightleftharpoons dD(aq)+eE(aq)$$

其标准平衡常数 $K^{\ominus}$ 可以表示为:

$$K^{\ominus}=\frac{[c(D)/c^{\ominus}]^d\ [c(E)/c^{\ominus}]^e}{[c(A)/c^{\ominus}]^a\ [c(B)/c^{\ominus}]^b}=\frac{[D]^d\ [E]^e}{[A]^a\ [B]^b} \tag{4-4}$$

对于气相反应:

$$aA(g)+bB(g)\rightleftharpoons dD(g)+eE(g)$$

其标准平衡常数 $K^{\ominus}$ 可以表示为:

$$K^{\ominus}=\frac{[p(D)/p^{\ominus}]^d\ [p(E)/p^{\ominus}]^e}{[p(A)/p^{\ominus}]^a\ [p(B)/p^{\ominus}]^b}=\frac{[p(D)]^d\ [p(E)]^e}{[p(A)]^a\ [p(B)]^b} \tag{4-5}$$

对于既有固体又有液体,以及气体和水的一般反应:

$$aA(s)+bB(aq)\rightleftharpoons dD(aq)+eE(g)+fH_2O(l)$$

其标准平衡常数 $K^{\ominus}$ 可以表示为:

$$K^{\ominus}=\frac{[c(D)/c^{\ominus}]^d\ [p(E)/p^{\ominus}]^e}{[c(B)/c^{\ominus}]^b}=\frac{[D]^d\ [p(E)]^e}{[B]^b} \tag{4-6}$$

另外,在书写平衡常数表达式时,需注意以下几点:

(1) 如果反应中有纯固体或纯液体参加，它们的浓度在平衡常数表达式中不必列出，因为它们的浓度是固定不变的。例如：

$$CaCO_3(s) \rightleftharpoons CaO(s) + CO_2(g)$$

$$K^{\ominus} = [p(CO_2)]$$

$$CO_2(g) + H_2(g) \rightleftharpoons CO(g) + H_2O(l)$$

$$K^{\ominus} = \frac{[p(CO)]}{[p(CO_2)][p(H_2)]}$$

(2) 在稀溶液中进行的反应，如有水参加，由于作用掉的水分子数与总的水分子数相比微不足道，所以水的浓度也不必写在平衡常数表达式中。例如：

$$Cr_2O_7^{2-} + H_2O \rightleftharpoons 2CrO_4^{2-} + 2H^+$$

$$K^{\ominus} = \frac{[CrO_4^{2-}]^2[H^+]^2}{[Cr_2O_7^{2-}]}$$

但是，在非水溶液中进行的反应，如有水生成或有水参加，此时水的浓度不可视为常数，必须写在平衡常数表达式中。例如酒精和醋酸的液相反应：

$$C_2H_5OH(l) + CH_3COOH(l) \rightleftharpoons CH_3COOC_2H_5(l) + H_2O(l)$$

$$K^{\ominus} = \frac{[CH_3COOC_2H_5][H_2O]}{[C_2H_5OH][CH_3COOH]}$$

(3) 对于同一化学反应，可以用不同的化学反应方程式表示，每个化学反应方程式都有自己的平衡常数表达式及相应的平衡常数。例如 373 K 时 N_2O_4 和 NO_2 的平衡体系：

$$N_2O_4(g) \rightleftharpoons 2NO_2(g) \quad K_1^{\ominus} = \frac{[p(NO_2)]^2}{[p(N_2O_4)]}$$

$$\frac{1}{2}N_2O_4(g) \rightleftharpoons NO_2(g) \quad K_2^{\ominus} = \frac{[p(NO_2)]}{[p(N_2O_4)]^{\frac{1}{2}}}$$

$$2NO_2(g) \rightleftharpoons N_2O_4(g) \quad K_3^{\ominus} = \frac{[p(N_2O_4)]}{[p(NO_2)]^2}$$

显然，$K_1^{\ominus} = (K_2^{\ominus})^2 = \frac{1}{K_3^{\ominus}}$。因此，要注意使用与反应方程式相对应的平衡常数。

(4) 化学反应的平衡常数 $K^{\ominus}$ 随温度而变化，使用时须注意相应的温度。

4.2.3 多重平衡规则

在相同条件下，如果几个反应式相加(或相减)得到第三个反应式时，则这个总反应的平衡常数等于几个反应的平衡常数的乘积(或商)，这个规则称为多重平衡规则。

应用多重平衡规则，可以由已知反应的平衡常数计算有关反应的平衡常数。例如973 K 时的下述反应：

$$SO_2(g) + \frac{1}{2}O_2(g) \rightleftharpoons SO_3(g) \quad K_{c_1} = \frac{c(SO_3)}{c(SO_2)c^{\frac{1}{2}}(O_2)} \quad ①$$

$$NO_2(g) \rightleftharpoons NO(g) + \frac{1}{2}O_2(g) \quad K_{c_2} = \frac{c(NO)c^{\frac{1}{2}}(O_2)}{c(NO_2)} \qquad ②$$

反应①+②得：

$$SO_2(g) + NO_2(g) \rightleftharpoons SO_3(g) + NO(g) \quad K_{c_3} = \frac{c(SO_3)c(NO)}{c(SO_2)c(NO_2)} \qquad ③$$

则有：

$$K_{c_1}K_{c_2} = \frac{c(SO_3)}{c(SO_2)c^{\frac{1}{2}}(O_2)} \times \frac{c(NO)c^{\frac{1}{2}}(O_2)}{c(NO_2)} = \frac{c(SO_3)c(NO)}{c(SO_2)c(NO_2)} = K_{c_3}$$

推广至一般情况：

若 反应 N=反应 A+反应 B+…

则 $K_c(N) = K_c(A) \times K_c(B) \times \cdots$ (4-7)

4.2.4 平衡常数的应用

4.2.4.1 判断可逆反应进行程度

平衡常数是可逆反应的特征常数，是一定条件下可逆反应进行程度的标度。对同类反应而言，$K^{\ominus}$值越大，反应朝正向进行的程度越大，反应进行得越完全。

4.2.4.2 判断反应进行的方向

在实际工作中，经常需要判断某一化学反应是否处于平衡状态，反应方向又如何？为了解决这一问题，这里引入浓度商 Q_c。某一化学反应在任意状态下，各生成物浓度系数次方的乘积与反应物浓度系数次方的乘积之比称为浓度商。如一可逆反应：

$$aA + bB \rightleftharpoons dD + eE$$

$$Q_c = \frac{c^d(D)c^e(E)}{c^a(A)c^b(B)}$$

需要指出的是，Q_c和K_c表达式的形式虽然相似，但两者的概念是不同的。Q_c表达式中各物质的浓度是任意状态下的浓度，其商值是任意的；而K_c表达式中各物质的浓度是平衡状态时的浓度，其商值在一定温度下为一常数。

有了浓度商Q_c和平衡常数K_c的概念，可以得出确定一个可逆反应进行的方向：

(1) $Q_c < K_c$，反应向正反应方向进行；

(2) $Q_c = K_c$，反应达到平衡状态(即反应进行到最大限度)；

(3) $Q_c > K_c$，反应向逆反应方向进行。

如果是气相反应，可以将任意状态下各生成物分压系数次方的乘积与反应物分压系数次方的乘积之比称为分压商，用Q_p表示。应用Q_p与K_p之比，即可判断反应进行的方向。

4.2.4.3 应用化学平衡进行有关计算

化学反应一旦在一定条件下达到平衡，平衡体系中各物质浓度之间的数量关系则因制约于平衡常数而被确定下来。因此平衡常数可以用来计算反应体系中有关物质的浓度和某一反应物的平衡转化率，以及从理论上计算欲达到一定转化率所需的合理原料配比等问题。

某一反应物的平衡转化率，是指化学反应达到平衡后，某反应物的转化量(即消耗量)与反应前该物质的量之比，表示为：

$$\alpha=\frac{\text{反应物的转化量}}{\text{反应前该物质的量}}\times 100\%$$

转化率越大，表示正反应进行的程度越大。转化率与平衡常数有所不同，转化率与反应体系的起始状态有关，而且必须明确指出反应物中哪种物质的转化率。下面以实例来说明这些计算。

【例4-1】 合成氨的反应 $N_2(g)+3H_2(g) \rightleftharpoons 2NH_3(g)$ 在某温度下达到平衡时，体系中各物质的浓度是：$c(N_2)=3\ mol \cdot L^{-1}$；$c(H_2)=9\ mol \cdot L^{-1}$；$c(NH_3)=4\ mol \cdot L^{-1}$。求：(1)在该温度下反应的平衡常数；(2)反应开始前 N_2、H_2 的初始浓度；(3)N_2 的转化率。

解：(1) 求平衡常数 K_c

已知平衡时各物质的浓度，代入平衡常数表达式，得：

$$K_c=\frac{c^2(NH_3)}{c(N_2)c^3(H_2)}=\frac{4^2}{3\times 9^3}=7.32\times 10^{-3}$$

(2) 求 N_2、H_2 的初始浓度

解这类问题，首先要注意反应物的消耗量和生成物的生成量之间有一定的比例关系，其次要弄清初始浓度和平衡浓度的关系。

设 N_2 的起始浓度为 $x\ mol \cdot L^{-1}$，H_2 的起始浓度为 $y\ mol \cdot L^{-1}$，则：

	$N_2(g)$	$+3H_2(g)$	$\rightleftharpoons 2NH_3(g)$
起始浓度/$(mol \cdot L^{-1})$	x	y	0
转化浓度/$(mol \cdot L^{-1})$	$x-3$	$y-9$	4
平衡浓度/$(mol \cdot L^{-1})$	3	9	4

根据反应方程式的计量系数可得出转化的 N_2、H_2 的浓度与生成的 NH_3 的浓度之比为1∶3∶2，则：

$$\frac{x-3}{4}=\frac{1}{2} \qquad x=5\ mol \cdot L^{-1}$$

$$\frac{y-9}{4}=\frac{3}{2} \qquad y=15\ mol \cdot L^{-1}$$

N_2 的初始浓度 $=5\ mol \cdot L^{-1}$

H_2 的初始浓度 $=15\ mol \cdot L^{-1}$

(3) 求 N_2 的转化率

$$\alpha=\frac{5-3}{5}\times 100\%=40\%$$

【例4-2】 已知在某温度时反应 $CO(g)+H_2O(g) \rightleftharpoons H_2(g)+CO_2(g)$，$K_c=1.0$，若 CO 和 H_2O 的起始浓度为：$c(CO)=2.0\ mol \cdot L^{-1}$；$c(H_2O)=3.0\ mol \cdot L^{-1}$。求：(1)平衡时各物质的浓度；(2)CO 的转化率。

解:(1) 求平衡时各物质的浓度

设反应达到平衡时 $c(CO_2)=x\ mol\cdot L^{-1}$,则:

	$CO(g)$	$+ H_2O(g) \rightleftharpoons$	$H_2(g)$	$+ CO_2(g)$
起始浓度/$(mol\cdot L^{-1})$	2.0	3.0	0	0
平衡浓度/$(mol\cdot L^{-1})$	$2.0-x$	$3.0-x$	x	x

$$K_c=\frac{c(H_2)c(CO_2)}{c(CO)c(H_2O)}=\frac{x^2}{(2.0-x)(3.0-x)}=1.0$$

解得 $x=1.2$,即平衡时 $c(H_2)=1.2\ mol\cdot L^{-1}$, $c(CO_2)=1.2\ mol\cdot L^{-1}$。

则平衡时 $c(CO)=2.0-1.2=0.8\ mol\cdot L^{-1}$, $c(H_2O)=3.0-1.2=1.8\ mol\cdot L^{-1}$。

(2) 求 CO 的转化率

根据化学反应方程式,平衡时转化的 $c(CO)=1.2\ mol\cdot L^{-1}$,所以 CO 的转化率为:

$$\alpha=\frac{1.2}{2.0}\times100\%=60\%$$

【例 4-3】 已知 1 000 K 时反应 $2SO_2(g)+O_2(g)\rightleftharpoons 2SO_3(g)$ 的 $K_p=3.45\times10^{-2}\ Pa^{-1}$,求 K_c。

解:由 $$K_p=K_c(RT)^{\Delta n}$$

得: $$K_c=K_p(RT)^{-\Delta n}$$

已知 $\Delta n=2-(2+1)=-1$,所以:

$$\begin{aligned}K_c&=K_p(RT)^1\\&=3.45\times10^{-2}\ Pa^{-1}\times8.314\times10^3\ Pa\cdot L\cdot mol^{-1}\cdot K^{-1}\times1\,000\ K\\&=2.87\times10^5\ L\cdot mol^{-1}\end{aligned}$$

【例 4-4】 已知某温度时反应 $CO+H_2O\rightleftharpoons CO_2+H_2$ 的 K_c 为 0.8,求 K_p。

解:由 $$K_p=K_c(RT)^{\Delta n}$$

已知 $\Delta n=(1+1)-(1+1)=0$,所以:

$$K_p=K_c(RT)^0=K_c=0.8$$

4.3 化学平衡的移动

在一定条件下,可逆反应的正、逆反应速率相等时,化学反应处于平衡状态。化学平衡状态并不意味着反应停止进行,而只是正反应速率等于逆反应速率,反应物的浓度和生成物的浓度不再随时间改变,这是一种动态平衡;其次,平衡是有条件的、相对的、暂时的,一旦条件改变,平衡状态就遭到破坏,体系内各物质的浓度(或分压)就会发生变化,直到建立与新条件相适应的新平衡为止。新的平衡建立时,反应物和生成物的浓度与原平衡状态时的浓度已经不相同了。

这种因外界条件改变使可逆反应从一种平衡状态向另一种平衡状态转变的过程叫作化

学平衡的移动。

化学平衡的移动，在工业生产中有着重要的意义。研究化学平衡，就是要做平衡的转化工作，使化学平衡尽可能向着有利于生产需要的方向转化。下面分别讨论影响化学平衡移动的几种因素：

4.3.1 浓度(或分压)对化学平衡的影响

一定温度下，合成氨的反应 $N_2+3H_2 \rightleftharpoons 2NH_3$ 达到平衡时，$Q_c=\dfrac{c^2(NH_3)}{c(N_2)c^3(H_2)}=K_c$。当加大 N_2 或 H_2 的浓度时，$c(N_2)$ 和 $c^3(H_2)$ 的乘积增大，这时 $Q_c<K_c$，体系不再处于平衡状态，反应向正反应方向进行。随着反应的进行，当 Q_c 重新等于 K_c 时，体系又达到一个新的平衡状态。新平衡建立后，$c(N_2)$、$c(H_2)$ 和 $c(NH_3)$ 已分别和前一平衡状态下各自的浓度不一样了。若减少反应物的浓度，情况恰恰相反。

浓度对化学平衡的影响可概括为：在其他条件不变的情况下，增加反应物浓度或减少生成物浓度，化学平衡向正反应方向移动；增加生成物浓度或减少反应物浓度，化学平衡向逆反应方向移动。

对于有气体物质参与的反应，增大(或减小)某一气体物质的分压就是增大(或减小)该气体物质的浓度，结果与以上讨论的情况一致。

通过浓度对化学平衡影响的讨论，可以得出两个很重要的结论：

(1) 在可逆反应中，为了尽可能利用某一反应物，经常用过量的另一物质和它作用。例如，工业上制备 SO_3 时，存在下列可逆反应：

$$2SO_2+O_2 \rightleftharpoons 2SO_3$$

为了尽量利用成本较高的 SO_2，就要用过量的氧(空气中的氧)，按反应方程式，它们的计量系数之比是 1∶0.5，工业上实际经常采用的比值是 1∶1.6。

(2) 不断将生成物从反应体系中分离出来，则平衡将不断地向正反应方向移动。

例如，通氢气于红热的四氧化三铁上时，把生成的水蒸气不断地从反应体系中排出，四氧化三铁就可以完全转化为金属铁：

$$Fe_3O_4(s)+4H_2(g) \rightleftharpoons 3Fe(s)+4H_2O(g)$$

【例 4-5】 在【例 4-2】中，如开始时 H_2O 的浓度增大为 2 倍，即增大为 6.0 mol·L^{-1}，其他条件不变，CO 转化率为多少？

解：设反应达到平衡时 $c(CO_2)=x$ mol·L^{-1}，根据题意得到以下数据：

	$CO(g)$	$+H_2O(g) \rightleftharpoons$	$H_2(g)$	$+CO_2(g)$
起始浓度/(mol·L^{-1})	2.0	6.0	0	0
平衡浓度/(mol·L^{-1})	$2.0-x$	$6.0-x$	x	x

因温度不变，所以 K_c 值不变，则：

$$K_c=\frac{c(H_2)c(CO_2)}{c(CO)c(H_2O)}=\frac{x^2}{(2.0-x)(6.0-x)}=1.0$$

$$x = 1.5$$

CO 转化率为:

$$\alpha = \frac{1.5}{2.0} \times 100\% = 75\%$$

由以上计算可见,当水蒸气的浓度增加为原来的 2 倍后,CO 的平衡转化率由 60%提升为 75%,平衡向生成产物的方向移动。

4.3.2 体系总压力对化学平衡的影响

体系总压力的变化对液态或固态反应的平衡的影响很小,对有气体参与的化学反应的影响较大,且影响比较复杂,下面分几种情况进行讨论。

(1) 有气体参加,但反应前后气体分子总数不相等的反应。例如:

$$N_2(g) + 3H_2(g) \rightleftharpoons 2NH_3(g)$$

在一定温度下,当上述反应达到平衡时,各组分的平衡分压分别为 $p(N_2)$、$p(H_2)$、$p(NH_3)$。那么:

$$K_p = \frac{p^2(NH_3)}{p(N_2)p^3(H_2)}$$

如果平衡体系的总压力增加到原来的 2 倍,这时,各组分的分压也增加到原来的 2 倍,分别为 $2p(N_2)$、$2p(H_2)$、$2p(NH_3)$。于是:

$$Q_p = \frac{[2p(NH_3)]^2}{[2p(N_2)][2p(H_2)]^3} = \frac{1}{4}K_p \qquad (Q_p < K_p)$$

此时体系已不再处于平衡状态,反应朝着生成氨(即气体分子总数减少)的正反应方向进行。随着反应的进行,$p(NH_3)$不断增大,$p(N_2)$和 $p(H_2)$不断下降。最后当 Q_p的值重新等于K_p时,体系在新的条件下达到新的平衡。

如果将平衡体系的总压力降低至原来的 1/2,这时,各组分的分压也分别减小到原来的 1/2,分别为$\frac{1}{2}p(N_2)$、$\frac{1}{2}p(H_2)$、$\frac{1}{2}p(NH_3)$。于是:

$$Q_p = \frac{\left[\frac{1}{2}p(NH_3)\right]^2}{\left[\frac{1}{2}p(N_2)\right]\left[\frac{1}{2}p(H_2)\right]^3} = 4K_p \qquad (Q_p > K_p)$$

此时,体系也不处于平衡状态,反应逆向进行,即平衡向氨分解为 N_2和 H_2的方向(气体分子总数增加)进行。在反应进行的过程中,随着 NH_3不断分解,$p(NH_3)$不断下降,$p(N_2)$和 $p(H_2)$不断增大。最后当 Q_p的值重新等于K_p时,体系在新的条件下达到新的平衡。

由此可见,对于有气体参加的可逆反应,如果反应前后气体分子总数不相等(即 $\Delta n \neq 0$),在等温条件下,增大体系总压力,平衡向气体分子数减少的方向移动;降低总压力,则平衡向气体分子数增加的方向移动。

(2) 有气体参加,但反应前后气体分子总数相等的反应。如:

$$CO(g)+H_2O(g) \rightleftharpoons CO_2(g)+H_2(g)$$

在一定温度下,当上述反应达到平衡时,各组分的平衡分压分别为 $p(CO)$、$p(H_2O)$、$p(CO_2)$、$p(H_2)$。则有:

$$K_p=\frac{p(CO_2)p(H_2)}{p(CO)p(H_2O)}$$

当体系总压力增加到原来的2倍时,各组分的分压亦为原来的2倍,分别为 $2p(CO)$、$2p(H_2O)$、$2p(CO_2)$、$2p(H_2)$。于是:

$$Q_p=\frac{[2p(CO_2)][2p(H_2)]}{[2p(CO)][2p(H_2O)]}=K_p$$

由此可见,对于有气体参加的可逆反应,如果反应前后气体分子总数相等(即 $\Delta n=0$),在等温条件下,增大或降低体系总压力,对平衡没有影响。因为在这种情况下,压力改变将同等程度地改变正反应和逆反应的速率,所以,改变压力只能改变达到平衡的时间,而不能使平衡移动。

4.3.3 温度对化学平衡的影响

温度对化学平衡的影响与前两种情况有本质的区别。改变浓度或压力只能使平衡点改变,而温度的变化却导致平衡常数数值的改变。平衡常数 $K^\ominus$ 与热力学温度 T 之间存在下列定量关系:

$$\lg K^\ominus=\frac{-\Delta_r H_m^\ominus}{2.303RT}+B \qquad (4-8)$$

式中:$\Delta_r H_m^\ominus$ 是反应的热效应;对于确定的反应,B 为常数。

若 $\Delta_r H_m^\ominus$ 为负值,即正反应为放热反应,若温度升高,由式(4-8)可知,$\lg K^\ominus$减小(即 $K^\ominus$ 减小),即在达到新的平衡时生成物浓度减少,也就是说,平衡向逆反应方向移动(吸热反应方向移动);反之,降低温度,平衡向正反应方向移动(放热反应方向移动)。

若 $\Delta_r H_m^\ominus$ 为正值,即正反应为吸热反应,若温度升高,由式(4-8)可知,$\lg K^\ominus$ 增大(即 $K^\ominus$增大),即在达到新的平衡时生成物浓度增大,也就是说,平衡向正反应方向移动(吸热反应方向移动);反之,降低温度,平衡向逆反应方向移动(放热反应方向移动)。

综上所述,温度对化学平衡的影响为:温度升高,平衡向吸热反应方向移动;温度降低,平衡向放热反应方向移动。

温度对平衡常数数值的影响是很大的,参照表4-3。

表4-3 温度对平衡常数的影响

$2SO_2(g)+O_2(g) \rightleftharpoons 2SO_3(g)$ $\Delta_r H_m^\ominus=-197.7\ kJ\cdot mol^{-1}$

t/℃	400	500	600
$K^\ominus$	434	49.6	9.29

4.3.4 催化剂与化学平衡

对于可逆反应,催化剂同倍数地改变正、逆反应的速率。因此,在平衡体系中加入催化剂后,正、逆反应速率仍然相等,不会引起平衡常数的变化,也不会使化学平衡发生移动。但在未到达平衡的可逆反应体系中,加入催化剂后,由于反应速率增大,可以缩短到达平衡的时间。在化工生产中,往往使用(正)催化剂来加快反应速率,以缩短生产周期,提高生产效率。

4.3.5 勒夏特列原理

综合以上影响化学平衡移动的诸因素,可以得出一个普遍规律:假如改变平衡体系的条件之一,如温度、压力或浓度,平衡就向减弱这个改变的方向移动。该规律称为勒夏特列(Le Chatelier)原理。根据该原理,可得出以下结论:

(1) 当增加反应物浓度时,平衡就向能减少反应物浓度的方向(正反应方向)移动;同理,当减少生成物浓度时,平衡就向能增加生成物浓度的方向移动。

(2) 当增大压力时,平衡就向能减小压力(减小气体分子数目)的方向移动;当减小压力时,平衡就向能增大压力(增加气体分子数目)的方向移动。

(3) 当升高温度时,平衡就向能降低温度(吸热)的方向移动;当降低温度时,平衡就向能升高温度(放热)的方向移动。

勒夏特列原理是一条普遍规律,对于所有的动态平衡(包括物理平衡),都是适用的。但必须注意,它只能应用于已达到平衡的体系,而不适用于尚未达到平衡的体系。

4.4 反应速率与化学平衡的综合应用

我们学习化学反应速率和化学平衡的知识,其目的是能运用化学反应的一般原理来解决化工生产中的实际问题。化学热力学研究化学反应的方向和限度,而化学动力学研究的是反应的快慢。在实际生产或科学研究中,必须同时兼顾这两个问题,综合考虑平衡与速率两方面的各种因素,选择最佳、最经济的生产条件。以下是有关化工生产实际中的应用举例:

以合成氨为例,在 298.15 K 时,

$$N_2(g)+3H_2(g) \rightleftharpoons 2NH_3(g) \quad \Delta_r H_m^{\ominus}=-92.22\ \mathrm{kJ \cdot mol^{-1}}$$

由热力学数据计算可知,合成氨反应是放热反应。根据勒夏特列原理,降低温度有利于氨的合成;但从动力学角度来说,低温反应速率慢,生产周期长。反之,温度升高,反应速率加快,但对氨的合成不利。最适宜的温度是单位时间内生成氨最多时的温度。

选择温度时还必须考虑催化剂的存在。由于合成氨反应的活化能比较高,为了提高反应速率,需要使用催化剂,所选用的温度不能超过催化剂的使用温度,我国工业装置中一般控制在 470 ℃左右。

合成氨反应是一个气体分子数减小的放热反应。根据勒夏特列原理,采用高压有利于氨的合成。从动力学角度来说,高压能够增加反应速率,加快反应进程。但高压反应必须有

耐压的设备及安全措施，投资成本大，技术要求高。因此，从实际出发，反应的压力不宜过高。

综合考虑反应速率和化学平衡两方面的因素，合成氨反应应采用高压、适当提高反应温度、使用催化剂、不断取走氨气的反应条件。目前合成氨采用的工艺条件为：反应温度为673～793 K，压力为 3.03×10^{7} Pa，采用铁催化剂。

由合成氨反应推广到一般反应，选择条件时综合考虑反应速率和化学平衡两方面的因素，充分利用原料，提高产量，缩短生产周期，减低成本，以达到最高的经济效益。以下几个原则，为合理生产条件的参考：

(1) 在化工生产中，为了充分利用其中一种物料，往往使一种价廉易得的反应物过量，以提高另一种原料的转化率。但比例不能失当，否则会使其他原料的浓度变得太小，影响反应速率。对于气相反应，还要注意原料气的性质，防止原料气配比进入爆炸范围而引起不良后果。

还可以采用使产物浓度降低的方法，使平衡向正反应方向移动。在生产中常采用不断取走某种反应产物的方法。

(2) 气相反应中，增加压力，反应速率加快；对于分子数减少的反应，还能提高转化率。但增加压力对反应设备的要求较高，须综合考虑。

(3) 对于大部分反应，温度升高，反应速率加快；对于吸热反应，还能提高转化率但要避免温度过高使物料分解，同时注意燃料的合理消耗。对于放热反应，转化率会降低，这涉及到最佳反应温度的选择问题。

(4) 选择催化剂时，需要考虑催化剂的催化性、活化温度、价格、催化剂中毒等问题。若相同的反应物，同时可能发生几种反应，而其中只有一种是我们需要的，则选择合适的催化剂，满足主反应所需要的条件，并抑制副反应的发生。

4.1 什么是可逆反应？可逆反应达到平衡状态时有什么特点？

4.2 已知方程式及平衡常数：

$$N_2(g)+3H_2(g)\rightleftharpoons 2NH_3(g) \qquad K_1$$

$$\frac{1}{2}N_2(g)+\frac{3}{2}H_2(g)\rightleftharpoons NH_3(g) \qquad K_2$$

$$\frac{1}{3}N_2(g)+H_2(g)\rightleftharpoons \frac{2}{3}NH_3(g) \qquad K_3$$

下列关系式中，正确的是(　　)。

A. $K_1=K_2=K_3$　　B. $K_1=\frac{1}{2}K_2=\frac{1}{3}K_3$

C. $K_1=(K_2)^{1/2}=(K_3)^{1/3}$　　D. $K_1=(K_2)^2=(K_3)^3$

4.3 反应 $SO_2(g)+\frac{1}{2}O_2(g)\rightleftharpoons SO_3(g)$ 的平衡常数为 $K_1^\ominus$，反应 $NO_2(g)\rightleftharpoons NO(g)+\frac{1}{2}O_2(g)$ 的平衡常数为 $K_2^\ominus$，那么反应 $SO_2(g)+NO_2(g)\rightleftharpoons SO_3(g)+NO(g)$ 的平衡常数 $K_3^\ominus$ 等于(　　)。

A. $K_1^\ominus+K_2^\ominus$　　B. $K_1^\ominus-K_2^\ominus$　　C. $K_1^\ominus\times K_2^\ominus$　　D. $K_1^\ominus/K_2^\ominus$

4.4 已知反应 $NO(g)+CO(g)\rightleftharpoons\frac{1}{2}N_2(g)+CO_2(g)$ 的 $\Delta_r H_m^\ominus=-373.2\ kJ\cdot mol^{-1}$，在密闭容器中，该可逆反应达到平衡状态，若升高反应体系温度，则反应向(　　)方向移动。

A. 正反应　　B. 逆反应　　C. 不移动　　D. 难以判断

4.5 已知反应 $NO(g)+CO(g)\rightleftharpoons\frac{1}{2}N_2(g)+CO_2(g)$ 的 $\Delta_r H_m^\ominus=-373.2\ kJ\cdot mol^{-1}$，若要提高气体NO和CO的转化率，可采用的措施是(　　)。

A. 低温低压　　B. 低温高压　　C. 高温高压　　D. 高温低压

4.6 写出下列可逆反应的平衡常数 K_c 和 $K^\ominus$ 表达式：

(1) $SO_2(g)+\frac{1}{2}O_2(g)\rightleftharpoons SO_3(g)$

(2) $SiCl_4(l)+2H_2O(g)\rightleftharpoons SiO_2(s)+4HCl(g)$

(3) $2N_2O_5(g)\rightleftharpoons 4NO_2(g)+O_2(g)$

(4) $3Fe(s)+4H_2O(g)\rightleftharpoons Fe_3O_4(s)+4H_2(g)$

4.7 反应 $2NO(g)+Br_2(g)\rightleftharpoons 2NOBr(g)$ 在623 K时建立平衡，测得平衡混合物中各物质的浓度为 $c(NO)=0.30\ mol\cdot L^{-1}$，$c(Br_2)=0.11\ mol\cdot L^{-1}$，$c(NOBr)=0.046\ mol\cdot L^{-1}$。求 K_c、K_p 和 $K^\ominus$。

4.8 在密闭容器中，反应 $2NO(g)+O_2(g)\rightleftharpoons 2NO_2(g)$ 在1 000 K条件下达到平衡，若始态 $p(NO)=100\ kPa$，$p(O_2)=300\ kPa$，$p(NO_2)=0$；平衡时 $p(NO_2)=12\ kPa$。试计算平衡时NO和 O_2 的分压及平衡常数 K_p。

4.9 已知在298 K下，反应 $2HCl(g)\rightleftharpoons H_2(g)+Cl_2(g)$ 的 $K_1=4.17\times10^{-34}$，$I_2(g)+Cl_2(g)\rightleftharpoons 2ICl(g)$ 的 $K_2=2.5\times10^5$，计算反应 $2HCl(g)+I_2(g)\rightleftharpoons 2ICl(g)+H_2(g)$ 的 K_3。

4.10 已知反应 $CO_2(g)+H_2(g)\rightleftharpoons CO(g)+H_2O(g)$ 在1 259 K下达到平衡时，$c(H_2)=c(CO_2)=0.44\ mol\cdot L^{-1}$，$c(H_2O)=c(CO)=0.56\ mol\cdot L^{-1}$。求此温度下的平衡常数 K_c 及 CO_2 和 H_2 的起始浓度。

4.11 在一密闭容器中进行反应 $2SO_2(g)+O_2(g)\rightleftharpoons 2SO_3(g)$，$SO_2$ 的起始浓度是 $0.4\ mol\cdot L^{-1}$，而 O_2 的起始浓度是 $1\ mol\cdot L^{-1}$，当80%的 SO_2 转化为 SO_3 时，反应即达到平衡。求平衡时三种气体的浓度和平衡常数 K_c。

4.12 在1 273 K时反应 $FeO(s)+CO(g)\rightleftharpoons Fe(s)+CO_2(g)$ 的 K_c 为0.5。若反应前 $c(CO)=0.05\ mol\cdot L^{-1}$，$c(CO_2)=0.01\ mol\cdot L^{-1}$。求：(1)平衡时它们的平衡浓度；(2)CO转化为 CO_2 的转化率。

4.13 N_2O_4 按反应 $N_2O_4(g)\rightleftharpoons 2NO_2(g)$ 解离，已知52 ℃解离平衡时有一半的 N_2O_4 解离，并知平衡体系的总压力为100 kPa，问 $K^\ominus$ 为多少？

4.14 在一密闭容器中，反应 $CO(g)+H_2O(g)\rightleftharpoons CO_2(g)+H_2(g)$ 的平衡常数 $K_c=4.89$(500 ℃)，求：

(1) 起始 H_2O 和CO的物质的量之比为1，达到平衡时，CO的转化率为多少？

(2) 起始 H_2O 和CO的物质的量之比为3，达到平衡时，CO的转化率为多少？

(3) 根据计算结果，能得到什么结论？

第 5 章

电解质溶液和离子平衡

知识要点

（1）掌握酸碱平衡的理论基础。

（2）掌握一元弱酸碱溶液 pH 值的计算方法，了解多元弱酸的解离平衡。

（3）熟悉缓冲溶液的缓冲原理、性质及相关计算。

（4）会对各类盐类水解反应进行计算，熟悉影响水解反应的因素。

5.1 酸碱理论

5.1.1 酸碱的解离理论

1887 年，阿仑尼乌斯提出酸碱解离理论。该理论认为在水中能解离出的阳离子全部是 H^+ 离子的化合物叫作酸，能解离出的阴离子全部是 OH^- 离子的化合物叫作碱。酸碱反应的实质是 H^+ 和 OH^- 化合生成 H_2O 的反应，即中和反应。酸碱的强度由其在水溶液中的解离度决定，分为强、中强、弱三类。

酸碱解离理论从物质的组成上揭示了酸碱的本质，提高了人们对酸碱的认识，并且应用化学平衡原理，定量地描述了溶液的酸碱性，对化学学科的发展起到了重大的作用，至今仍然普遍应用。但酸碱解离理论具有局限性，不能解释下列现象：

（1）把酸碱的概念局限在水溶液中，无法解释非水溶液中的酸碱反应。有的反应在非水介质中进行，并不解离，但表现出酸碱性（这种中和反应中并不存在 H^+ 和 OH^- 的结合），如：$HCl+NH_3 \xrightarrow{苯} NH_4Cl$。

（2）把碱限制为氢氧化物。氨水呈碱性，但实际存在为 $NH_3 \cdot H_2O$，而不是 NH_4OH。

（3）酸碱理论认为酸和碱是绝对不同的物质，而实际上存在两性物质，如：$Zn(OH)_2$。它在酸性溶液中发生碱式解离：$Zn(OH)_2 \rightleftharpoons Zn^{2+}+2OH^-$；在碱性溶液中发生酸式解离：$Zn(OH)_2+2H_2O \rightleftharpoons 2H^+ + Zn(OH)_4^{2-}$。

5.1.2 酸碱质子理论(选学)

酸碱质子理论指出，酸是任何能释放出质子（H^+）的物质（包括分子和离子），又称为质子酸。碱是任何能接受质子的物质（包括分子和离子），又称为质子碱。即酸是质子给体，碱是质子受体。酸和碱的关系可表示如下：

$$HA \rightleftharpoons H^+ + A^-$$
$$酸 \rightleftharpoons H^+ + 碱$$

如反应:

$HCl \rightleftharpoons H^+ + Cl^-$　　$HAc \rightleftharpoons H^+ + Ac^-$

$H_2CO_3 \rightleftharpoons H^+ + HCO_3^-$　　$HCO_3^- \rightleftharpoons H^+ + CO_3^{2-}$

$H_2O \rightleftharpoons H^+ + OH^-$　　$H_3O^+ \rightleftharpoons H^+ + H_2O$

$NH_4^+ \rightleftharpoons H^+ + NH_3$　　$[Cu(H_2O)_4]^{2+} \rightleftharpoons H^+ + [Cu(H_2O)_3(OH)]^+$

酸和碱既可以是中性分子,也可以是带电的离子。有些物质(如 HCO_3^- 和 H_2O 等)在一定条件下,既有给出质子的能力,又有结合质子的能力,称为两性物质。

上述反应式称为酸碱半反应。从酸碱半反应方程式中可以看出,酸给出质子以后,余下的部分肯定有结合质子的能力,所以余下的部分一定是碱;而碱结合质子以后又会变成相应的酸。酸与碱的这种相互依存、相互转化的关系称为酸碱的共轭关系,彼此称为共轭酸、共轭碱。

$$\underset{共轭酸}{HA} \rightleftharpoons H^+ + \underset{共轭碱}{A^-}$$

酸与对应的碱称为共轭酸碱对,HA—A^- 相互依存,同时存在,酸比它的共轭碱多一个质子。共轭酸的酸性越强,给出质子的能力也越强,则其共轭碱接受质子的能力就弱,碱性也越弱;反之亦然。

上述共轭酸碱对的半反应,表明了共轭酸和共轭碱之间的相互转化关系。这种半反应不能独立存在,即酸不可能自动地给出质子,碱也不可能无中生有地结合质子。也就是说,酸必须在另一种碱存在的条件下才能给出质子而表现出它的酸性;同样,碱也只有在另一种酸存在的条件下,才能结合质子而表现出它的碱性。例如:

① $$\underset{酸(1)}{HNO_3} + \underset{碱(2)}{H_2O} \rightleftharpoons \underset{酸(2)}{H_3O^+} + \underset{碱(1)}{NO_3^-}$$

② $$\underset{酸(1)}{HAc} + \underset{碱(2)}{H_2O} \rightleftharpoons \underset{酸(2)}{H_3O^+} + \underset{碱(1)}{Ac^-}$$

③ $$\underset{酸(1)}{H_3O^+} + \underset{碱(2)}{OH^-} \rightleftharpoons \underset{酸(2)}{H_2O} + \underset{碱(1)}{H_2O}$$

④ $$\underset{酸(1)}{HAc} + \underset{碱(2)}{NH_3} \rightleftharpoons \underset{酸(2)}{NH_4^+} + \underset{碱(1)}{Ac^-}$$

⑤ $$\underset{酸(1)}{NH_4^+} + \underset{碱(2)}{H_2O} \rightleftharpoons \underset{酸(2)}{H_3O^+} + \underset{碱(1)}{NH_3}$$

⑥ $$\underset{酸(1)}{H_2O} + \underset{碱(2)}{NH_3} \rightleftharpoons \underset{酸(2)}{NH_4^+} + \underset{碱(1)}{OH^-}$$

⑦ $$\underset{酸(1)}{H_2O} + \underset{碱(2)}{Ac^-} \rightleftharpoons \underset{酸(2)}{HAc} + \underset{碱(1)}{OH^-}$$

可见，上面的每个反应都由两个共轭酸碱对的半反应构成，其中水在反应①、②、⑤中起碱的作用，结合质子而变成它的共轭酸 H_3O^+；而在反应⑥、⑦中起酸的作用，给出质子而变成 OH^-。所以物质在水溶液中的酸碱性是通过物质与 H_2O 的质子传递而表现出来的。

从解离理论观点出发，上述反应中：①、②、⑥是酸碱的解离反应；③、④是酸碱的中和反应；⑤、⑦是盐类的水解反应。但用质子理论的观点来看，这些反应都是酸碱之间的质子传递反应，所以都叫酸碱反应。在这里，盐的概念已经不存在，盐的离子在质子理论中叫作离子酸或离子碱。如：NH_4Cl 中，NH_4^+ 是离子酸，Cl^- 是离子碱；纯碱 Na_2CO_3 中，CO_3^{2-} 是离子碱，水合 Na^+ 是离子酸。可见，质子理论大大地扩大了酸碱的范围，简化了讨论问题的方法。

$$\underset{强酸}{HCl} + \underset{强碱}{NH_3} = \underset{弱酸}{NH_4^+} + \underset{弱碱}{Cl^-}$$

酸碱反应的实质是质子的传递过程，质子从酸传递给碱。酸碱反应的反应方向为：

$$强+强 \rightarrow 弱+弱$$

酸性越强，越易释放出质子；碱性越强，越易结合质子，反应生成较弱酸性及较弱碱性的物质。如：

$$HAc+OH^- \rightleftharpoons Ac^- +H_2O$$

HAc：弱酸；OH^-：强碱；Ac^-：弱碱；H_2O：更弱酸。因为 OH^- 的碱性比 Ac^- 强，HAc 的酸性比 H_2O 强，所以反应向右进行。

酸碱质子理论也有一定的局限性，只限于质子的给予和接受，对于无质子参加的酸碱反应则不能解释。如：SO_3、BF_3 等酸性物质。

5.2 水的解离和溶液的 pH 值

5.2.1 水的解离平衡

实验表明，纯水也有微弱的导电性。如下式：

$$H_2O+H_2O \rightleftharpoons H_3O^+ +OH^-$$

可简化为：

$$H_2O \rightleftharpoons H^+ +OH^-$$

$$K^{\ominus}=[H^+][OH^-]/[H_2O]$$

H_2O 的解离极弱，解离掉的水分子数与总的水分子数相比微不足道，故水的浓度可视为常数，合并入平衡常数。

$$[H^+][OH^-]=K^{\ominus}[H_2O]=K_w^{\ominus}$$

$K_w^{\ominus}$ 称为水的离子积常数，简称水的离子积。在一定温度下，$[H^+][OH^-]$ 即 $K_w^{\ominus}$ 为一常数。

25 ℃纯水，1 L纯水中只有 10^{-7} mol 水分子解离，即：

$$[H^+]=[OH^-]=10^{-7}\ \mathrm{mol\cdot L^{-1}},\ K_w^{\ominus}=[H^+][OH^-]=1.0\times10^{-14} \tag{5-1}$$

由于水的解离是吸热反应，所以温度升高，$K_w^{\ominus}$ 值增大。通常，在室温条件下都用$K_w^{\ominus}=1.0\times10^{-14}$做近似处理。对纯水或在纯水中加入酸、碱或其他物质（浓度较稀），都适用。在纯水中加入酸，$[H^+]$升高，$[OH^-]$降低；在纯水中加入碱，$[OH^-]$升高，$[H^+]$降低，而$[H^+][OH^-]=K_w^{\ominus}$ 不变。

5.2.2　溶液的酸碱性和 pH 值

溶液的酸碱性取决于溶液中 H^+ 和 OH^- 的相对数量：

(1) 中性溶液：$c(H^+)=10^{-7}\ \mathrm{mol\cdot L^{-1}}$，$c(H^+)=c(OH^-)$；

(2) 酸性溶液：$c(H^+)>10^{-7}\ \mathrm{mol\cdot L^{-1}}$，$c(H^+)>c(OH^-)$；

(3) 碱性溶液：$c(H^+)<10^{-7}\ \mathrm{mol\cdot L^{-1}}$，$c(H^+)<c(OH^-)$。

当溶液中 $c(H^+)$或 $c(OH^-)$小于 1 $\mathrm{mol\cdot L^{-1}}$时，通常用$[H^+]$的负对数直接表示溶液的酸碱性，即 pH 值表示：

$$c(H^+)=m\times10^{-n}\ \mathrm{mol\cdot L^{-1}},\ \mathrm{pH}=-\lg[H^+]=-\lg(m\times10^{-n})=n-\lg m$$

$$c(OH^-)=m\times10^{-n}\ \mathrm{mol\cdot L^{-1}},\ \mathrm{pOH}=-\lg[OH^-]=-\lg(m\times10^{-n})=n-\lg m$$

$$\mathrm{pH}+\mathrm{pOH}=14 \tag{5-2}$$

由此可知：

(1) 中性溶液：$c(H^+)=10^{-7}\ \mathrm{mol\cdot L^{-1}}$，pH=7；

(2) 酸性溶液：$c(H^+)>10^{-7}\ \mathrm{mol\cdot L^{-1}}$，pH<7；

(3) 碱性溶液：$c(H^+)<10^{-7}\ \mathrm{mol\cdot L^{-1}}$，pH>7。

pH 的应用范围一般为 0～14，pH 值越小，溶液的酸性越强，碱性越弱；pH 值越大，溶液的酸性越弱，碱性越强。当 $c(H^+)$大于 1 $\mathrm{mol\cdot L^{-1}}$时，用 $c(H^+)$或 $c(OH^-)$浓度表示溶液的酸碱性。

【例 5-1】　已知某溶液中，$c(H^+)=5.6\times10^{-5}\ \mathrm{mol\cdot L^{-1}}$，求 pH 值和 pOH 值。

解：$c(H^+)=5.6\times10^{-5}\ \mathrm{mol\cdot L^{-1}}$，$[H^+]=5.6\times10^{-5}$

则　$\mathrm{pH}=-\lg[H^+]=-\lg 5.6\times10^{-5}=5-\lg 5.6=4.25$

$\mathrm{pOH}=14-4.25=9.75$

【例 5-2】　已知某溶液 pH=0.25，求该溶液的 $c(H^+)$和 $c(OH^-)$。

解：已知 pH=0.25

则　$[H^+]=10^{-0.25}=0.562$，$c(H^+)=0.562\ \mathrm{mol\cdot L^{-1}}$

$$c(OH^-)=\frac{1.0\times10^{-14}}{0.562}=1.78\times10^{-14}\ \mathrm{mol\cdot L^{-1}}$$

5.2.3　pH 值的测定

溶液的 pH 值通常用酸碱指示剂、pH 试纸和 pH 计测定。酸碱指示剂是一些有色的有机弱酸或弱碱。溶液 pH 值改变时，引起指示剂的分子或离子结构发生变化，呈现不同的颜色。人们把指示剂发生颜色变化的 pH 值范围称为酸碱指示剂的变色范围。常用的酸碱指示剂的变色范围见表 5-1。

表 5-1　常用酸碱指示剂的变色范围

指示剂	变色范围/pH 值	颜色		
		酸色	中间色	碱色
甲基橙	3.1～4.4	红色	橙色	黄色
甲基红	4.4～6.2	红色	橙色	黄色
石蕊	5.0～8.0	红色	紫色	蓝色
酚酞	8.0～10.0	无色	粉红色	红色

采用 pH 试纸测定溶液的 pH 值方便快捷。pH 试纸是用多种酸碱指示剂的混合溶液浸透后晾干而成的，它对不同 pH 值的溶液显示不同的颜色，据此来判断溶液的酸碱性。pH 试纸分为广泛 pH 试纸和精密 pH 试纸。前者的 pH 值范围为 1～14，可以识别的 pH 差值约为 1；后者可以精确到 0.2 或 0.3 的差值。

更精密的测定可用 pH 计，它是通过电学系统用数码管直接显示溶液 pH 值的电子仪器。由于其准确、快速，已经广泛地运用于科研和生产中。

5.3　弱酸、弱碱的解离平衡

5.3.1　一元弱酸、弱碱的解离平衡

5.3.1.1　解离常数

根据阿仑尼乌斯解离理论，弱电解质在水溶液中是部分解离的，在溶液中存在已解离的弱电解质的组分离子和未解离的弱电解质分子之间的平衡，称为解离平衡。例如在一元弱酸(HA)的水溶液中存在如下平衡：

$$HA \rightleftharpoons H^+ + A^-$$

根据化学平衡定律

$$K_a^{\ominus} = \frac{[H^+][A^-]}{[HA]}$$

一元弱碱(BOH)在水中的解离平衡为：

$$BOH \rightleftharpoons B^+ + OH^-$$

根据化学平衡定律

$$K_b^{\ominus} = \frac{[B^+][OH^-]}{[BOH]}$$

$K_a^{\ominus}$ 和 $K_b^{\ominus}$ 分别称为酸的解离常数和碱的解离常数，表示弱酸、弱碱的解离能力。$K_a^{\ominus}$ 越大，弱酸的酸性越强；$K_b^{\ominus}$ 越大，弱碱的碱性越强。$K_a^{\ominus}$ 和 $K_b^{\ominus}$ 与浓度无关，而与温度有关，但温度对它们的影响不显著，在温度变化不大时，通常用常温下的数值。表 5-2 列出了一些常见的弱酸、弱碱的解离常数。

表 5-2 常见弱酸、弱碱的解离常数

名称	$K_i^{\ominus}$	$pK_i^{\ominus}$	名称	$K_i^{\ominus}$	$pK_i^{\ominus}$
HAc	1.75×10^{-5}	4.76	H_2S	$5.7\times10^{-8}(K_{a1}^{\ominus})$	7.24
HCN	6.2×10^{-10}	9.21		$1.2\times10^{-15}(K_{a2}^{\ominus})$	14.92
H_2CO_3	$4.4\times10^{-7}(K_{a1}^{\ominus})$	6.36	HCOOH	1.77×10^{-4}	3.75
	$4.7\times10^{-11}(K_{a2}^{\ominus})$	10.33	$NH_3\cdot H_2O$	$K_b^{\ominus}=1.78\times10^{-5}$	$pK_b^{\ominus}=4.75$

5.3.1.2 解离度

弱电解质在溶剂中解离达平衡后，为了定量地表示电解质在溶液中的解离程度，还可以用已解离的弱电解质分子百分数表示其解离程度，称为解离度(α)。

$$\alpha=\frac{\text{已解离的弱电解质分子数}}{\text{解离前弱电解质分子总数}}\times100\%$$

或
$$\alpha=\frac{\text{已解离的弱电解质浓度}}{\text{弱电解质的起始浓度}}\times100\% \quad (\text{相当于转化率}) \qquad (5-3)$$

实验测定 0.10 mol·L^{-1} HAc 溶液的解离度 $\alpha=1.32\%$，表明每 10 000 个醋酸分子中有 132 个分子发生解离。

解离度是表征弱电解质解离程度的特征常数，在温度、浓度相同的条件下，α 越小，电解质越弱。解离度与解离常数之间有一定的关系。以一元弱酸(HAc)为例，推导如下：

设一元弱酸(HAc)的浓度为 c，解离度为 α。

	$HAc \rightleftharpoons$	H^+ +	Ac^-
起始浓度	c	0	0
消耗的浓度	$c\alpha$	$c\alpha$	$c\alpha$
平衡浓度	$c-c\alpha$	$c\alpha$	$c\alpha$

$$K_a^{\ominus}=\frac{[H^+][Ac^-]}{[HAc]}=\frac{c\alpha\cdot c\alpha}{c(1-\alpha)}=\frac{c\alpha^2}{1-\alpha}$$

当电解质很弱时，解离度很小($\alpha<5\%$)，可以认为 $1-\alpha\approx1$ (此时误差$\leqslant2\%$)，则 $K_a^{\ominus}=c\alpha^2$，因此：

$$\alpha=\sqrt{\frac{K_a^{\ominus}}{c}} \quad (\alpha<5\%) \qquad (5-4)$$

同样，对于一元弱碱：

$$\alpha=\sqrt{\frac{K_b^{\ominus}}{c}} \quad (\alpha<5\%) \qquad (5-5)$$

由式(5-4)和式(5-5)可知，同一弱电解质的浓度越小，解离度越大。这种关系称为稀释定律。

5.3.1.3 一元弱酸或弱碱溶液中离子浓度的计算

【例 5-3】 (1) 25 ℃，0.10 mol·L^{-1}HAc，求 H^+、Ac^- 离子浓度和 α_{HAc}；(2)若将此溶液稀释至 0.010 mol·L^{-1}，求此时 H^+ 离子浓度和 α_{HAc}。(已知：$K_a^{\ominus}=1.75\times10^{-5}$)

解：(1) HAc在水溶液中，存在两个平衡，即

$$H_2O \rightleftharpoons H^+ + OH^-$$
$$HAc \rightleftharpoons H^+ + Ac^-$$

H^+有两个来源，因此计算H^+浓度时，可采取合理的近似处理，简化计算过程。通常酸解离出的H^+浓度大于H_2O解离出的H^+浓度，所以水的解离可以忽略。即溶液中$c(H^+) \approx c(Ac^-)$，设$c(H^+) = x\ mol \cdot L^{-1}$，则：

	HAc	$\rightleftharpoons$ H^+	+ Ac^-
起始浓度/($mol \cdot L^{-1}$)	0.10	0	0
平衡浓度/($mol \cdot L^{-1}$)	$0.10-x$	x	x

$$K_a^{\ominus} = \frac{[H^+][Ac^-]}{[HAc]} = \frac{x^2}{0.10-x}$$

当$\alpha < 5\%$，即$\frac{c_{酸}}{K_a^{\ominus}} \geqslant 400$时，$0.10 - x \approx 0.10$

上式可简化为：

$$K_a^{\ominus} = \frac{x^2}{0.10} = 1.75 \times 10^{-5}$$

$$c(H^+) = c(Ac^-) = x = \sqrt{1.75 \times 10^{-5} \times 0.10} = 1.32 \times 10^{-3}\ mol \cdot L^{-1}$$

$$\alpha_{HAc} = \frac{1.32 \times 10^{-3}}{0.10} = 1.32\%$$

(2) 根据上题推导$c(H^+) = c(Ac^-) = \sqrt{K_a^{\ominus} \cdot c_{酸}}$，将此溶液稀释至$0.010\ mol \cdot L^{-1}$，则：

$$c(H^+) = c(Ac^-) = \sqrt{1.75 \times 10^{-5} \times 0.010} = 4.18 \times 10^{-4}\ mol \cdot L^{-1}$$

$$\alpha_{HAc} = \frac{4.18 \times 10^{-4}}{0.010} \times 100\% = 4.18\%$$

即稀释溶液的解离度升高，$c(H^+)$降低。所以不能错误地认为随着解离度的增大，溶液中的H^+浓度必然增大，H^+浓度还和起始浓度有关。

把以上近似计算推广到一般，浓度为$c_{酸}$的一元弱酸溶液中：

$$c(H^+) = \sqrt{K_a^{\ominus} \cdot c_{酸}} \qquad (5\text{-}6)$$

同理，浓度为$c_{碱}$的一元弱酸溶液中：

$$c(OH^-) = \sqrt{K_b^{\ominus} \cdot c_{碱}} \qquad (5\text{-}7)$$

注意，上述近似公式只有当弱电解质的解离度$\alpha < 5\%$，即$\frac{c}{K_a^{\ominus}} \geqslant 400$时，才能使用，否则造成的误差较大。如不满足上述条件，需通过解一元二次方程求解。

5.3.2　多元弱酸的解离平衡

多元弱酸在水溶液中的解离是分步进行的，平衡时每一级都有一个相应的解离平衡常

数。例如氢硫酸在水中的解离：

$$H_2S \rightleftharpoons H^+ + HS^- \quad K_1^\ominus = \frac{[H^+][HS^-]}{[H_2S]} = 5.7 \times 10^{-8}$$

$$HS^- \rightleftharpoons H^+ + S^{2-} \quad K_2^\ominus = \frac{[H^+][S^{2-}]}{[HS^-]} = 1.2 \times 10^{-15}$$

根据多重平衡原则： $H_2S \rightleftharpoons 2H^+ + S^{2-}$

$$K^\ominus = \frac{[H^+]^2[S^{2-}]}{[H_2S]} = K_1^\ominus \cdot K_2^\ominus = 6.8 \times 10^{-23}$$

显然 $K_1^\ominus \gg K_2^\ominus$，这是因为带负电 HS^- 中再解离出阳离子 H^+，比在中性分子中解离出 H^+ 难；第一步解离出的 H^+ 对第二步解离有抑制作用。

如果多元弱酸的 $K_1^\ominus \gg K_2^\ominus \gg K_3^\ominus$，求其 $c(H^+)$ 时，可将其作为一元弱酸处理，则：$c(H^+) = \sqrt{K_1^\ominus \cdot c_{酸}}$；并且，由于第二级解离程度更小，$HS^-$ 消耗很少，故可以认为 $c(H^+) \approx c(HS^-)$。

【例 5-4】 室温下，计算 0.10 $mol \cdot L^{-1}$ H_2S 水溶液中 $c(H^+)$、$c(HS^-)$ 及 $c(S^{2-})$。

解：查表得 $K_1^\ominus = 5.7 \times 10^{-8}$，$K_2^\ominus = 1.2 \times 10^{-15}$

当 $\frac{K_1^\ominus}{K_2^\ominus} \geqslant 10^2$ 时可忽略二级解离，作为一元酸处理，$c(H^+) \approx c(HS^-)$。设溶液中 H^+ 浓度为 x $mol \cdot L^{-1}$，则：

	H_2S	$\rightleftharpoons H^+$	$+ HS^-$
起始浓度/($mol \cdot L^{-1}$)	0.10	0	0
平衡浓度/($mol \cdot L^{-1}$)	$0.10 - x$	x	x

因为
$$\frac{c(H_2S)}{K_1^\ominus} = \frac{0.1}{5.7 \times 10^{-8}} > 400$$

则
$$x = \sqrt{K_1^\ominus \cdot c(H_2S)} = \sqrt{5.7 \times 10^{-8} \times 0.10} = 7.5 \times 10^{-5}\ mol \cdot L^{-1}$$

所以
$$c(H^+) \approx c(HS^-) = 7.5 \times 10^{-5}\ mol \cdot L^{-1}$$

S^{2-} 是由第二步解离得到的，根据第二步的解离平衡：

$$HS^- \rightleftharpoons H^+ + S^{2-}$$

$$K_2^\ominus = \frac{[H^+][S^{2-}]}{[HS^-]} = 1.2 \times 10^{-15}$$

由于第二步的解离非常小，可以认为 $[H^+] \approx [HS^-]$，所以

$$[S^{2-}] = 1.2 \times 10^{-15}$$

即
$$c(S^{2-}) = 1.2 \times 10^{-15}\ mol \cdot L^{-1}$$

由此可见，二元弱酸中，酸根的浓度近似等于 $K_2^\ominus$，与酸的原始浓度的关系不大，且比 H^+ 浓度小，当需要大量此酸根时，应由其盐提供。

另外，根据化学平衡移动原理，改变多元弱酸溶液的 pH 值，将使解离平衡发生移动。所以，通过外加酸碱来调节溶液的 pH 值，可以控制饱和 H_2S 溶液中的 $c(S^{2-})$。

5.4 同离子效应和缓冲溶液

5.4.1 同离子效应

解离平衡和其他平衡一样，当改变平衡体系的离子浓度时，会引起解离平衡的移动。例如在一定温度下，在一定浓度的 HAc 溶液中加入 NaAc，NaAc 为强电解质，全部解离，因此溶液中 Ac^- 浓度增加，使平衡向左移动，H^+ 浓度减小，结果使 HAc 的解离度降低。

$$HAc \rightleftharpoons H^+ + Ac^-$$
$$\xleftarrow{\text{平衡向左移动}}$$
$$NaAc \longrightarrow Na^+ + Ac^-$$

在已建立平衡的弱电解质溶液中，加入含有相同离子的强电解质，会使弱电解质的解离度降低，该现象叫作同离子效应。

【例 5-5】 在 0.10 $mol \cdot L^{-1}$ HAc 溶液中加入少量 NaAc，使其浓度为 0.10 $mol \cdot L^{-1}$，求该溶液的 H^+ 浓度和解离度。

解：忽略水解离产生的 H^+，设 $c(H^+) = x\ mol \cdot L^{-1}$，由于同离子效应，HAc 的解离度很小，可做如下的近似处理：

	HAc	$\rightleftharpoons H^+$ +	Ac^-
起始浓度/$(mol \cdot L^{-1})$	0.10	0	0.10
平衡浓度/$(mol \cdot L^{-1})$	$0.10-x$	x	$0.10+x$
	≈ 0.10		≈ 0.10

$$\frac{[H^+][Ac^-]}{[HAc]} = K_a^{\ominus}$$

$$\frac{[H^+] \times 0.10}{0.10} = 1.75 \times 10^{-5}$$

解得$[H^+] = 1.75 \times 10^{-5}$，即 $c(H^+) = 1.75 \times 10^{-5} \times c^{\ominus} = 1.75 \times 10^{-5}\ mol \cdot L^{-1}$

$$\alpha = \frac{c(H^+)}{0.10} = \frac{1.75 \times 10^{-5}}{0.10} \times 100\% = 0.017\ 5\%$$

和【例 5-3】中 $\alpha = 1.32\%$ 相比，加入 NaAc 后，解离度大大降低。

由上例的计算，可以推导出相同离子存在时一元弱酸 H^+ 浓度的近似公式。

设一元弱酸 HA 的浓度为 $c_{酸}$，盐 A^- 的浓度为 $c_{盐}$，则：

	HA	$\rightleftharpoons H^+$ +	A^-
起始浓度/$(mol \cdot L^{-1})$	$c_{酸}$	0	$c_{盐}$
平衡浓度/$(mol \cdot L^{-1})$	$c_{酸}-x$	x	$c_{盐}+x$
	$\approx c_{酸}$		$\approx c_{盐}$

根据平衡公式：
$$\frac{[H^+][A^-]}{[HA]} = \frac{c_{盐} \cdot x}{c_{酸}} = K_a^{\ominus}$$

$$x = K_a^{\ominus} \frac{c_{酸}}{c_{盐}}$$

$$c(H^+) = K_a^{\ominus} \frac{c_{酸}}{c_{盐}} \tag{5-8a}$$

两边取对数得：

$$pH = pK_a^{\ominus} - \lg \frac{c_{酸}}{c_{盐}} \tag{5-8b}$$

同理，一元弱碱及其盐溶液中 $c(OH^-)$ 的近似计算公式为：

$$c(OH^-) = K_b^{\ominus} \frac{c_{碱}}{c_{盐}} \tag{5-9a}$$

$$pOH = pK_b^{\ominus} - \lg \frac{c_{碱}}{c_{盐}} \tag{5-9b}$$

5.4.2　缓冲溶液

5.4.2.1　缓冲溶液及其组成

可通过表 5-3 的实验数据来理解缓冲溶液的概念。

表 5-3　缓冲溶液和非缓冲溶液的实验数据

编号	纯水或缓冲溶液	加入 1.0 mol·L^{-1}的 HCl 溶液 1.0 mL	加入 1.0 mol·L^{-1}的 NaOH 溶液 1.0 mL
1	1.0 L 纯水	pH：7.0 → 3.0；ΔpH＝4.0	pH：7.0 → 11.0；ΔpH＝4.0
2	1.0 L 溶液中含有 0.10 mol HAc 和 0.10 mol NaAc	pH：4.76→4.75；ΔpH＝0.01	pH：4.76→4.77；ΔpH＝0.01
3	1.0 L 溶液中含有 0.10 mol NH_3 和 0.10 mol NH_4Cl	pH：9.26→9.25；ΔpH＝0.01	pH：9.26→9.27；ΔpH＝0.01

以上实验事实说明，在纯水中加入少量的强酸或强碱，其 pH 值发生显著的变化；而向由 HAc 和 NaAc，以及 NH_3 和 NH_4Cl 组成的溶液中加入少量强酸、强碱，其 pH 值保持基本不变。

能抵抗外加少量酸、碱或适度稀释，而本身 pH 值不发生显著变化的溶液称为缓冲溶液。缓冲溶液是一个具有同离子效应的体系，因此，具有共轭酸碱对的物质都可组成缓冲溶液。例如以下几种类型：

(1)　弱酸 —— 弱酸盐

HAc —— NaAc

(2)　多元弱酸 —— 酸式盐

H_2CO_3 —— $NaHCO_3$

(3)　多元弱酸酸式盐 —— 次级盐

NaH_2PO_4 —— Na_2HPO_4

$NaHCO_3$ —— Na_2CO_3

(4)　弱碱 —— 弱碱盐

$NH_3 \cdot H_2O$　　NH_4Cl

5.4.2.2　缓冲作用原理

缓冲溶液为什么具有缓冲作用呢？以 HAc-NaAc 缓冲系为例来说明缓冲溶液的缓冲机理。在 HAc-NaAc 混合溶液中，NaAc 是强电解质，完全解离；HAc 是弱电解质，在溶液中部分解离。由于来自 NaAc 的 Ac^- 的同离子效应，抑制了 HAc 的解离，使其解离度更小。所以在 HAc-NaAc 混合溶液中，存在如下解离平衡：

$$HAc \rightleftharpoons H^+ + Ac^-$$
$$NaAc \longrightarrow Na^+ + Ac^-$$

在上述溶液中加入少量强酸时，H^+ 和 Ac^- 反应生成 HAc，平衡向左移动；达到平衡时 H^+ 浓度不会显著增加，溶液的 pH 值几乎没有下降。Ac^- 发挥了抵抗外来强酸的作用，故称为缓冲溶液的抗酸成分。

在上述溶液中加入少量强碱时，增加的 OH^- 和 H^+ 反应生成 H_2O，平衡向右移动，HAc 分子进一步解离以补充减少的 H^+；建立新的平衡时，溶液中 H^+ 浓度也几乎保持不变。HAc 发挥了抵抗外来强碱的作用，故称为缓冲溶液的抗碱成分。

由此可见，缓冲溶液同时具有抵抗外来少量酸或碱的作用，其抗酸、抗碱作用是由缓冲对的不同部分来担负的。

5.4.2.3　缓冲溶液 pH 值的计算

由前面的讨论我们知道，缓冲溶液具有保持 pH 值相对稳定的能力，因此，知道缓冲溶液本身的 pH 值十分重要。在讨论同离子效应时，已经知道计算弱酸（弱碱）及其盐溶液 pH 值的公式——式(5-8b)和(5-9b)，又称为缓冲公式。

在式(5-8b)中，$pH = pK_a^{\ominus} - \lg\frac{c_{酸}}{c_{盐}}$，当 $c_{酸}/c_{盐}=1$ 时，$pH = pK_a^{\ominus}$；当 $c_{酸}/c_{盐}$ 从 0.1 改变到 10 时，$pH = pK_a^{\ominus} \pm 1$。如 HAc-NaAc 缓冲溶液的 pH 值范围为：$pH = pK_a^{\ominus} \pm 1 = -\lg(1.75\times10^{-5}) \pm 1 = 4.76 \pm 1$。

【例 5-6】　0.10 mol·L^{-1} HAc 溶液和 0.20 mol·L^{-1} NaAc 溶液等体积混合，配制成 1.0 L 的缓冲溶液，求此缓冲溶液的 pH 值。当加入 1.0 mL 1.0 mol·L^{-1} HCl 或 1.0 mL 1.0 mol·L^{-1} NaOH 时，溶液的 pH 值各为多少？

解：(1) HAc 的 $K_a^{\ominus} = 1.75\times10^{-5}$

$$c(H^+) = K_a^{\ominus}\frac{c_{酸}}{c_{盐}} = 1.75\times10^{-5}\times\frac{0.10/2}{0.20/2} = 8.75\times10^{-6}\,\text{mol}\cdot\text{L}^{-1}$$

$$pH = -\lg 8.75\times10^{-6} = 5.06$$

(2) 加入 1.0 mL 1.0 mol·L^{-1} HCl，由于 H^+ 与溶液中的 Ac^- 作用，消耗了 Ac^-，生成了 HAc，使溶液中 Ac^- 浓度减小，HAc 浓度增大。

在没加入 HCl 的缓冲溶液中：$n(HAc) = 0.10\times0.50 = 0.050$ mol

$n(NaAc) = 0.20\times0.50 = 0.10$ mol

$n(HCl) = 1.0\times10^{-3}\times1.0 = 1.0\times10^{-3}$ mol

	HAc	$\rightleftharpoons H^+ +$	Ac^-
加入 HCl 后物质的量/mol	0.050+0.001 =0.051		0.10−0.001 =0.099

溶液的体积变为 1.001 L，则缓冲溶液中 HAc 和 Ac^- 的浓度分别为：

$$c(\mathrm{HAc})=\frac{0.051\ \mathrm{mol}}{1.001\ \mathrm{L}}=0.051\ \mathrm{mol\cdot L^{-1}}$$

$$c(\mathrm{NaAc})=\frac{0.099\ \mathrm{mol}}{1.001\ \mathrm{L}}=0.099\ \mathrm{mol\cdot L^{-1}}$$

$$c(\mathrm{H^+})=K_a^\ominus\frac{c_{酸}}{c_{盐}}=1.75\times10^{-5}\times\frac{0.051}{0.099}=9.02\times10^{-6}\ \mathrm{mol\cdot L^{-1}}$$

$$\mathrm{pH}=-\lg 9.02\times10^{-6}=5.04$$

加入 1.0 mL 1.0 $\mathrm{mol\cdot L^{-1}}$ NaOH，由于 OH^- 浓度增大，OH^- 与 HAc 反应，使溶液中 HAc 浓度减小，Ac^- 浓度增加。

	HAc	$\rightleftharpoons H^+ +$	Ac^-
加入 NaOH 后物质的量/mol	0.050－0.001 ＝0.049		0.10＋0.001 ＝0.101

$$c(\mathrm{HAc})=\frac{0.049\ \mathrm{mol}}{1.001\ \mathrm{L}}=0.049\ \mathrm{mol\cdot L^{-1}}$$

$$c(\mathrm{NaAc})=\frac{0.101\ \mathrm{mol}}{1.001\ \mathrm{L}}=0.101\ \mathrm{mol\cdot L^{-1}}$$

$$c(\mathrm{H^+})=K_a^\ominus\frac{c_{酸}}{c_{盐}}=1.75\times10^{-5}\times\frac{0.049}{0.101}=8.49\times10^{-6}\ \mathrm{mol\cdot L^{-1}}$$

$$\mathrm{pH}=-\lg 8.49\times10^{-6}=5.07$$

从以上缓冲溶液的 pH 计算可知：

(1) 缓冲溶液作用原理：同离子效应。

(2) 缓冲溶液本身的 pH 值取决于 $K_a^\ominus$ 或 $K_b^\ominus$。

(3) 缓冲溶液控制 pH 值体现在 $c_{酸}/c_{盐}$ 或 $c_{碱}/c_{盐}$。调整 $c_{酸}/c_{盐}$ 或 $c_{碱}/c_{盐}$，可使缓冲溶液的 pH 值达到要求控制的 pH 值。加入少量酸或碱，$c_{酸}/c_{盐}$ 或 $c_{碱}/c_{盐}$ 比值的变化小，所以溶液的 pH 值变化不大。

(4) 缓冲溶液的缓冲能力取决于加入酸或碱后 $c_{酸}/c_{盐}$ 或 $c_{碱}/c_{盐}$ 比值的变化。该比值改变越小，pH 值变化越小。当 $c_{酸}/c_{盐}$ 或 $c_{碱}/c_{盐}=1$ 时，缓冲能力最大。通常，$c_{酸}/c_{盐}$ 或 $c_{碱}/c_{盐}$ 的比值在 0.1～10 范围内。

(5) 各种缓冲溶液在一定范围内发挥作用(即 $\mathrm{p}K^\ominus\pm1$)；否则 pH 值偏离 1 后，加入酸或碱时变化较大。

(6) 适当稀释缓冲溶液时，pH 值变化不大。

5.5　盐类的水解

某些盐类溶于水中会呈现出一定的酸碱性：

盐的类型	0.1 mol·L^{-1}溶液	pH 值
强酸强碱盐	NaCl	7.00
弱酸强碱盐	NaAc	8.88
弱碱强酸盐	$(NH_4)_2SO_4$	4.96
	NH_4Ac	7.00
弱酸弱碱盐	$HCOONH_4$	6.50
	NH_4CN	9.23

盐本身不具有 H^+ 或 OH^-，但呈现一定酸碱性，说明发生了盐的水解作用，即盐的阳离子或阴离子和水解离出来的 H^+ 或 OH^- 结合生成弱酸或弱碱，使水的解离平衡发生移动。

5.5.1　弱酸强碱盐

弱酸强碱盐的水解实际上是阴离子与水发生反应，使溶液呈碱性，以 NaAc 为例：

$$
\begin{array}{l}
NaAc \longrightarrow Na^+ + Ac^- \\
\qquad\qquad\qquad\qquad\quad + \\
H_2O \rightleftharpoons OH^- + H^+ \\
\qquad\qquad\qquad\qquad\quad \rightleftharpoons \\
\qquad\qquad\qquad\qquad\quad HAc
\end{array}
$$

以上总方程式为：

$$Ac^- + H_2O \rightleftharpoons OH^- + HAc \qquad ①$$

由于 HAc 的生成破坏了水的解离平衡，使[OH^-]>[H^+]，溶液呈碱性。

方程①的实质为水解方程，它的标准平衡常数称为水解平衡常数，用 $K_h^\ominus$ 表示，其表达式为：

$$K_h^\ominus = \frac{[HAc][OH^-]}{[Ac^-]}$$

以上水解方程由下面两个平衡组成：

$$H_2O \rightleftharpoons OH^- + H^+ \quad K_w^\ominus = [OH^-][H^+] \qquad ②$$

$$H^+ + Ac^- \rightleftharpoons HAc \quad \frac{1}{K_a^\ominus} = \frac{[HAc]}{[Ac^-][H^+]} \qquad ③$$

由于三个方程式之间存在①=②+③的关系，根据多重平衡规则求得：

$$K_h^\ominus = \frac{K_w^\ominus}{K_a^\ominus} \qquad (5\text{-}10)$$

由式(5-10)可知，组成盐的酸越弱，水解常数越大；相应地，盐的水解程度越大。盐的水解程度也可以用水解度来衡量，用符号 h 表示。

$$h=\frac{\text{已水解的盐的浓度}}{\text{盐的起始浓度}}\times 100\% \tag{5-11}$$

【例 5-7】 计算 0.10 mol·L^{-1} NaAc 溶液的 pH 值及水解度 h(即转化率)。($K_a^\ominus=1.75\times10^{-5}$)

解:(1) 求 pH 值

忽略水解离出的 OH^-,认为 $c(OH^-)=c(HAc)$。设溶液中 $c(OH^-)=x$ mol·L^{-1},则:

	Ac^-	$+ H_2O \rightleftharpoons$	HAc	$+ OH^-$
起始浓度/(mol·L^{-1})	0.10		0	0
平衡浓度/(mol·L^{-1})	$0.10-x$		x	x

因此:
$$K_h^\ominus=\frac{[HAc][OH^-]}{[Ac^-]}=\frac{x^2}{0.10-x}$$

由于 $K_h^\ominus=\frac{K_w^\ominus}{K_a^\ominus}=\frac{1.0\times10^{-14}}{1.75\times10^{-5}}=5.7\times10^{-10}$ 很小,且 $\frac{c_{盐}}{K_h^\ominus}=\frac{0.10}{5.7\times10^{-10}}>400$,

所以认为 $0.1-x\approx0.1$,$K_h^\ominus=\frac{x^2}{0.10}$,则:

$$c(OH^-)=x=\sqrt{K_h^\ominus\times0.10}=\sqrt{5.7\times10^{-10}\times0.1}=7.5\times10^{-6}\ \text{mol}\cdot\text{L}^{-1}$$

$$pH=14-(-\lg 7.5\times10^{-6})=8.88$$

(2) 求 h

$$h=\frac{c(OH^-)}{c_{盐}}\times100\%=\frac{7.5\times10^{-6}}{0.10}\times100\%=0.0075\%$$

从以上例题推导出一元弱酸强碱盐的 OH^- 浓度的近似公式为:

$$c(OH^-)=\sqrt{K_h^\ominus c_{盐}}=\sqrt{\frac{K_w^\ominus}{K_a^\ominus}c_{盐}} \tag{5-12}$$

5.5.2 弱碱强酸盐

弱碱强酸盐的水解实际上是阳离子与水发生反应,使溶液呈酸性,以 NH_4Cl 为例:

$$\begin{array}{ccc} NH_4Cl \longrightarrow & NH_4^+ & + \ Cl^- \\ & + & \\ H_2O \rightleftharpoons & OH^- & + \ H^+ \\ & \upharpoonleft\downharpoonright & \\ & NH_3\cdot H_2O & \end{array}$$

以上总方程式为:

$$NH_4^+ + H_2O \rightleftharpoons NH_3\cdot H_2O + H^+$$

由于 $NH_3 \cdot H_2O$ 的生成破坏了水的解离平衡，使$[H^+]>[OH^-]$，溶液呈酸性。与弱酸强碱盐做同样的处理，得到弱碱强酸盐的水解常数及 H^+ 浓度的近似公式为：

$$K_h^{\ominus}=\frac{K_w^{\ominus}}{K_b^{\ominus}} \tag{5-13}$$

$$c(H^+)=\sqrt{K_h^{\ominus}c_{盐}}=\sqrt{\frac{K_w^{\ominus}}{K_b^{\ominus}}c_{盐}} \tag{5-14}$$

5.5.3　弱酸弱碱盐

弱酸弱碱盐这类盐的阳离子和阴离子都能与水发生反应，生成相应的弱酸和弱碱，以 NH_4Ac 为例：

$$\begin{array}{ccccc} NH_4Ac & \longrightarrow & NH_4^+ & + & Ac^- \\ & & + & & + \\ H_2O & \rightleftharpoons & OH^- & + & H^+ \\ & & \upharpoonleft\downharpoonright & & \upharpoonleft\downharpoonright \\ & & NH_3\cdot H_2O & & HAc \end{array}$$

以上总方程式为：

$$NH_4^+ + Ac^- + H_2O \rightleftharpoons NH_3\cdot H_2O + HAc \qquad K_h^{\ominus}=\frac{[NH_3\cdot H_2O][HAc]}{[Ac^-][NH_4^+]} \quad ①$$

以上水解方程由下面三个平衡组成：

$$H_2O \rightleftharpoons OH^- + H^+ \qquad K_w^{\ominus}=[OH^-][H^+] \quad ②$$

$$NH_4^+ + OH^- \rightleftharpoons NH_3\cdot H_2O \qquad \frac{1}{K_b^{\ominus}}=\frac{[NH_3\cdot H_2O]}{[NH_4^+][OH^-]} \quad ③$$

$$H^+ + Ac^- \rightleftharpoons HAc \qquad \frac{1}{K_a^{\ominus}}=\frac{[HAc]}{[Ac^-][H^+]} \quad ④$$

由于四个方程式之间存在①=②+③+④的关系，根据多重平衡规则：

$$K_h^{\ominus}=\frac{K_w^{\ominus}}{K_a^{\ominus}K_b^{\ominus}} \tag{5-15}$$

弱酸弱碱盐的水解较复杂，不做计算，其酸碱性取决于 $K_a^{\ominus}$ 和 $K_b^{\ominus}$ 的相对大小：

(1) 当 $K_a^{\ominus}\approx K_b^{\ominus}$ 时，中性，如：NH_4Ac，$K_a^{\ominus}=1.75\times10^{-5}$，$K_b^{\ominus}=1.78\times10^{-5}$，pH=7.00。

(2) 当 $K_a^{\ominus}>K_b^{\ominus}$ 时，酸性，如：$HCOONH_4$，$K_a^{\ominus}=1.77\times10^{-4}$，$K_b^{\ominus}=1.78\times10^{-5}$，pH=6.50。

(3) 当 $K_a^\ominus < K_b^\ominus$ 时，碱性，如：NH_4CN，$K_a^\ominus = 6.2\times10^{-10}$，$K_b^\ominus = 1.78\times10^{-5}$，pH＝9.23。

5.5.4　影响盐类水解的因素及其应用

各种盐类水解程度的大小，主要由盐的本性（$K_h^\ominus$ 的大小）决定。此外，还受到盐溶液浓度、温度及酸度等因素的影响。

5.5.4.1　浓度的影响

由式(5-12)可知，弱酸强碱盐中，$c(OH^-)=\sqrt{K_h^\ominus c_{盐}}=\sqrt{\frac{K_w^\ominus}{K_a^\ominus}c_{盐}}$，则水解度 $h=\frac{c(OH^-)}{c_{盐}}=\sqrt{\frac{K_h^\ominus}{c_{盐}}}$；同理，在弱碱强酸溶液中，$h=\frac{c(H^+)}{c_{盐}}=\sqrt{\frac{K_h^\ominus}{c_{盐}}}$。这说明盐的水解度与盐浓度 $c_{盐}$ 的平方根成反比。即同一种盐，其浓度越小，水解就越大。换句话说，将溶液进行稀释，会促进盐的水解。

5.5.4.2　温度的影响

盐的水解一般是吸热反应，根据平衡移动原理，升高温度，平衡向右移动，促进水解。在工业生成和实验室中，常利用加热使水解进行完全。如将 $FeCl_3$ 溶于大量沸水中，有利于生成 $Fe(OH)_3$ 溶胶。

5.5.4.3　酸度的影响

盐类水解能改变溶液的酸度，那么根据平衡移动原理，可以调节溶液酸度，控制水解平衡。

例如 $FeCl_3$ 的水解反应：

$$Fe^{3+} + 3H_2O \rightleftharpoons Fe(OH)_3 + 3H^+$$

加入盐酸后，根据平衡移动原理，平衡向左移动，抑制了 $FeCl_3$ 的水解。因此，配制 $FeCl_3$、$SnCl_2$ 等溶液时，会水解生成沉淀，所以先将它们溶解于较浓的 HCl 中，然后再加水稀释到所需浓度。

抑制或利用盐类水解服务于生产和科研的实际例子很多，还可以利用铝盐水解产生的 $Al(OH)_3$ 胶体来破坏水溶胶和吸附杂质；医学上利用 $NaHCO_3$ 和乳酸钠水解后显碱性来治疗胃酸过多、代谢中毒；工业上用 NaOH 和 Na_2CO_3 的混合液作为化学除油剂，也是利用了 Na_2CO_3 的水解性。在生产中还利用盐类的水解来提纯一些物质，例如：可利用 $Bi(NO_3)_3$ 易水解的特性制取高纯度的 Bi_2O_3，方法是将 $Bi(NO_3)_3$ 浓溶液稀释并加热煮沸，使其发生完全水解，生成 $BiO(NO_3)$ 沉淀，然后经过滤、灼烧，即可得到纯度较高的 Bi_2O_3。

5.1　试述下列化学术语的意义：

水的离子积；解离常数；解离度；水解常数；水解度；同离子效应；缓冲溶液。

5.2　判断下列说法是否正确？

(1) 在一定温度下，改变溶液的 pH 值，水的离子积不变。

(2) 酸性水溶液中不含 OH^-，碱性水容液中不含 H^+。

(3) pH=2 与 pH=4 的两种电解质溶液等体积混合后，其 pH=3。

(4) 强酸的酸度一定大于弱酸的酸度。

(5) 将 HCl 和 HAc 溶液各稀释 1 倍，二者的 H^+ 浓度均减少到原来的 1/2。

(6) 同一弱电解质的浓度越小，解离度则越大。

5.3　酸性水溶液中，氢离子的浓度可表示为(　　)$mol \cdot L^{-1}$。

A. 14—pOH　　B. $K_w^{\ominus}/pOH$

C. 10^{pOH-14}　　D. 10^{14-pOH}

5.4　下列溶液中 pH 值最小的是(　　)。

A. 0.01 $mol \cdot L^{-1}$ HCl　　B. 0.01 $mol \cdot L^{-1}$ H_2SO_4

C. 0.01 $mol \cdot L^{-1}$ HAc　　D. 0.01 $mol \cdot L^{-1}$ HI

5.5　下列溶液中能形成缓冲溶液的是(　　)。

A. 0.1 $mol \cdot L^{-1}$ HAc 20 mL

B. 0.1 $mol \cdot L^{-1}$ HAc 20 mL+0.1 $mol \cdot L^{-1}$ NaOH 30 mL

C. 0.1 $mol \cdot L^{-1}$ HAc 20 mL+0.1 $mol \cdot L^{-1}$ NaOH 20 mL

D. 0.1 $mol \cdot L^{-1}$ HAc 20 mL+0.1 $mol \cdot L^{-1}$ NaOH 10 mL

5.6　下列盐溶液的浓度相同，pH 值最高的是(　　)。

A. NaCl　　B. KNO_3　　C. Na_2SO_4　　D. K_2CO_3

5.7　完成下列换算：

(1) 将 H^+ 和 OH^- 浓度换算成 pH 值

$c(H^+)$：2.6×10^{-5} $mol \cdot L^{-1}$，5.9×10^{-10} $mol \cdot L^{-1}$

$c(OH^-)$：2.0×10^{-6} $mol \cdot L^{-1}$，1.7×10^{-9} $mol \cdot L^{-1}$

(2) 将 pH 值和 pOH 值换算成 H^+ 浓度

pH=0.34，pH=7.80

pOH=4.6，pOH=10.2

5.8　某浓度为 0.1 $mol \cdot L^{-1}$ 的一元弱酸溶液，其 pH 值为 2.77，求这一弱酸的解离常数及该条件下的解离度。

5.9　已知 HClO 的解离常数 $K_a^{\ominus}=2.95\times10^{-8}$，计算 0.05 $mol \cdot L^{-1}$ HClO 溶液的 $c(H^+)$、$c(ClO^-)$ 和 HClO 的解离度。

5.10　欲使 H_2S 饱和溶液中 $c(S^{2-})=1.0\times10^{-18}$ $mol \cdot L^{-1}$，该溶液的 pH 值应为多大？

5.11　在氨水中分别加入少量的 NH_4Cl、NaOH、HAc、H_2O 后，氨水的解离度如何变化？试从化学平衡移动原理解释说明。

5.12　0.1 $mol \cdot L^{-1}$ HAc 溶液 50 mL 和 0.1 $mol \cdot L^{-1}$ NaOH 溶液 25 mL 混合后，溶液的 $c(H^+)$ 有何变化？

5.13　在 100 mL 0.1 $mol \cdot L^{-1}$ 氨水中加入 1.07 g 氯化氨，溶液的 pH 值为多少？在此溶液中再加入 100 mL 水，pH 值有何变化？

5.14　要配制 pH 值为 5.00 的缓冲溶液，在 300 mL 0.5 $mol \cdot L^{-1}$ 醋酸中需加入多少克 $NaAc \cdot 3H_2O$ 固体(忽略加入固体所引起的体积变化)？

5.15　按酸性、中性、碱性，将下列盐进行分类：

KCN；$NaNO_3$；$FeCl_3$；NH_4NO_3；$Al_2(SO_4)_3$；$CuSO_4$；NH_4Ac；Na_2CO_3；$NaHCO_3$。

5.16　写出下列主要的水解产物并配平方程式：

(1) $FeCl_3+H_2O\longrightarrow$

(2) $AlCl_3+H_2O\longrightarrow$

(3) $SnCl_2 + H_2O \longrightarrow$

(4) $Al_2S_3 + H_2O \longrightarrow$

(5) $NaHCO_3 + Al_2(SO_4)_3 \longrightarrow$

5.17 分别计算下列溶液的 pH 值和水解度 h:

(1) 0.02 $mol \cdot L^{-1}$ NH_4Cl 溶液;

(2) 0.1 $mol \cdot L^{-1}$ NaCN 溶液。

5.18 回答下列问题:

(1) 为什么不能在水中制备 Al_2S_3?

(2) 配制 $SnCl_2$、$FeCl_3$溶液为什么不能用蒸馏水而要用稀盐酸?

(3) 为什么 $Al_2(SO_4)_3$和 Na_2CO_3溶液混合立即产生 CO_2气体?

第 6 章 沉淀反应

知识要点

(1) 掌握溶度积和溶解度的基本概念及相互间的换算。
(2) 理解同离子效应和盐效应对溶解度的影响。
(3) 会利用溶度积常数进行相关计算。

溶液中离子间相互作用析出难溶性固态物质的反应称为沉淀反应。在许多化工产品的生产和化学实验过程中，常利用沉淀反应来进行物质的分离、提纯或鉴定。分析化学中的沉淀分离和质量分析等，也都与沉淀反应有关。

6.1 难溶电解质的溶解平衡

严格来说，任何电解质在水溶液中都有一定的溶解性。物质在水中的溶解性常以溶解度来衡量。通常，把溶解度小于 0.01 g 的物质称为难溶电解质，溶解度为 0.01～0.1 g 的物质称为微溶电解质，其余的则称为易溶电解质。对于难溶电解质而言，其溶解能力虽差，但溶解的部分可以认为是完全电离的，且以水合离子形式存在；而解离的离子相互碰撞又能重新结合而形成沉淀，因而在水中建立了一个沉淀-溶解的动态平衡。

6.1.1 溶度积

难溶电解质的溶解过程是一个可逆过程。例如，在一定的温度下将难溶电解质 $BaSO_4$ 固体放入水中，在极性的水分子作用下，表面的 Ba^{2+} 和 SO_4^{2-} 进入溶液，成为水合离子，这就是 $BaSO_4$ 固体的溶解过程。同时，溶液中的 Ba^{2+} 和 SO_4^{2-} 离子在无序的运动中可能同时碰到 $BaSO_4$ 固体的表面而析出，这个过程称为沉淀过程。在一定温度下，当溶解的速度与沉淀的速度相等时，溶解与沉淀就会建立起动态平衡。其平衡式可表示为：

$$BaSO_4(s) \rightleftharpoons Ba^{2+}(aq) + SO_4^{2-}(aq)$$

该反应的标准平衡常数为：

$$K^{\ominus} = \frac{c(Ba^{2+})}{c^{\ominus}} \cdot \frac{c(SO_4^{2-})}{c^{\ominus}} = [Ba^{2+}][SO_4^{2-}]$$

一般的难溶电解质的沉淀-溶解平衡可表示为：

$$A_nB_m(s) \rightleftharpoons nA^{m+}(aq) + mB^{n-}(aq)$$

$$K_{sp}^{\ominus} = \left[\frac{c(A^{m+})}{c^{\ominus}}\right]^n \cdot \left[\frac{c(B^{n-})}{c^{\ominus}}\right]^m = [A^{m+}]^n \cdot [B^{n-}]^m \quad (6-1)$$

式(6-1)表明,在一定温度时,难溶电解质的饱和溶液中,各离子相对浓度幂次方的乘积为常数,该常数称为溶度积常数,简称溶度积,用符号$K_{sp}^{\ominus}$表示。与其他平衡常数相同,$K_{sp}^{\ominus}$与难溶物的本性及温度等有关。它的大小可以用来衡量难溶物质生成或溶解能力的强弱。$K_{sp}^{\ominus}$越大,表明该难溶物质的溶解度越大,要生成该沉淀就越困难;$K_{sp}^{\ominus}$越小,表明该难溶物质的溶解度越小,要生成该沉淀就越容易。在进行比较时,对同类型难溶物质,如 $BaSO_4$ 与 AgCl,$K_{sp}^{\ominus}$越大,其溶解度就越大。

表 6-1　难溶电解质的溶度积(298 K)

序号	分子式	$K_{sp}^{\ominus}$	序号	分子式	$K_{sp}^{\ominus}$
1	AgCl	1.8×10^{-10}	16	$PbCO_3$	7.4×10^{-14}
2	AgBr	5.35×10^{-13}	17	PbS	8.0×10^{-28}
3	AgI	8.52×10^{-17}	18	$PbSO_4$	1.6×10^{-8}
4	$BaCO_3$	2.6×10^{-9}	19	CuBr	6.27×10^{-9}
5	BaC_2O_4	1.6×10^{-7}	20	CuCl	1.72×10^{-6}
6	$BaCrO_4$	1.2×10^{-10}	21	$CuCO_3$	2.34×10^{-10}
7	$BaSO_4$	1.1×10^{-10}	22	CuI	1.1×10^{-12}
8	Hg_2Cl_2	1.43×10^{-18}	23	$Cu(OH)_2$	2.2×10^{-20}
9	HgC_2O_4	1.0×10^{-7}	24	$Cu_3(PO_4)_2$	1.3×10^{-37}
10	$MgCO_3$	3.5×10^{-8}	25	Cu_2S	2.5×10^{-48}
11	$Mg(OH)_2$	1.8×10^{-11}	26	CuS	6.3×10^{-36}
12	$CaCO_3$	6.7×10^{-9}	27	$Fe(OH)_2$	4.87×10^{-17}
13	$CaSO_4$	4.93×10^{-5}	28	$Fe(OH)_3$	4.0×10^{-38}
14	$CoCO_3$	1.4×10^{-13}	29	FeS	6.3×10^{-18}
15	CoC_2O_4	6.3×10^{-8}	30	$ZnCO_3$	1.4×10^{-11}

6.1.2　溶度积和溶解度的关系

溶度积和溶解度都反映了难溶电解质的溶解能力,两者之间既有联系,又有所不同。溶度积是只与温度有关的一个常数;而溶解度除与温度有关外,还与溶液中离子的浓度有关。若不考虑溶液离子浓度的影响,对 MA 型难溶物质,若溶解度为 s mol·L^{-1},在其饱和溶液中:

$$MA(s) \rightleftharpoons M^+(aq) + A^-(aq)$$

平衡浓度/(mol·L^{-1})　　　　s　　　　s

$$[M^+][A^-]=s\times s=K_{sp}^{\ominus}$$

$$s=\sqrt{K_{sp}^{\ominus}} \tag{6-2}$$

对于 MA_2 型(如 CaF_2)或 M_2A(如 Ag_2CrO_4)型难溶物质,同理可推导出其溶度积与溶解度的关系为:

$$s=\sqrt[3]{\frac{K_{sp}^{\ominus}}{4}} \tag{6-3}$$

显然,只要知道难溶物质的 $K_{sp}^{\ominus}$,就能求得该难溶物质的溶解度;相反,只要知道难溶物质的溶解度,就能求得该难溶物质的 $K_{sp}^{\ominus}$。

在溶解度和溶度积的相互换算时应注意,所采用的浓度单位应为"$mol\cdot L^{-1}$"。另外,由于难溶物质的溶解度很小,溶解度在以"$mol\cdot L^{-1}$"为单位和以"g/100 g 水"为单位间进行换算时,可以认为其饱和溶液的密度等于纯水的密度。

【例 6-1】 已知室温下 $Mn(OH)_2$ 的溶解度为 $3.6\times10^{-5}\ mol\cdot L^{-1}$,求其溶度积。

解:$c(Mn^{2+})=3.6\times10^{-5}\ mol\cdot L^{-1}$, $c(OH^-)=7.2\times10^{-5}\ mol\cdot L^{-1}$

$$K_{sp}^{\ominus}=[Mn^{2+}][OH^-]^2=3.6\times10^{-5}\times(7.2\times10^{-5})^2=1.9\times10^{-13}$$

【例 6-2】 试比较 AgCl 和 Ag_2CrO_4 在纯水中的溶解度大小。已知 $K_{sp}^{\ominus}(AgCl)=1.8\times10^{-10}$,$K_{sp}^{\ominus}(Ag_2CrO_4)=1.1\times10^{-12}$。

解:由式(6-2)和(6-3)可分别计算两种难溶物的溶解度

AgCl 的溶解度:$s=\sqrt{K_{sp}^{\ominus}}=\sqrt{1.8\times10^{-10}}=1.3\times10^{-5}\ mol\cdot L^{-1}$

Ag_2CrO_4 的溶解度:$s=\sqrt[3]{\frac{K_{sp}^{\ominus}}{4}}=\sqrt[3]{\frac{1.1\times10^{-12}}{4}}=6.5\times10^{-5}\ mol\cdot L^{-1}$

即 Ag_2CrO_4 的溶解度大于 AgCl 的溶解度。

由以上计算可以看出,不同类型的难溶电解质不能直接利用 $K_{sp}^{\ominus}$ 来比较溶解能力。

表 6-2 几种类型的难溶物质的溶度积、溶解度比较

难溶物质类型	难溶物质	溶度积 $K_{sp}^{\ominus}$	溶解度/($mol\cdot L^{-1}$)
MA	AgCl	1.8×10^{-10}	1.34×10^{-5}
	$BaSO_4$	1.1×10^{-10}	1.05×10^{-5}
MA_2	CaF_2	2.7×10^{-11}	1.89×10^{-4}
M_2A	Ag_2CrO_4	1.1×10^{-12}	6.50×10^{-5}

6.1.3 溶度积规则

在实际工作中,当需要判断难溶电解质沉淀或溶解反应进行的方向时,可以根据溶度积规则来判断。在难溶电解质溶液中,其离子相对浓度幂的乘积称为离子积,用 Q_i 表示。对于 A_nB_m 型难溶电解质,则:

$$Q_i=\left[\frac{c(A^{m+})}{c^{\ominus}}\right]^n\cdot\left[\frac{c(B^{n-})}{c^{\ominus}}\right]^m=[A^{m+}]^n\cdot[B^{n-}]^m \tag{6-4}$$

Q_i和$K_{sp}^{\ominus}$的表达式相同，但其意义是有区别的。$K_{sp}^{\ominus}$表示难溶电解质沉淀-溶解平衡时饱和溶液中离子相对浓度幂的乘积；对某一难溶电解质来说，在一定温度下，$K_{sp}^{\ominus}$为一常数。而Q_i则表示任一条件下离子相对浓度幂的乘积，其值不是一个常数。$K_{sp}^{\ominus}$只是Q_i的一种特殊情况。

对于某一给定的溶液，溶度积$K_{sp}^{\ominus}$与离子积之间的关系可能有以下三种情况：

(1) $Q_i>K_{sp}^{\ominus}$时，溶液为过饱和溶液，会有沉淀析出，直至$Q_i=K_{sp}^{\ominus}$，达到饱和状态为止。所以$Q_i>K_{sp}^{\ominus}$是沉淀生成的条件。

(2) $Q_i=K_{sp}^{\ominus}$时，溶液为饱和溶液，处于平衡状态。

(3) $Q_i<K_{sp}^{\ominus}$时，溶液为未饱和溶液。若溶液中有难溶电解质固体存在，就会继续溶解，直至$Q_i=K_{sp}^{\ominus}$，达到饱和状态为止。所以$Q_i<K_{sp}^{\ominus}$是沉淀溶解的条件。

以上是难溶电解质多相例子平衡移动的规律，称为溶度积规则，可以判断沉淀生成和溶解。

【例 6-3】 将下列溶液混合是否生成$CaSO_4$沉淀？

(1) 20 mL 1 mol·L^{-1} Na_2SO_4溶液与 20 mL 1 mol·L^{-1} $CaCl_2$溶液；

(2) 20 mL 0.002 mol·L^{-1} Na_2SO_4溶液与 20 mL 0.002 mol·L^{-1} $CaCl_2$溶液。

解：当两种溶液等体积混合时，浓度缩为原来的一半

(1) $[Ca^{2+}]=0.5$，$[SO_4^{2-}]=0.5$，则：

$$Q_i=[Ca^{2+}][SO_4^{2-}]=0.5\times0.5=0.25>K_{sp}^{\ominus}=4.93\times10^{-5}$$

所以有沉淀析出，直至$[Ca^{2+}][SO_4^{2-}]=K_{sp}^{\ominus}$为止。

(2) $[Ca^{2+}]=0.001\ \mathrm{mol\cdot L^{-1}}$，$[SO_4^{2-}]=0.001\ \mathrm{mol\cdot L^{-1}}$，则：

$$Q_i=[Ca^{2+}][SO_4^{2-}]=0.001\times0.001=1\times10^{-6}<K_{sp}^{\ominus}=4.93\times10^{-5}$$

所以没有沉淀析出。

使用溶度积规则时应注意以下几点：

(1) 原则上只要$Q_i>K_{sp}^{\ominus}$便应该有沉淀产生；但是，只有当溶液中含约10^{-5} g·L^{-1}固体时，人眼才能观察到浑浊现象。故实际观察到有沉淀产生所需的离子浓度往往要比理论计算稍高些。

(2) 有时由于生成过饱和溶液而不产生沉淀。在这种情况下，可以通过加入晶种或摩擦器壁等方式来破坏其过饱和，促使析出沉淀或结晶。

(3) 若沉淀过程中发生副反应，使离子的有效浓度发生改变，或者说使难溶物质的实际溶解性能发生相应的改变，从而可能导致无沉淀产生。

6.2　同离子效应和盐效应

影响沉淀溶解度的因素有很多，本章中主要关注同离子效应和盐效应对沉淀溶解度的影响。

6.2.1　同离子效应

在已建立平衡的弱电解质的溶液中，如果加入含有该弱电解质相同离子的强电解质，就

会使该弱电解质的解离度降低;同理,在难溶电解质饱和溶液中,加入含有与该电解质相同离子的强电解质,由于溶液中离子浓度增加,沉淀-溶解平衡向生成沉淀的方向移动,使难溶电解质的溶解度降低。这个作用称为同离子效应。

【例 6-4】 已知 $BaSO_4$ 的 $K_{sp}^{\ominus}=1.1\times10^{-10}$。试比较 $BaSO_4$ 在 250 mL 纯水及 250 mL $c(SO_4^{2-})=0.010\ mol\cdot L^{-1}$ 溶液中的溶解度。

解:对 MA 型难溶物,$s=\sqrt{K_{sp}^{\ominus}}$

(1) 在纯水中:$s_1=\sqrt{1.1\times10^{-10}}=1.05\times10^{-5}(mol\cdot L^{-1})$

(2) 设 SO_4^{2-} 溶液中溶解度为 $s_2\ mol\cdot L^{-1}$

$$[Ba^{2+}][SO_4^{2-}]=s_2(s_2+0.010)=K_{sp}^{\ominus}=1.1\times10^{-10}$$

因 s_2 不会太大,$s_2+0.010\approx0.010$,解得:

$$s_2=1.1\times10^{-8}(mol\cdot L^{-1})$$

显然,当沉淀反应中有与难溶物质具有相同离子的电解质存在时,能使难溶物质的溶解度降低。

同离子效应在沉淀-溶解平衡中有许多实际应用。例如,在沉淀某种离子时,可以加入适当过量的沉淀剂,以减少沉淀的溶解损失。对一般的沉淀分离或制备,沉淀剂一般过量 20%～25%即可。如果加入的沉淀剂的量过多,一方面会引起不必要的浪费,另一方面还可能引起其他副反应及下面将要讨论的盐效应等,反而使沉淀的溶解度增加。另外,洗涤沉淀时,也可以根据情况及要求来选择合适的洗涤剂,以减少洗涤过程中的溶解损失。如洗涤 $BaSO_4$ 沉淀时,一般用稀的 H_2SO_4 溶液而不用纯水作为洗涤剂。

6.2.2 盐效应

向难溶电解质的饱和溶液中加入一些与该难溶电解质非共有离子的其他可溶性盐时,会使难溶电解质的溶解度增大。这种现象称为盐效应。

盐效应的产生,是由于强电解质的加入增大了溶液中阴、阳离子的浓度,使溶液中离子间的相互牵制作用增强,阻碍了离子的自由运动,使离子与沉淀表面相互碰撞的次数减少,有效浓度减小,即活度降低,导致沉淀速率变慢,破坏了原来的沉淀-溶解平衡,使平衡向溶解方向移动。其实,在发生同离子效应时,盐效应也存在,只是它的影响一般要比同离子效应小得多。

表 6-3 $PbSO_4$ 在 Na_2SO_4 溶液中的溶解度

$Na_2SO_4/(mol\cdot L^{-1})$	0	0.001	0.01	0.02	0.04	0.100	0.200
$PbSO_4$ 溶解度/$(mmol\cdot L^{-1})$	0.15	0.024	0.016	0.014	0.013	0.016	0.023

由表 6-3 中的结果可知,当 Na_2SO_4 的浓度不大时,由于同离子效应的影响,$PbSO_4$ 的溶解度逐渐减小;而当 Na_2SO_4 的浓度过量较多时,由于盐效应的作用,又使 $PbSO_4$ 的溶解度逐渐增加。在一般情况下,当沉淀剂过量不多时,一般不考虑盐效应的影响。

一般只有当强电解质浓度>0.05 $mol\cdot L^{-1}$ 时,盐效应才会较为显著,特别是非同离子的其他电解质存在,否则一般可以忽略。

6.3 分步沉淀和沉淀的转化

6.3.1 分步沉淀

在实际工作中,体系中往往同时存在几种离子。这些离子均能与加入的同一沉淀剂发生沉淀反应,生成难溶电解质。由于各种难溶电解质的溶度积不同,析出的先后次序也不同,这种现象称为分步沉淀。随着沉淀剂的加入,离子积首先达到溶度积的难溶电解质会先析出。在定性分析中,溶液中被沉淀的离子浓度小于 1.0×10^{-5} mol · L^{-1},就可以认为该离子已沉淀完全。

例如在浓度均为 0.010 mol · L^{-1}的 I^- 和 Cl^- 溶液中,逐滴加入 $AgNO_3$ 试剂,开始只生成黄色的 AgI 沉淀,加入到一定量的 $AgNO_3$ 时,才出现白色的 AgCl 沉淀。

AgI 开始沉淀时需要的 Ag^+ 离子浓度为:

$$[Ag^+]=\frac{K_{sp}^{\ominus}(AgI)}{[I^-]}=\frac{8.52\times10^{-17}}{0.010}=8.52\times10^{-15}\text{,即 } c(Ag^+)=8.52\times10^{-15}\ \text{mol}\cdot\text{L}^{-1}$$

AgCl 开始沉淀时需要的 Ag^+ 离子浓度为:

$$[Ag^+]=\frac{K_{sp}^{\ominus}(AgCl)}{[Cl^-]}=\frac{1.8\times10^{-10}}{0.010}=1.8\times10^{-8}\text{, 即 } c(Ag^+)=1.8\times10^{-8}\ \text{mol}\cdot\text{L}^{-1}$$

在上述溶液中,开始生成 AgI 和 AgCI 沉淀时所需要的 Ag^+ 离子浓度分别是:8.52×10^{-15} mol · L^{-1}, 1.8×10^{-8} mol · L^{-1}。计算结果表明,沉淀 I^- 所需 Ag^+ 浓度比沉淀 Cl^- 所需 Ag^+ 浓度小得多,所以 AgI 先沉淀。不断滴入 $AgNO_3$ 溶液,当 Ag^+ 浓度刚超过 1.8×10^{-8}mol · L^{-1}时,AgCl 开始沉淀,此时溶液中存在的 I^- 浓度为:

$$[I^-]=\frac{K_{sp}^{\ominus}(AgI)}{[Ag^+]}=\frac{8.52\times10^{-17}}{1.8\times10^{-8}}=4.7\times10^{-9}\text{,即 } c(I^-)=4.7\times10^{-9}\ \text{mol}\cdot\text{L}^{-1}$$

可以认为,当 AgCl 开始沉淀时,I^- 已经沉淀完全。总之,利用分步沉淀可以进行离子分离。对于等浓度的同类型难溶电解质,总是溶度积小的先沉淀;而且溶度积差别越大,分离的效果越好。对不同类型的难溶电解质,则需要通过计算来判断沉淀的先后次序和分离效果,不能根据溶度积的大小直接判断。

在无机盐工业中,Fe^{3+} 是最常遇到的一种杂质,除铁是一个典型的除杂问题。在实际工作中,除 Fe^{3+} 的主要方法是调节溶液的 pH 值,使得 Fe^{3+} 生成 $Fe(OH)_3$ 沉淀而除去。

【例 6-5】 若溶液中含有 0.010 mol · L^{-1}的 Fe^{3+} 和 0.010 mol · L^{-1}的 Mg^{2+},计算用形成氢氧化物的方法分离两种离子的 pH 应控制在什么范围?

解:查表得 $K_{sp}^{\ominus}[Fe(OH)_3]=4.0\times10^{-38}$, $K_{sp}^{\ominus}[Mg(OH)_2]=1.8\times10^{-11}$

沉淀 Fe^{3+} 所需 OH^- 的最小浓度为:

$$[OH^-]=\sqrt[3]{\frac{K_{sp}^{\ominus}[Fe(OH)_3]}{[Fe^{3+}]}}=\sqrt[3]{\frac{4.0\times10^{-38}}{0.010}}=1.6\times10^{-12}\text{, pH}=2.20$$

沉淀 Mg^{2+} 所需 OH^- 的最小浓度为：

$$[OH^-]=\sqrt{\frac{K_{sp}^{\ominus}[Mg(OH)_2]}{[Mg^{2+}]}}=\sqrt{\frac{1.8\times10^{-11}}{0.010}}=4.2\times10^{-5},\ pH=9.62$$

因为生成氢氧化铁所需要的氢氧根离子浓度低，所以 Fe^{3+} 先生成沉淀。

当 Fe^{3+} 沉淀完全时，$c(Fe^{3+})=1.0\times10^{-5}\,mol\cdot L^{-1}$，则有：

$$[OH^-]=\sqrt[3]{\frac{K_{sp}^{\ominus}[Fe(OH)_3]}{[Fe^{3+}]}}=\sqrt[3]{\frac{4.0\times10^{-38}}{1.0\times10^{-5}}}=1.6\times10^{-11},\ pH=3.20$$

从中可以看出：当 pH＝2.20 时，Fe^{3+} 开始生成氢氧化铁沉淀；随着 pH 值增大，当 pH＝3.20 时，Mg^{2+} 还没有开始沉淀，Fe^{3+} 已经沉淀完全。因此，只要将 pH 值控制在 3.20～9.62，就能使 Fe^{3+} 沉淀完全，而 Mg^{2+} 沉淀没有产生。

6.3.2 沉淀的转化

在工业生产或实验中，有时需要将一种沉淀转化为另一种沉淀，这个过程叫沉淀的转化。沉淀的转化有许多实用的价值。例如，在 $PbSO_4$ 沉淀（白色）中加入 Na_2S 溶液后可以看到白色沉淀逐渐转化为黑色的 PbS。通过溶度积计算可知，PbS 的溶解度比 $PbSO_4$ 小得多，加入 Na_2S 溶液后就有可能使得 $Q_i>K_{sp}^{\ominus}(PbS)$，使得 $PbSO_4$ 发生溶解，生成黑色的 PbS。这一过程实质上是由于条件的改变，两个沉淀-溶解平衡发生移动后的结果。

锅炉中的锅垢 $CaSO_4$ 不溶于酸，常用 Na_2CO_3 处理，使锅垢中的 $CaSO_4$ 转化为疏松的可溶于酸的 $CaCO_3$ 沉淀，这样就可以把锅垢清除掉了。该沉淀转化反应的平衡常数很大，反应能进行完全：

$$CaSO_4(s)+CO_3^{2-}\rightleftharpoons CaCO_3(s)+SO_4^{2-}$$

$$K^{\ominus}=\frac{[SO_4^{2-}]}{[CO_3^{2-}]}=\frac{[SO_4^{2-}]\cdot[Ca^{2+}]}{[CO_3^{2-}]\cdot[Ca^{2+}]}=\frac{K_{sp}^{\ominus}(CaSO_4)}{K_{sp}^{\ominus}(CaCO_3)}=\frac{4.93\times10^{-5}}{6.7\times10^{-9}}=7.4\times10^{3}$$

沉淀能否转化及转化的程度取决于两种沉淀溶度积的大小，一般 $K_{sp}^{\ominus}$ 大的沉淀容易转化成 $K_{sp}^{\ominus}$ 小的沉淀，且差值越大，转化越完全。

6.1 写出下列难溶电解质的溶度积常数 $K_{sp}^{\ominus}$ 的表达式：

$PbCl_2$；AgCl；Ag_2S；$Al(OH)_3$；$Ba_3(PO_4)_2$。

6.2 某难溶盐化学式为 M_2X，则溶解度 s 与溶度积 $K_{sp}^{\ominus}$ 的关系是（　　）。

A. $s=K_{sp}^{\ominus}$　　B. $s^2=K_{sp}^{\ominus}$　　C. $2s^2=K_{sp}^{\ominus}$　　D. $4s^3=K_{sp}^{\ominus}$

6.3 对于难溶电解质 A_3B_2，在其饱和溶液中 $c(A^{2+})=x\ mol\cdot L^{-1}$，$c(B^{3-})=y\ mol\cdot L^{-1}$，则 $K_{sp}^{\ominus}(A_3B_2)=$（　　）。

A. $(3x)^3\times(2y)^2$　　B. $(x/2)^3\times(y/3)^2$　　C. $x\times y$　　D. $x^3\times y^2$

6.4 已知 $Zn(OH)_2$ 的溶度积常数为 3.0×10^{-17}，则 $Zn(OH)_2$ 在水中的溶解度为（　　）。

A. 2.0×10^{-6} mol·L^{-1}　　B. 3.1×10^{-6} mol·L^{-1}

C. 2.0×10^{-9} mol·L^{-1}　　D. 3.1×10^{-9} mol·L^{-1}

6.5 下列说法正确的是(　　)。

A. 溶度积小的物质一定比溶度积大的物质的溶解度小。

B. 难溶物质的溶度积与温度无关。

C. 对同类型的难溶物,溶度积小的一定比溶度积大的溶解度小。

D. 难溶物的溶解度仅与温度有关。

6.6 已知 $K_{sp}^{\ominus}(Ag_2CrO_4)=1.1\times10^{-12}$,在 0.10 mol·$L^{-1}$ Ag^+溶液中,若产生 Ag_2CrO_4沉淀,CrO_4^{2-}的浓度至少应大于(　　)。

A. 1.1×10^{-10} mol·L^{-1}　　B. 6.5×10^{-5} mol·L^{-1}

C. 0.10 mol·L^{-1}　　D. 1.1×10^{-11} mol·L^{-1}

6.7 某溶液中含有 KCl、KBr 和 K_2CrO_4 的浓度均为 0.010 mol·L^{-1},向该溶液中逐滴加入 0.010 mol·L^{-1} $AgNO_3$ 溶液时,最先和最后沉淀的是(　　)。[$K_{sp}^{\ominus}(AgCl)=1.8\times10^{-10}$, $K_{sp}^{\ominus}(AgBr)=5.35\times10^{-13}$, $K_{sp}^{\ominus}(Ag_2CrO_4)=1.1\times10^{-12}$]

A. AgBr 和 Ag_2CrO_4　　B. Ag_2CrO_4和 AgCl　　C. AgBr 和 AgCl　　D. 一起沉淀

6.8 下列叙述正确的是(　　)。

A. 由于 AgCl 水溶液的导电性很弱,所以它是弱电解质。

B. 难溶电解质离子浓度的乘积就是该物质的标准溶度积常数。

C. 标准溶度积常数大者,溶解度也大。

D. 用水稀释含有 AgCl 固体的溶液时,AgCl 的标准溶度积常数不变。

6.9 向含有 AgCl(s)的饱和 AgCl 溶液中加水,下列叙述正确的是(　　)。

A. AgCl 的溶解度增大　　B. AgCl 的溶解度、$K_{sp}^{\ominus}$均不变

C. AgCl 的 $K_{sp}^{\ominus}$增大　　D. AgCl 的溶解度、$K_{sp}^{\ominus}$均增大

6.10 同离子效应会使难溶电解质的溶解度(　　),盐效应会使难溶电解质的溶解度(　　)。

A. 增大　　B. 减小　　C. 不变　　D. 可能减小也可能增大

6.11 在含有 AgCl 固体的三份饱和溶液中,分别加入少量稀 HCl、$AgNO_3$溶液、KNO_3固体,AgCl 的溶解度如何变化?

6.12 已知 Ag_2CrO_4在纯水中的溶解度为 6.5×10^{-5} mol·L^{-1},求:

(1) 在 0.001 0 mol·L^{-1} $AgNO_3$溶液中的溶解度;

(2) 在 1.0 mol·L^{-1} K_2CrO_4溶液中的溶解度。

6.13 某溶液中含有浓度为 1.0 mol·L^{-1}的 Cl^- 和浓度为 1.0×10^{-4} mol·L^{-1}的 CrO_4^{2-},逐滴加入 $AgNO_3$ 溶液,问溶液中沉淀的次序如何?

6.14 已知某溶液中含有 0.10 mol·L^{-1}的 Ni^{2+}和 0.10 mol·L^{-1}的 Fe^{3+},试问能否通过控制 pH 值来达到分离两者的目的?若能分离溶液,pH 值应控制在什么范围?

6.15 在 100 mL 含有 SO_4^{2-} 的溶液中加入 0.208 g $BaCl_2$,当 $BaSO_4$生成沉淀后(忽略体积变化),测得 Ba^{2+}浓度为 5.00×10^{-4} mol·L^{-1}。($BaCl_2$的相对分子质量为 208,$BaSO_4$的相对分子质量为 233,$K_{sp}^{\ominus}(BaSO_4)=1.1\times10^{-10}$)试计算:

(1) 溶液中残留的 SO_4^{2-} 浓度;

(2) 生成 $BaSO_4$沉淀的质量;

(3) 原来溶液中 SO_4^{2-} 的浓度。

第 7 章 氧化还原反应和电化学基础

知识要点

(1) 掌握氧化还原反应的基本概念,熟练掌握氧化还原反应方程式的配平。

(2) 理解电池和电极电势的概念,掌握电池的表示方法。

(3) 熟练掌握电极电势的应用,并能根据能斯特方程式进行相关计算。

反应过程中涉及电子从一种物质转移到另一种物质,相应某些元素的氧化态发生改变的反应,称为氧化还原反应。这是一类非常重要的反应,广泛应用于化工、冶金等工业生产中。前面所讨论的酸碱中和反应和沉淀反应,由于反应物之间不发生电子的转移,反应前后元素的氧化态不发生变化,都属于非氧化还原反应。根据反应前后元素氧化态是否变化,化学反应可以分为两大类:非氧化还原反应和氧化还原反应。

以氧化还原反应为基础的电化学是化学学科的一个重要分支学科。本章将对氧化还原反应的基本概念、电化学的基础知识做一初步讨论。

7.1 氧化还原反应

7.1.1 氧化态

在氧化还原反应中,由于发生了电子转移,导致某些元素的带电状态发生变化。为了描述元素原子带电状态的不同,人们提出了氧化态的概念。

1970 年国际纯粹和应用化学联合会对氧化态的定义:氧化态(又叫氧化值、氧化数)是某元素一个原子的荷电数,该荷电数是由假设把每个化学键中的电子指定给电负性更大的原子而求得的。氧化态可为整数,也可为分数或小数。确定氧化态的方法如下:

(1) 在单质中,元素的氧化态为“0”。

(2) H 的氧化态一般为“+1”,只有在活泼金属的氢化物(如 NaH、CaH_2)中为“−1”。

(3) O 的氧化态一般为“−2”,但在氟化物(如 O_2F_2、OF_2)中分别为“+1”和“+2”,在过氧化物(如 H_2O_2、Na_2O_2)中为“−1”。

(4) 任何中性分子中,各元素氧化态的代数和等于“0”。

(5) 单原子离子中,元素的氧化态等于该离子所带的电荷数;多原子离子中,各元素原子氧化态的代数和等于该离子所带的电荷数。

(6) 共价化合物中,把属于两个原子共用的电子指定给其中电负性较大的那个原子后,各原子上的电荷数即为它的氧化态。如在 H_2S 中,S 的氧化态为“−2”,H 的氧化态为“+1”。

【例 7-1】 计算 SO_4^{2-}、Fe_3O_4 中 S 及 Fe 的氧化态。

解:设 SO_4^{2-} 中 S 的氧化态为 x,氧的氧化态为−2,则 $(-2)\times4+x=-2$,得 $x=+6$。

设 Fe_3O_4 中 Fe 的氧化态为 y,氧的氧化态为−2,则 $3\times y+4\times(-2)=0$,得 $y=+\frac{8}{3}$。

7.1.2 氧化还原反应的基本概念

氧化还原反应的特征是反应前后元素氧化态发生变化,这种变化的实质就是反应物之间电子转移,转移过程中就存在电子的“得”与“失”。人们把氧化还原反应中元素的原子(或离子)失去电子而氧化态升高的过程称为氧化,失去电子的物质称为还原剂,还原剂失电子后即为氧化产物;获得电子使氧化态降低的过程称为还原,得到电子的物质称为氧化剂,氧化剂得电子后即为还原产物。

可见,在一个氧化还原反应中,如果有元素的氧化态升高(被氧化),则必定有元素的氧化态降低(被还原),氧化剂和还原剂总是同时存在,且相互依存。例如:

$$\overset{0}{Fe}+\overset{+2}{Cu}SO_4 = \overset{+2}{Fe}SO_4+\overset{0}{Cu}$$

在此反应中,Fe 失去 2 个电子,氧化态由 0 升至+2, Fe 发生了氧化反应,由于金属 Fe 失去电子,故金属 Fe 称为还原剂;硫酸铜中的 Cu 得到 2 个电子,氧化态由+2 降低为 0,Cu^{2+} 发生了还原反应,由于 Cu^{2+} 得到电子,故 $CuSO_4$ 称为氧化剂。

如果氧化还原反应发生在同一化合物的不同元素上,则称为自氧化还原反应:

$$2K\overset{+5}{Cl}\overset{-2}{O}_3 \xrightarrow[\triangle]{MnO_2} 2K\overset{-1}{Cl}+3\overset{0}{O}_2$$

如果氧化还原反应发生在同一化合物同一元素的不同原子上,则称为歧化反应:

$$4K\overset{+5}{Cl}O_3 \xrightarrow{\triangle} 3K\overset{+7}{Cl}O_4+K\overset{-1}{Cl}$$

由此可见,一种元素有多种不同氧化态时,具有中间氧化态的化合物既可作为氧化剂,又可作为还原剂。

常见的氧化剂一般是一些氧化态容易降低的物质,如活泼的非金属单质 O_2、卤素等,以及氧化态高的离子或化合物,如 $KMnO_4$、$K_2Cr_2O_7$、浓 H_2SO_4 等。常见的还原剂一般是一些氧化态容易升高的物质,如 Na、Mg、Al 和 Zn 等活泼的金属,以及氧化态低的离子或化合物,如 S^{2-}、KI、$SnCl_2$ 和 $FeSO_4$ 等。

7.1.3 氧化还原反应方程式的配平

氧化还原反应往往比较复杂,参加反应的物质也比较多,直观不易配平,所以有必要介绍一下该类反应的配平。氧化还原反应方程式的配平常用的有氧化态法、离子-电子法。本章主要介绍氧化态法。

氧化态法配平原则:①根据氧化还原反应中氧化剂和还原剂的氧化态变化总数相等的原则,确定氧化剂和还原剂化学式前面的系数;②再根据质量守恒原则配平非氧化还原部分的原子数目。

具体的配平步骤以 S 与稀 HNO_3 反应为例介绍如下：

(1) 确定反应产物及反应条件，写出反应物和生成物的化学式。

$$S + HNO_3 \longrightarrow SO_2 + NO + H_2O$$

(2) 标出氧化态有变化的元素的氧化态，求出元素原子氧化态降低值与元素原子氧化态升高值。

S 的氧化态升高 4

$$\overset{0}{S} + H\overset{+5}{N}O_3 \longrightarrow \overset{+4}{S}O_2 + \overset{+2}{N}O + H_2O$$

N 的氧化态降低 3

(3) 根据氧化剂和还原剂的氧化态变化总数相等的原则，求出两者变化值的最小公倍数，各元素原子氧化态的变化值乘以相应系数。

4×3

$$\overset{0}{S} + H\overset{+5}{N}O_3 \longrightarrow \overset{+4}{S}O_2 + \overset{+2}{N}O + H_2O$$

3×4

则：

$$3S + 4HNO_3 \longrightarrow 3SO_2 + 4NO + H_2O$$

(4) 用观察法配平氧化态未改变的元素原子数目，并核对反应前后各元素的原子总数是否相等。若相等，则将箭头改为等号，得到配平的氧化还原方程式：

$$3S + 4HNO_3 = 3SO_2 + 4NO + 2H_2O$$

氧化态法的优点是简单、快速，既适用于水溶液中的氧化还原反应，也适用于非水体系中的氧化还原反应。

【例 7-2】 配平 $KMnO_4$ 与 K_2SO_3 在稀硫酸溶液中生成 $MnSO_4$ 和 K_2SO_4 的反应方程式。

解：(1) 写出反应物和生成物的化学式。

$$KMnO_4 + K_2SO_3 + H_2SO_4(稀) \longrightarrow MnSO_4 + K_2SO_4$$

(2) 标明氧化态有变化的元素在反应前后的升降值，求出最小公倍数并乘以相应系数。

Mn 的氧化态降低 5×2

$$K\overset{+7}{Mn}O_4 + K_2\overset{+4}{S}O_3 + H_2SO_4(稀) \longrightarrow \overset{+2}{Mn}SO_4 + K_2\overset{+6}{S}O_4$$

S 的氧化态升高 2×5

则：

$$2KMnO_4 + 5K_2SO_3 + H_2SO_4(稀) \longrightarrow 2MnSO_4 + 5K_2SO_4$$

(3) 配平反应前后氧化态没有变化的原子数，一般先配平除氢和氧以外的其他原子数，然后再检查两边的氢原子数,必要时加水分子进行平衡。

上式中左边有 12 个 K 原子,而右边只有 10 个 K 原子,所以右边应加上 1 个 K_2SO_4 分子;为使方程式两边 SO_4^{2-} 的数目相等,左边需要 3 分子 H_2SO_4,这样方程式左边有 6 个 H 原子,所以右边应加上 3 个 H_2O 分子,然后再逐一检查各原子反应前后是否相等。即:

$$2KMnO_4+5K_2SO_3+3H_2SO_4(稀) = 2MnSO_4+6K_2SO_4+3H_2O$$

【例 7-3】 配平 $KMnO_4$ 与 K_2SO_3 在碱性溶液中生成 K_2MnO_4 和 K_2SO_4 的反应方程式。

解:

Mn 的氧化态降低 1×2

$$K\overset{+7}{Mn}O_4+K_2\overset{+4}{S}O_3 \longrightarrow K_2\overset{+6}{Mn}O_4+K_2\overset{+6}{S}O_4$$

S 的氧化态升高 2×1

则:

$$2KMnO_4+K_2SO_3 \longrightarrow 2K_2MnO_4+K_2SO_4$$

由上式可见,左边 4 个 K^+,右边 6 个 K^+,而且左边 O^{2-} 比反应方程式的右边少 1 个,而且在碱性介质中反应,2 个 KOH 可提供 2 个 K^+、1 个 O^{2-},多出来的 1 个 O^{2-} 刚好和 $2H^+$ 生成 1 个 H_2O($2OH^- \longrightarrow O^{2-}+H_2O$)。最后检查方程式两边原子数目是否相等,则配平后的方程式为:

$$2KMnO_4+K_2SO_3+2KOH = 2K_2MnO_4+K_2SO_4+H_2O$$

【例 7-4】 配平 $KMnO_4$ 与 K_2SO_3 在中性溶液中生成 MnO_2 和 K_2SO_4 的反应方程式。

解:

Mn 的氧化态降低 3×2

$$K\overset{+7}{Mn}O_4+K_2\overset{+4}{S}O_3 \longrightarrow \overset{+4}{Mn}O_2+K_2\overset{+6}{S}O_4$$

S 的氧化态升高 2×3

$$2KMnO_4+3K_2SO_3 \longrightarrow 2MnO_2+3K_2SO_4$$

由上式可知,左边比右边多 1 个 O^{2-}、2 个 K^+,又在中性介质中反应,所以多出来的 O^{2-} 结合 1 个 H_2O 生成 2 个 OH^-,而 2 个 OH^- 结合 2 个 K^+ 则生成 2 个 KOH,刚好左右两边的 K^+ 也相等。最后检查方程式两边原子数目是否相等,因此配平后的方程式为:

$$2KMnO_4+3K_2SO_3+H_2O = 2MnO_2+3K_2SO_4+2KOH$$

综上分析,配平方程式时,要注意以下几点:

(1) 酸性介质中的反应不出现碱,碱性介质中的反应不出现酸,中性介质中的产物应是 H_2O,可能有酸碱出现。

(2) 对于有含氧酸参加的氧化还原反应,当配平氧化态有变化的原子之后,如果反应物中的氧原子数多了,由氢原子(酸性介质中)或 H_2O(中性介质)结合:

$$O^{2-}+2H^+ \longrightarrow H_2O \quad (酸性介质)$$

$$O^{2-}+H_2O \longrightarrow 2OH^- \quad (中性介质)$$

当反应物中的氧原子数少了，应加碱（碱性介质）或 H_2O（中性介质）：

$$2OH^- \longrightarrow O^{2-} + H_2O \quad （碱性介质）$$
$$H_2O \longrightarrow O^{2-} + 2H^+ \quad （中性介质）$$

7.2　原电池

7.2.1　原电池的组成

把一块锌片放入硫酸铜溶液中会自发地发生氧化还原反应，观察到锌片慢慢地溶解，红色铜不断析出在锌片上。

$$Zn + Cu^{2+} \rightleftharpoons Zn^{2+} + Cu$$

显然在反应中发生了电子转移，电子从 Zn 原子直接转移给 Cu^{2+}。由于电子的转移是通过微粒的热运动而发生有效碰撞的结果，分子热运动是无序的，因而不能形成电流。伴随着氧化还原反应的进行，溶液温度会有所升高，即反应中放出的化学能转变为热能。

若能利用一种装置，使 $CuSO_4$ 不直接从 Zn 片上获得电子，而是让 Zn 片上的电子经过金属导线再传给 Cu^{2+}，使氧化还原反应中的氧化反应和还原反应分别在两处进行，就可以把化学能转变成电能。

1863 年，J. E. Daniell 将锌片插入 $ZnSO_4$ 溶液中，将铜片插入 $CuSO_4$ 溶液中，两个烧杯中间用充满含有饱和 KCl 溶液的琼脂胶冻做盐桥联通，用金属导线把两个金属片和检流计连接起来，就可以观察到检流计指针发生偏转，说明导线中有电流通过。从检流计指针偏转的方向，可以确定电子从 Zn 片流向 Cu 片，这样反应时所释放的化学能就转变为电能。

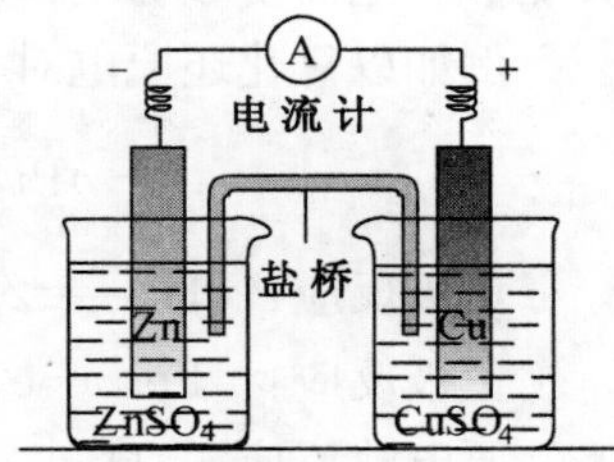

图 7-1　铜-锌原电池

这种借助氧化还原反应将化学能转变为电能的装置，称为原电池。铜锌电池又称为丹尼尔电池。

原电池由两个半电池和盐桥组成。电子流出的一极称为负极，负极上失去电子，发生氧化反应；电子流入的一极称为正极，正极上得到电子，发生还原反应。两极上发生的反应称为电极反应。又因每一个电极是原电池的一半，故电极反应又称为半电池反应。原电池的两极所发生的总的氧化还原反应称为电池反应。

以丹尼尔电池为例，电极反应（半电池反应）为：

锌片（负极，发生氧化反应）：$Zn \rightleftharpoons Zn^{2+} + 2e^-$

铜片（正极，发生还原反应）：$Cu^{2+} + 2e^- \rightleftharpoons Cu$

总的电池反应：$Zn + Cu^{2+} \rightleftharpoons Zn^{2+} + Cu$

任何一个氧化还原反应都是由两个半反应组成，一个是氧化剂被还原的半反应，一个是还原剂被氧化的半反应。例如上述铜锌电池就是由两个半反应组成的。在半反应中，同一元素的两个不同氧化态的物质组成一个氧化还原电对，简称电对。电对中，氧化态高的称为氧化型，用符号 Ox 表示；氧化态低的称为还原型，用符号 Red 表示。通常电对表示为 Ox/

Red(或氧化型/还原型)。Zn 半电池的电对可表示为 Zn^{2+}/Zn，Cu 半电池的电对可表示为 Cu^{2+}/Cu。

在氧化还原电对中，氧化型物质与还原型物质之间存在下列转化关系：

$$Ox + ne^- \rightleftharpoons Red$$

式中：n 为电子的计量系数。

原电池中的盐桥是一支倒置的 U 型管，管内充满了用饱和 KCl 溶液和琼脂调制成的胶冻。盐桥的作用就是使整个装置形成一个回路，使锌盐和铜盐溶液一直维持电中性，从而使电子不断地从锌极流向铜极，使反应可以持续进行而产生电流。

7.2.2 原电池的表示方法

电化学中常采用特定方式(原电池符号)表示原电池。例如，Cu-Zn 原电池可以表示为：

$$(-)Zn|Zn^{2+}(c_1)\parallel Cu^{2+}(c_2)|Cu\ (+)$$

习惯上把负极写在左边，正极写在右边，并用"+""-"标明正极、负极，以"|"表示两相之间的界面，以"‖"表示盐桥，盐桥两侧是两个电极的电解质溶液。若溶液中存在几种离子时，离子间用逗号隔开。必须标明溶液的浓度或活度，c 表示溶液的浓度(气体以分压 p 表示)。如果组成电极的物质中没有电极导体，则需外加一惰性电极作为导体。惰性电极是一种能够导电而不参与电极反应的导体，如铂、石墨电极等。

例如以氧化还原电对 H^+/H_2 和 Fe^{3+}/Fe^{2+} 组成原电池：

$$(-)Pt|H_2(p)|H^+(c_1)\parallel Fe^{2+}(c_2),\ Fe^{3+}(c_3)|Pt(+)$$

负极反应：　$H_2 \rightleftharpoons 2H^+ + 2e^-$　　氧化反应

正极反应：　$Fe^{3+} + e^- \rightleftharpoons Fe^{2+}$　　还原反应

原电池反应：　$H_2 + 2Fe^{3+} \rightleftharpoons 2H^+ + 2Fe^{2+}$

又如以锌电极与氢电极组成原电池，该电池的符号为：

$$(-)Zn|ZnSO_4(c_1)\parallel H_2SO_4(c_2)|H_2(p)|Pt(+)$$

7.3 电极电势

7.3.1 电极电势的产生和电池的电动势

7.3.1.1 电极电势的产生

在原电池中，两个电极用导线连接后就有电流产生，这说明两个电极之间存在一定的电势差。例如测定 Cu-Zn 原电池电流时，检流计的指针总是指示一个偏转方向，即电子由 Zn 到 Cu，为什么不是相反方向呢？这是因为锌电极的电势比铜电极的电势更负。那么，电极电势差是如何产生的？为什么锌、铜电极的电势会不同呢？

这与金属和其盐溶液之间的相互作用有关。当把金属浸入其金属离子的盐溶液时，在金属与其盐溶液的接触界面就会发生两个不同的过程。一个是金属表面的阳离子受极性水分子的吸引而进入溶液：

$$M \longrightarrow M^{n+}(aq) + ne^-$$

另一个是溶液中的水合金属离子由于碰到金属表面，受自由电子的吸引而重新沉积在金属表面：

$$M^{n+}(aq) + ne^- \longrightarrow M$$

金属开始溶解时，溶液中金属离子浓度较小，溶解趋势占上峰。但是当 M^{n+} 不断脱离金属表面进入溶液时，金属表面负电荷增多，M^{n+} 沉积到金属表面的速度也不断地增加。当 M^{n+} 达到一定的浓度后，M^{n+} 再向溶液中转移会遇到困难，速度逐步下降。到一定的时候，当这两种方向相反的过程进行的速率相等时，即达到动态平衡：

$$M^{n+}(aq) + ne^- \rightleftharpoons M$$

如果金属越活泼或溶液中金属离子浓度越小，金属溶解的趋势将大于溶液中金属离子沉积到金属表面的趋势，达到平衡时，金属表面带负电荷，靠近金属表面附近的溶液带正电荷，如图 7-2(a)所示。反之，如果金属越不活泼或溶液中金属离子浓度越大，金属溶解的趋势将小于金属离子沉积的趋势，达到平衡时，金属表面带正电荷，而金属附近的溶液带负电荷，如图 7-2(b)所示。这时在金属与其盐溶液之间就产生电势差。这种产生于金属表面与其金属离子的盐溶液之间的电势差，称为金属的电极电势，用符号“E”表示。金属的活泼性及其盐溶液的浓度、温度不同，金属的电极电势不同。

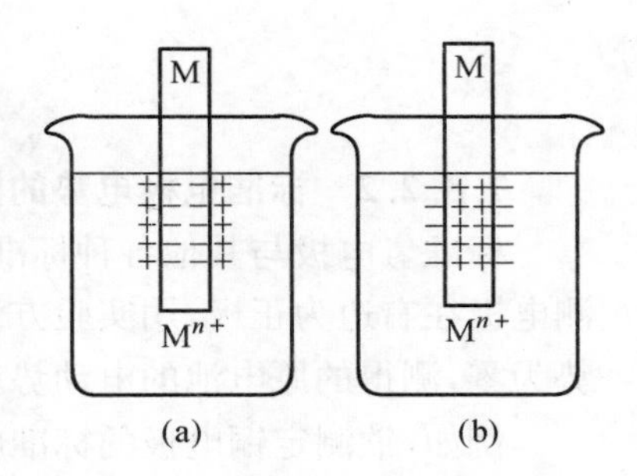

图 7-2　金属电极电势的产生

7.3.1.2　原电池的电动势

电池的两极用导线连接时有电流通过，说明两极之间存在电势差。当用盐桥将两个电极的溶液联通时，若认为两溶液之间的电势差被消除，则两电极的电极电势之差即两极板之间的电势差，表示原电池的电动势。

原电池中，电极电势大的电极为正极，电极电势小的电极为负极。原电池的电动势是在外电路电流趋于零的情况下，由正极的电极电势减去负极的电极电势而求得：

$$E = E_{(+)} - E_{(-)} \tag{7-1}$$

7.3.2　标准电极电势及其测定

前面提及当离子浓度、温度等因素一定时，电极的电势高低主要取决于金属活泼性的大小。那么可以设想，如果测量出金属电极的电势大小，则可以比较金属及其离子在溶液中得失电子能力的强弱，从而判别溶液中氧化剂、还原剂的强弱。

如何测定电极的电势？电极电势的绝对值迄今仍无法测量，然而为了比较氧化剂和还原剂的相对强弱，可以采用电极的相对电势值。通常所说的某电极的“电极电势”就是相对电极电势。为了获得各种电极电势差的相对大小，必须选用一个通用的标准电极。譬如说，

测量山高海拔多少米,是将海的平均水平面定作零。测量电极电势,1953 年 IUPAC 建议采用标准氢电极作为比较的标准,将其电势定为零。

7.3.2.1　标准氢电极

标准氢电极是将镀有一层海绵状铂黑的铂片浸入 H^+ 浓度为1 $mol \cdot L^{-1}$ 的酸溶液中,在 298.15 K 时不断通入压力为 100 kPa 的纯氢气,使铂黑吸附 H_2 至饱和,此时铂片就像用氢气制成的电极一样,如图 7-3 所示(铂片在标准氢电极中只是作为电子的导体和 H_2 的载体,它并不参与反应)。于是被铂黑吸附的 H_2 与溶液中的 H^+ 建立了动态平衡:

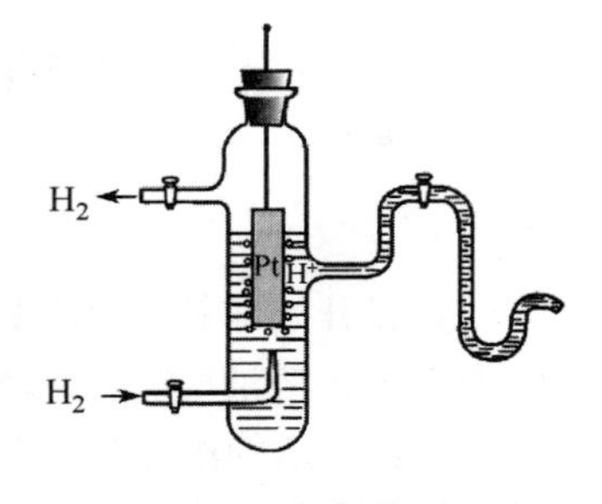

图 7-3　标准氢电极

$$2H^+ + 2e^- \rightleftharpoons H_2$$

此标准氢电极的电极电势规定为零,即:

$$E^{\ominus}(H^+/H_2) = 0.000\,0\ V$$

7.3.2.2　标准电极电势的测定

标准氢电极与其他各种标准状态下的电极组成原电池,标准氢电极定在左边为负极,待测电极在右边为正极,用实验方法测得这个原电池的电动势数值;由于标准氢电极的电极电势为零,测得的原电池的电动势就是该电极的标准电极电势。

例如,欲测定铜电极的标准电极电势,可将标准铜电极 $Cu^{2+}(1\ mol \cdot L^{-1})|Cu$ 与标准氢电极 $Pt|H_2(100\ kPa)|H^+(1\ mol \cdot L^{-1})$ 组成下列原电池:

$$(-)Pt|H_2(100\ kPa)|H^+(1\ mol \cdot L^{-1}) \parallel Cu^{2+}(1\ mol \cdot L^{-1})|Cu(+)$$

298.15 K 下,实际测得该电池的标准电动势 $E^{\ominus}$ 为 0.341 9 V,即 $E^{\ominus}(Cu^{2+}/Cu) = 0.341\,9$ V。

$$E^{\ominus} = E^{\ominus}_{(+)} - E^{\ominus}_{(-)} = E^{\ominus}(Cu^{2+}/Cu) - E^{\ominus}(H^+/H_2)$$
$$0.341\,9 = E^{\ominus}(Cu^{2+}/Cu) - 0$$
$$E^{\ominus}(Cu^{2+}/Cu) = 0.341\,9\ V$$

实际工作中,使用标准氢电极很不方便,所以通常用甘汞电极来代替标准氢电极,这种电极称为参比电极。饱和甘汞电极的电极电势为 0.268 1 V。甘汞电极的电极反应为:

$$Hg_2Cl_2(s) + 2e^- \rightleftharpoons 2Hg(l) + 2Cl^-(aq)$$

7.3.2.3　标准电极电势表

用类似上述测定铜电极标准电极电势的方法,可以测得其他电对的标准电极电势。按电极电势的代数值递增顺序排列形成的表格,称为标准电极电势表。附录 F 中列出了 298.15 K时一些常用电对的标准电极电势的数据。该表分酸表和碱表,现摘录部分数据于表 7-1 和表 7-2 中。

表 7-1　部分电对在酸性溶液中的标准电极电势(298.15 K, pH=0)

	氧化型$+ne^-\rightleftharpoons$还原型	$E^{\ominus}$/V	
氧化型的氧化能力增强（↓）	$Li^+ + e^- \rightleftharpoons Li$	−3.040	还原型的还原能力增强（↑）
	$Na^+ + e^- \rightleftharpoons Na$	−2.71	
	$Mg^{2+} + 2e^- \rightleftharpoons Mg$	−2.372	
	$Mn^{2+} + 2e^- \rightleftharpoons Mn$	−1.185	
	$Zn^{2+} + 2e^- \rightleftharpoons Zn$	−0.761 8	
	$Fe^{2+} + 2e^- \rightleftharpoons Fe$	−0.447	
	$Cd^{2+} + 2e^- \rightleftharpoons Cd$	−0.403	
	$2H^+ + 2e^- \rightleftharpoons H_2$	0	
	$I_2 + 2e^- \rightleftharpoons 2I^-$	0.535 5	
	$Ag^+ + e^- \rightleftharpoons Ag$	0.799 6	
	$MnO_4^- + 8H^+ + 5e^- \rightleftharpoons Mn^{2+} + 4H_2O$	1.51	
	$F_2 + 2e^- \rightleftharpoons 2F^-$	2.866	

表 7-2　部分电对在碱性溶液中的标准电极电势(298.15 K, pH=14)

	氧化型$+ne^-\rightleftharpoons$还原型	$E^{\ominus}$/V	
氧化型的氧化能力增强（↓）	$Ca(OH)_2 + 2e^- \rightleftharpoons Ca + 2OH^-$	−3.02	还原型的还原能力增强（↑）
	$Mg(OH)_2 + 2e^- \rightleftharpoons Mg + 2OH^-$	−2.690	
	$SiO_3^{2-} + 3H_2O + 4e^- \rightleftharpoons Si + 6OH^-$	−1.697	
	$2H_2O + 2e^- \rightleftharpoons H_2 + 2OH^-$	−0.827 7	
	$2SO_3^{2-} + 3H_2O + 4e^- \rightleftharpoons S_2O_3^{2-} + 6OH^-$	−0.576	
	$NO_2^- + H_2O + e^- \rightleftharpoons NO + 2OH^-$	−0.46	
	$S + 2e^- \rightleftharpoons S^{2-}$	−0.407	
	$CrO_4^{2-} + 4H_2O + 3e^- \rightleftharpoons [Cr(OH)_4]^- + 4OH^-$	−0.13	
	$Co(OH)_3 + e^- \rightleftharpoons Co(OH)_2 + OH^-$	0.17	
	$O_2 + 2H_2O + 4e^- \rightleftharpoons 4OH^-$	0.401	
	$MnO_4^{2-} + 2H_2O + 2e^- \rightleftharpoons MnO_2 + 4OH^-$	0.60	
	$ClO^- + H_2O + 2e^- \rightleftharpoons Cl^- + 2OH^-$	0.841	

使用标准电极电势表时，应注意以下几点：

(1) 按照国际惯例，所有半电池反应一律写成还原反应的形式：

$$Fe^{3+} + e^- \rightleftharpoons Fe^{2+}$$

它表示电对中氧化型物质获得电子被还原趋势的程度，因此称为还原电势。

(2) 标准电极电势值与电极反应中各物质的计量系数无关。例如：

$$Fe^{3+}+e^- \rightleftharpoons Fe^{2+} \qquad E^{\ominus}=0.771\ V$$

$$2Fe^{3+}+2e^- \rightleftharpoons 2Fe^{2+} \qquad E^{\ominus}=0.771\ V$$

(3) 表中的数值适用于常温下水溶液中的电极反应，不适用于非水溶液。

(4) 该表为 298.15 K 时的标准电极电势。因为电极电势随温度的变化不大，所以，在室温下一般均可应用表中数据。

(5) 根据电对及其反应介质的性质，确定查酸表或碱表：

① 在电极反应中，H^+ 无论在反应物或产物中出现，皆查酸表；

② 在电极反应中，OH^- 无论在反应物或产物中出现，皆查碱表；

③ 若电极反应中无 H^+ 和 OH^- 出现，从存在状态考虑。例如，电对 Fe^{3+}/Fe^{2+}，由于 Fe^{3+} 和 Fe^{2+} 只能在酸性溶液中存在，故查酸表。又如 ZnO_2^{2-}/Zn，只能在强碱性溶液中存在，故查碱表。另外，没有介质参与电极反应的电势也列在酸表中，如 $Cl_2+2e^- \rightleftharpoons 2Cl^-$，应查酸表。

7.3.3　影响电极电势的因素

电极电势不仅取决于电极的性质，还与温度和溶液中离子的浓度、气体的分压有关。对于任何给定的电极，其电极电势与两物质的浓度及温度的关系遵循能斯特方程式：

$$a\,\text{氧化型}+ne^- \rightleftharpoons b\,\text{还原型}$$

$$E=E^{\ominus}-\frac{RT}{nF}\ln\frac{[\text{还原型}]^b}{[\text{氧化型}]^a} \tag{7-2}$$

式中：E 为电对在某一浓度时的电极电势；$E^{\ominus}$ 为电对的标准电极电势；$[\text{氧化型}]^a$、$[\text{还原型}]^b$ 分别表示电极反应中在氧化型、还原型一侧各物质的相对浓度幂的乘积，如果是气体用相对分压；相对浓度的幂 a、b 等于它们各自在电极反应中的化学计量系数；R 为摩尔气体常数（$8.314\ J\cdot mol^{-1}\cdot K^{-1}$）；$K$ 为热力学温度；F 为法拉第常数（$96\ 486\ C\cdot mol^{-1}$）；n 为电极反应式中转移的电子数。

如果将能斯特方程式中自然对数改为常用对数，把数值代入式(7-2)中，在 298.15 K 时，则有：

$$E=E^{\ominus}-\frac{0.059\ 2}{n}\lg\frac{[\text{还原型}]^b}{[\text{氧化型}]^a} \tag{7-3}$$

【例 7-5】 计算 298.15 K 下，$c(Zn^{2+})=0.1\ mol\cdot L^{-1}$ 时 $E(Zn^{2+}/Zn)$ 的值。

解：电极反应　　$Zn^{2+}+2e^- \rightleftharpoons Zn$

$$E(Zn^{2+}/Zn)=E^{\ominus}(Zn^{2+}/Zn)-\frac{0.059\ 2}{2}\lg\frac{[Zn]}{[Zn^{2+}]}=-0.761\ 8-\frac{0.059\ 2}{2}\lg\frac{1}{0.1}$$

$$=-0.791\ 4\ V$$

【例 7-6】 计算 $c(H^+)=10^{-7}\ mol\cdot L^{-1}$，$p(H_2)=100\ kPa$ 时，电对 H^+/H_2 的电极电势（$p^{\ominus}=100\ kPa$）。

解:电极反应 $2H^+ + 2e^- \rightleftharpoons H_2$

$c(H^+)=10^{-7}\ mol \cdot L^{-1}$,$[H^+]=10^{-7}$

$p(H_2)=100\ kPa$,$p^{\ominus}=100\ kPa$,$[p(H_2)]=\frac{100}{100}=1$

$$E(H^+/H_2)=E^{\ominus}(H^+/H_2)-\frac{0.059\ 2}{2}\lg\frac{[p(H_2)]}{[H^+]^2}=0-\frac{0.059\ 2}{2}\lg\frac{1}{(10^{-7})^2}$$

$$=-\frac{0.059\ 2}{2}\times 14=-0.414\ V$$

【例7-7】 若$c(Cr_2O_7^{2-})=c(Cr^{3+})=1\ mol \cdot L^{-1}$,$c(H^+)=10^{-6}$时,求电对$Cr_2O_7^{2-}/Cr^{3+}$的电极电势。

解:电极反应 $Cr_2O_7^{2-}+14H^+ +6e^- \rightleftharpoons 2Cr^{3+}+7H_2O$

$$E(Cr_2O_7^{2-}/Cr^{3+})=E^{\ominus}(Cr_2O_7^{2-}/Cr^{3+})-\frac{0.059\ 2}{6}\lg\frac{[Cr^{3+}]^2}{[Cr_2O_7^{2-}][H^+]^{14}}$$

$$=1.36-\frac{0.059\ 2}{6}\lg\frac{1}{1\times(10^{-6})^{14}}=0.531\ V$$

由上可见,离子浓度对电极电势虽有影响,但影响一般不大;若H^+或OH^-也参与了电极反应,那么溶液的酸度往往对电对的电极电势有较大的影响。

7.4 电极电势的应用

7.4.1 判断氧化剂和还原剂的相对强弱

电极电势代数值的大小反映了电对中氧化型物质得电子和还原型物质失电子能力的强弱,因此,根据电极电势代数值的相对大小,可以比较氧化剂或还原剂的相对强弱。

电对的电极电势越大,就意味着电对中氧化型物质越易得电子,是越强的氧化剂;而对应的还原型物质越难失电子,则是越弱的还原剂。反之,电对的电极电势越小,电对中还原型物质越易失电子,是越强的还原剂;而对应的氧化型物质越难得电子,则是越弱的氧化剂。

【例7-8】 比较Sn^{2+}/Sn、Cl_2/Cl^-、I_2/I^-电对中氧化型物质的氧化性及还原型物质的还原性的相对强弱。

解:查表得

电极	电极反应	$E^{\ominus}/V$
Sn^{2+}/Sn	$Sn^{2+}+2e^- \rightleftharpoons Sn$	−0.137 5
I_2/I^-	$I_2+2e^- \rightleftharpoons 2I^-$	0.535 5
Cl_2/Cl^-	$Cl_2+2e^- \rightleftharpoons 2Cl^-$	1.358

电对Cl_2/Cl^-的$E^{\ominus}$值最大,说明其氧化型物质Cl_2是最强的氧化剂。电对Sn^{2+}/Sn的

$E^{\ominus}$值最小,说明其还原型物质 Sn 是最强的还原剂。因此,氧化型物质的氧化能力的顺序为:

$$Cl_2 > I_2 > Sn^{2+}$$

各还原型物质的还原能力的顺序为:

$$Sn > I^- > Cl^-$$

用电极电势的大小来比较氧化剂和还原剂的相对强弱时,要考虑浓度及 pH 值等因素的影响。当电对处于非标准状态下,且各电对的标准电极电势相差不大时,必须利用能斯特方程计算出各电对的电极电势,然后再进行比较。当各电对的标准电极电势相差较大(一般大于 0.3 V)时,可以直接利用标准电极电势进行比较。

7.4.2 判断氧化还原反应进行的方向

在标准状态下,标准电极电势较大的电对的氧化型能氧化标准电极电势较小的电对的还原型。因此,在标准电极电势表中,氧化还原反应发生的方向,是右上方的还原型与左下方的氧化型作用。可以通俗地总结成:“对角线方向相互反应。”

判断氧化还原反应方向的根据是什么?将电池反应分解为两个电极反应,反应物中还原剂的电对做负极,反应物中氧化剂的电对做正极。当负极的电势更负,正极的电势更正,电子就可以自动地由负极流向正极;或者说,电流能自动地由正极流向负极。负极的还原型能将电子自动地给予正极的氧化型,电池电动势必须为正,即 $E > 0$,反应就能自动向右进行。

【例 7-9】 电子工业中制造印刷电路板,采用 $FeCl_3$溶液腐蚀铜箔,试问在标准状态下此反应能否自发向右进行?

解:反应方程式为　　$2FeCl_3 + Cu \rightleftharpoons 2FeCl_2 + CuCl_2$

查表得　　正极:$E^{\ominus}(Fe^{3+}/Fe^{2+}) = 0.771\ V$

负极:$E^{\ominus}(Cu^{2+}/Cu) = 0.342\ V$

$$E^{\ominus} = E^{\ominus}(Fe^{3+}/Fe^{2+}) - E^{\ominus}(Cu^{2+}/Cu) = 0.771 - 0.342 = 0.429\ V$$

$E^{\ominus} > 0$,在标准状态下该反应能自发向右进行。

【例 7-10】 判断下列反应:

$$Pb^{2+} + Sn \rightleftharpoons Pb + Sn^{2+}$$

(1) 在标准状态下;(2)$c(Sn^{2+}) = 1.0\ mol \cdot L^{-1}$, $c(Pb^{2+}) = 0.10\ mol \cdot L^{-1}$ 时,能否自发向右进行?

解:(1) 查表可知 $E^{\ominus}(Sn^{2+}/Sn) = -0.138\ V$, $E^{\ominus}(Pb^{2+}/Pb) = -0.126\ V$

$$E^{\ominus} = E^{\ominus}(Pb^{2+}/Pb) - E^{\ominus}(Sn^{2+}/Sn) = -0.126 - (-0.138) = 0.012\ V > 0$$

所以在标准状态下,该反应能自发向右进行。

(2) 当 $c(Pb^{2+})=0.10\ mol \cdot L^{-1}$时,$Pb^{2+}$处于非标准状态,其正极 Pb^{2+}/Pb 电对的电

极电势为：

$$E_{(+)}=E^{\ominus}(Pb^{2+}/Pb)-\frac{0.0592}{2}\lg\frac{[Pb]}{[Pb^{2+}]}=-0.126-\frac{0.0592}{2}\lg\frac{1}{0.10}$$
$$=-0.156\ V$$

负极 Sn^{2+}/Sn 电对中 $c(Sn^{2+})=1.0\ mol\cdot L^{-1}$，处于标准状态，所以：

$$E_{(-)}=E^{\ominus}(Sn^{2+}/Sn)=-0.138\ V$$
$$E=E_{(+)}-E_{(-)}=-0.156-(-0.138)=-0.018\ V<0$$

所以此条件下该反应自发向左进行。

由上例可知，当两个电对的标准电极电势相差不大时，各物质浓度的变化对反应的方向起着决定性的作用。

7.4.3　元素电势图的表示方法及应用(选学)

许多元素常具有多种氧化态，同一元素的不同氧化态物质，其氧化或还原能力是不同的。将某种元素的不同氧化态物质，从左到右按氧化态由高到低的顺序排成一行，每两个物质间用直线连接表示一个电对，并在直线上标明此电对的标准电极电势的数值，称为元素标准电极电势图(简称元素电势图)。

这种表示元素各种氧化态物质之间标准电极电势变化的关系图，清楚地表明了同种元素的不同氧化态物质的氧化、还原能力的相对大小。根据介质的酸碱性不同，元素电势图又分为酸性介质和碱性介质两种。例如，在标态下，酸性溶液中氧元素的电势图如下：

$$E_A^{\ominus}/V\qquad O_2\xrightarrow{0.695}H_2O_2\xrightarrow{1.776}H_2O\quad(O_2\xrightarrow{1.229}H_2O)$$

碱性溶液中氧元素的电势图为：

$$E_B^{\ominus}/V\qquad O_2\xrightarrow{-0.076}HO_2^-\xrightarrow{0.878}OH^-\quad(O_2\xrightarrow{0.401}OH^-)$$

在氧化还原反应中，有些元素的氧化态可以同时向较高和较低的氧化态转变，这种反应称为歧化反应。利用元素电势图可以判断物质的歧化反应能否发生。

根据铜元素在酸性溶液中有关电对的标准电极电势，画出它的电势图，并推测在酸性溶液中 Cu^+ 能否发生歧化反应。

在酸性溶液中，铜元素的电势图为：

$$E_A^{\ominus}/V\qquad Cu^{2+}\xrightarrow{0.153}Cu^+\xrightarrow{0.521}Cu$$

铜的电势图所对应的电极反应为：

$$Cu^{2+}+e^-\rightleftharpoons Cu^+\qquad E^{\ominus}=0.153\ V\qquad ①$$

$$Cu^++e^-\rightleftharpoons Cu\qquad E^{\ominus}=0.521\ V\qquad ②$$

②－①，得　　$$2Cu^{+} \rightleftharpoons Cu^{2+} + Cu \quad ③$$

$$E^{\ominus} = E^{\ominus}(Cu^{+}/Cu) - E^{\ominus}(Cu^{2+}/Cu^{+}) = 0.521 - 0.153 = 0.368\ V$$

$E^{\ominus} > 0$，反应③能从左向右进行，说明 Cu^{+} 在酸性溶液中不稳定，能够发生歧化反应。

推广到一般情况，如某元素的电势图如下：

$$M_3 \xrightarrow{E^{\ominus}_{左}} M_2 \xrightarrow{E^{\ominus}_{右}} M_1$$

如果 $E^{\ominus}_{右} > E^{\ominus}_{左}$，即 $E^{\ominus}_{M_2/M_1} > E^{\ominus}_{M_3/M_2}$，则较强的氧化剂和较强的还原剂都是 M_2，所以 M_2 会发生歧化反应：

$$M_2 \longrightarrow M_1 + M_3$$

相反，如果 $E^{\ominus}_{右} < E^{\ominus}_{左}$，则标准状态下 M_2 不会发生歧化反应，而是 M_1 与 M_3 发生逆歧化反应，生成 M_2：

$$M_1 + M_3 \longrightarrow M_2$$

而且，$E^{\ominus}_{右}$ 和 $E^{\ominus}_{左}$ 的差值越大，歧化或逆歧化反应的趋势越大。这个就是判断元素歧化或逆歧化反应的依据。

7.5　化学电源(选学)

化学电源又称化学电池，是将化学能转变为电能的装置。从理论上讲，任何一个氧化还原反应都可以设计成一个原电池。但是，要制造一种真正有实用价值的电池并不那么简单。目前大家熟悉的商品化电池大致有以下几种：

7.5.1　干电池

锌锰干电池是最常见的化学电源。干电池的锌片外壳是负极，在电池工作时作为还原剂。中间的碳棒是正极，它的周围用石墨和 MnO_2 的混合物填充固定，正极和负极间装入 NH_4Cl 和 $ZnCl_2$ 的水溶液作为电解质。为了防止溢出，与浆糊制成糊状物；为了避免水的蒸发，干电池用蜡封好。干电池在使用时的电极反应为：

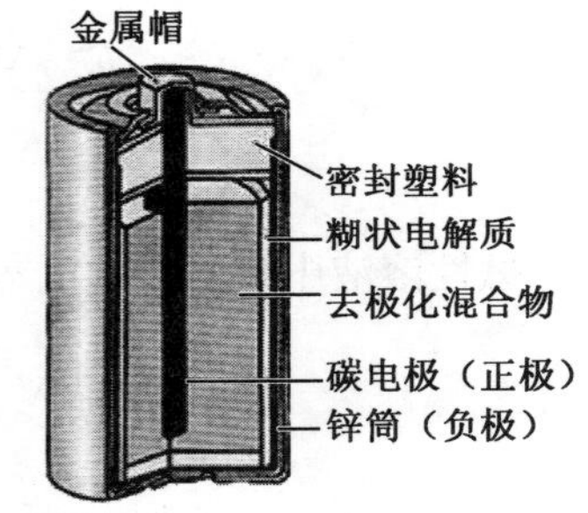

图 7-4　锌锰干电池结构示意图

碳极(正极)：

$$2NH_4^{+} + 2e^{-} \rightleftharpoons 2NH_3 + H_2$$

$$+)\ H_2 + 2MnO_2 \rightleftharpoons 2MnO(OH)$$

$$\overline{2NH_4^{+} + 2MnO_2 + 2e^{-} \rightleftharpoons 2NH_3 + 2MnO(OH)}$$

锌级(负极)：

$$Zn \rightleftharpoons Zn^{2+} + 2e^{-}$$

总反应：

$$Zn + 2MnO_2 + 2NH_4^{+} \rightleftharpoons 2MnO(OH) + 2NH_3 + Zn^{2+}$$

这种电池的电压大约为 1.5 V。这样的干电池是“一次”消耗电池，不能充电再生。为适应薄型电子计算器和集成电路对电池的需要，已研制成功一种超薄型电池。这种电池的正极为二氧化锰，负极是金属锂，厚度只有 0.5 cm，电压达 3 V，寿命长为 3～5 年。

7.5.2　蓄电池

蓄电池和干电池不同，可以通过数百次的充电和放电，反复作用。所谓充电，是使直流电通过蓄电池，使蓄电池内进行化学反应，把电能转化为化学能并积蓄起来。充完电的蓄电池，在使用时蓄电池内进行与充电时方向相反的电极反应，使化学能转变为电能，这一过程称为放电。

常用的蓄电池是铅蓄电池。铅蓄电池的电极采用铅锑合金制成的栅状极片，正极的极片上填充着 PbO_2，负极的极片上填塞着灰铅。这两组极片交替地排列在蓄电池中，并浸泡在 30％的 H_2SO_4（密度为 1.2 kg · L^{-1}）溶液中。

蓄电池放电时（即使用时），正极上的 PbO_2 被还原为 Pb^{2+}，负极上的 Pb 被氧化成 Pb^{2+}。Pb^{2+} 离子与溶液中的 SO_4^{2-} 离子作用，在正负极片上生成沉淀。反应为：

负极：　　$Pb + SO_4^{2-} \rightleftharpoons PbSO_4 + 2e^-$

正极：　　$PbO_2 + 4H^+ + SO_4^{2-} + 2e^- \rightleftharpoons PbSO_4 + 2H_2O$

随着蓄电池放电，H_2SO_4 的浓度逐渐降低，因为 1 mol Pb 参加反应，要消耗 2 mol H_2SO_4，生成 2 mol H_2O。当溶液的密度降低到 1.05 kg · L^{-1} 时，蓄电池应该进行充电。蓄电池充电时，外加电流使极片上的反应逆向进行。

阳极：$PbSO_4 + 2H_2O \rightleftharpoons PbO_2 + 4H^+ + SO_4^{2-} + 2e^-$

阴极：$PbSO_4 + 2e^- \rightleftharpoons Pb + SO_4^{2-}$

蓄电池经过充电，恢复原状，可再次使用。

蓄电池放电和充电的总反应为：

$$Pb + PbO_2 + 2H_2SO_4 \underset{\text{充电}}{\overset{\text{放电}}{\rightleftharpoons}} 2PbSO_4 + 2H_2O$$

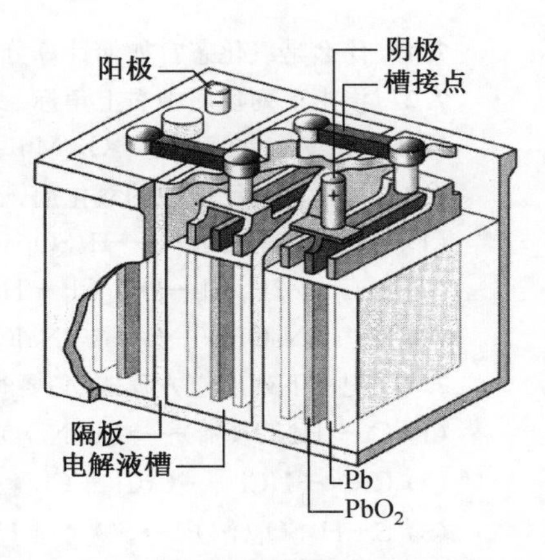

图 7-5　铅蓄电池结构示意图

铅蓄电池的主要优点是电压稳定、电容量较大、价格便宜，因此广泛地应用于国防、科研、交通、生产和生活中。

7.5.3　燃料电池

随着现代尖端技术的发展，迫切需要研制轻型、高能、长效和对环境不产生污染的新型化学电源，燃料电池就是其中之一。

燃料电池和其他电池中的氧化还原反应一样，都是一种自发的化学反应。目前如氢氧燃料电池已应用于宇宙飞船的潜艇中，它的基本反应是：

$$H_2 + \frac{1}{2}O_2 \rightleftharpoons H_2O$$

一般的热电厂采用燃料燃烧的能量来加热蒸气，带动发电机，能量转换成有用功的总效率最高为 35％～40％。而燃料电池则可以不受热机效率的限制，理论效率可达 100％，实用的燃料电池效率现已达 75％。因此，燃料电池是一种理想的、高效率的能源装置。

氢-氧燃料电池结构如图 7-6 所示,以多孔的镍电极为电池负极,多孔氧化镍覆盖的镍为正极,用多孔隔膜将电池分成三部分,中间部分盛有 70% KOH 溶液,左侧通入燃料 H_2,右侧通入氧化剂 O_2,气体通过隔膜,缓慢扩散到 KOH 溶液中并发生以下反应:

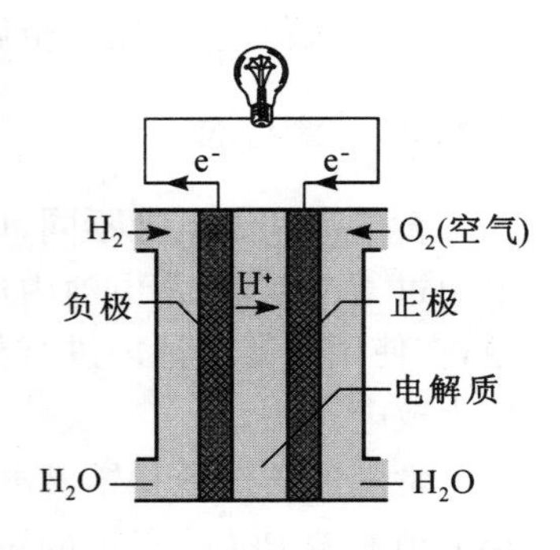

图 7-6　燃料电池结构示意图

正极:　$\frac{1}{2}O_2+H_2O+2e^- \rightleftharpoons 2OH^-$

负极:　$H_2+2OH^- \rightleftharpoons 2H_2O+2e^-$

总反应:　$H_2+\frac{1}{2}O_2 \rightleftharpoons H_2O$

燃料电池的突出优点是把化学能直接转变为电能而不经过热能这一中间形式,因此化学能的利用率很高,而且减少了环境污染。

习　题

7.1　什么是氧化态?如何计算分子或离子中元素的氧化态?

7.2　指出下列物质中右上角标 * 元素的氧化态:

KCl^*O_4;$As_2{}^*O_3$;$Cu_2{}^*O$;$Mn^*O_4^{2-}$;$Na_2S_4{}^*O_6$;$K_2Cr_2{}^*O_7$;Na_2S^*;$N_2{}^*H_4$。

7.3　指出下列反应中的氧化剂、还原剂以及它们相应的还原、氧化产物:

(1) $SO_2+I_2+2H_2O \longrightarrow H_2SO_4+2HI$

(2) $SnCl_2+2HgCl_2 \longrightarrow SnCl_4+Hg_2Cl_2$

(3) $3I_2+6NaOH \longrightarrow 5NaI+NaIO_3+3H_2O$

7.4　配平下列反应方程式(必要时可自加反应物和生成物):

(1) $Cu+HNO_3$(稀)$\longrightarrow Cu(NO_3)_2$

(2) $CrO_3+HCl \longrightarrow CrCl_3+Cl_2\uparrow$

(3) $S+H_2SO_4$(浓)$\longrightarrow SO_2\uparrow+H_2O$

(4) $KMnO_4+H_2O_2+H_2SO_4 \longrightarrow K_2SO_4+MnSO_4+O_2\uparrow+H_2O$

(5) $Fe+HNO_3 \longrightarrow Fe(NO_3)_3+N_2\uparrow+H_2O$

(6) $CuS+HNO_3 \longrightarrow NO\uparrow+S$

(7) Cl_2+NaOH(浓)$\longrightarrow NaCl+NaClO_3+H_2O$

(8) $FeS_2+O_2 \longrightarrow Fe_2O_3+SO_2$

(9) $K_2Cr_2O_7+KI+H_2SO_4 \longrightarrow I_2+Cr_2(SO_4)_3$

(10) $KMnO_4+KNO_2+H_2SO_4 \longrightarrow MnSO_4+KNO_3+K_2SO_4+H_2O$

7.5　标准状态下,反应 $Cr_2O_7^{2-}+6Fe^{2+}+14H^+ = 2Cr^{3+}+6Fe^{3+}+7H_2O$ 正向进行,则最强的氧化剂及还原剂分别为(　　)。

A. Fe^{3+},Cr^{3+}　　B. $Cr_2O_7^{2-}$,Fe^{2+}　　C. Fe^{3+},Fe^{2+}　　D. $Cr_2O_7^{2-}$,Cr^{3+}

7.6　反应 $4P+3KOH+3H_2O = 3KH_2PO_2+PH_3$ 中(　　)。

A. 磷仅被还原　　B. 磷仅被氧化

C. 磷既未被还原,也未被氧化　　D. 磷被歧化

7.7　以下电池反应对应的原电池符号为:(　　)。

$$PbSO_4+Zn \rightleftharpoons Zn^{2+}(0.02\ mol\cdot L^{-1})+Pb+SO_4^{2-}(0.1\ mol\cdot L^{-1})$$

A. (−)Zn|Zn^{2+}(0.02 mol·L^{-1})‖SO_4^{2-}(0.1 mol·L^{-1})|$PbSO_4$(s)|Pb(+)

B. (−)Pt|SO_4^{2-}(0.1 mol·L^{-1})|$PbSO_4$(s)‖Zn^{2+}(0.02 mol·L^{-1})|Zn(+)

C. (−)Zn^{2+}|Zn‖SO_4^{2-}|$PbSO_4$|Pt(+)

D. (−)Zn|Zn^{2+}(0.02 mol·L^{-1})|SO_4^{2-}(0.1 mol·L^{-1})|$PbSO_4$(s)|Pt(+)

7.8 已知$E_A^{\ominus}(Zn^{2+}/Zn)=-0.762$ V,$E_A^{\ominus}(Cu^{2+}/Cu)=0.342$ V。298 K时,在标准Zn-Cu原电池正极半电池中加入NaOH,那么原电池电动势(　　)。

A. 减小　　B. 不变　　C. 增大　　D. 无法确定

7.9 若下列反应在原电池中进行:

$$SnCl_2+2FeCl_3 \rightleftharpoons 2FeCl_2+SnCl_4$$

(1) 写出电池符号;(2)写出两极反应方程式,标明正负极;(3)计算电池的电动势。

7.10 计算下列半反应的电极电势:

(1) Sn^{2+}(0.01 mol·L^{-1})$+2e^- \rightleftharpoons$ Sn

(2) O_2(1.00 kPa)$+4H^+$(0.10 mol·L^{-1})$+4e^- \rightleftharpoons 2H_2O$(l)

(3) PbO_2(s)$+4H^+$(1.0 mol·L^{-1})$+2e^- \rightleftharpoons Pb^{2+}$(0.10 mol·$L^{-1}$)$+2H_2O$

7.11 求下列电池的电动势,并写出两极反应:

(1) Zn|Zn^{2+}(0.01 mol·L^{-1})‖Fe^{2+}(0.001 mol·L^{-1})|Fe

(2) Fe|Fe^{2+}(0.01 mol·L^{-1})‖Ni^{2+}(0.1 mol·L^{-1})|Ni

7.12 如果下列原电池的电动势是0.200 V:

$$(-)Cd|Cd^{2+}(x\ mol\cdot L^{-1})\|Ni^{2+}(2\ mol\cdot L^{-1})|Ni(+)$$

则Cd^{2+}浓度应该是多少?

7.13 已知　$MnO_4^-+8H^++5e^- \rightleftharpoons Mn^{2+}+4H_2O$　$E^{\ominus}=1.51$ V

$Fe^{3+}+e^- \rightleftharpoons Fe^{2+}$　$E^{\ominus}=0.771$ V

(1) 判断下列反应在标准态下能否发生?

$$MnO_4^-+Fe^{2+}+8H^+ \rightleftharpoons Mn^{2+}+Fe^{3+}+4H_2O$$

(2) 当$c(H^+)$为10.0 mol·L^{-1},其他各离子浓度均为1 mol·L^{-1}时,判断该反应能否自发进行?

7.14 在碱性溶液中,溴的标准电极电势图如下:

$$E_B^{\ominus}/V \quad BrO_3^- \xrightarrow{0.54} BrO^- \xrightarrow{0.45} \frac{1}{2}Br_2(l) \xrightarrow{1.07} Br^- \quad (BrO^- \to Br^-:\ 0.76)$$

问哪些离子能发生歧化反应?

第8章 原子结构与元素周期表

知识要点

（1）了解微观粒子的波粒二象性；了解波函数和原子轨道、电子云及概率密度的意义；理解电子云和原子轨道角度分布图。

（2）理解四个量子数的意义及关系。

（3）掌握核外电子排布遵循的三原则及全满、半满、全空原则，能写出基态原子的电子排布式。

（4）熟悉原子电子层结构与元素周期表的关系。

（5）掌握原子结构与有效电荷、原子半径、电离能、电子亲和能、电负性的周期性变化规律。

为了认识物质的性质及变化规律，人类不断地探索微观世界，经历了从经典力学到旧量子论，再到量子力学的过程。直到19世纪末20世纪初，才初步了解原子的内部结构，让人们真正认识了原子，即它是由带正电荷的原子核和核外带负电荷的电子所组成的。在化学反应中，只有核外电子的运动状态发生改变。本章和第9章将从微观角度讨论物质的结构理论知识。

8.1 核外电子的运动状态

8.1.1 氢原子光谱

一根装有氢气的放电管通过高压电流后，氢原子被激发所发出的光经过分光镜，就得到氢原子光谱。氢原子光谱在可见光区有四条明显的谱线，而经典的电磁学理论无法合理解释这种现象。玻尔原子模型成功地解释了氢原子和类氢原子的光谱现象，并提出了有关假设。

8.1.1.1 定态轨道概念

氢原子中的电子，只能在以原子核为中心的某些能量确定的圆形轨道上运动，这些轨道的能量状态不随时间而改变，因而被称为定态轨道。在此轨道上运动的电子，不放出能量，也不吸收能量。

8.1.1.2 轨道能级的概念

在一定轨道上运动的电子有一定的能量，表征微观粒子运动状态的某些物理量只能是不连续地变化，称为量子化。根据量子化的条件，可推求出氢原子核外轨道的能量公式：

$$E=\frac{-13.6}{n^2}eV \tag{8-1}$$

不同的定态轨道，能量是不同的。离核越近的轨道，能量越低，电子被原子核束缚得越牢；离核越远的轨道，能量越高。轨道的这些不同的能量状态，称为能级。在正常情况下，原子中的电子尽可能处在离核最近的轨道上，这时原子的能量最低，即原子处于基态。当原子从外界获得能量时，电子可以跃迁到离核较远、能量较高的轨道上，这种状态称为激发态。处于激发态的电子不稳定，当激发到高能级的电子跳回到较低能量的能级时，能量以光的形式放出。

玻尔理论不但回答了氢原子稳定存在的原因，而且还成功地解释了氢原子和类氢原子的光谱现象，提出的关于原子中轨道能级的概念，在原子结构理论的发展过程中做出了很大的贡献。但是玻尔理论有着严重的局限性，它只能解释单电子原子（或离子）光谱的一般现象，不能解释多电子原子光谱。其根本原因在于玻尔的原子模型没有摆脱经典力学理论的束缚，电子在核外运动犹如行星围绕太阳转的观点不符合微观粒子运动特征，随着科学的发展，电子运动规律的量子力学原子模型逐渐取代了波尔的原子结构理论。

8.1.2　电子的波粒二象性

20世纪初，光在传播过程中的干涉、衍射现象已经确认光不仅有微粒的性质，而且有波动的性质，即具有波粒二象性。1924年，法国物理学家德布罗意预言：假如光具有二象性，那么微观粒子在某些情况下，也能呈现波粒二象性。他通过普朗克常数(h)把电子的粒子性(动量 mv)和波动性(波长 λ)定量地联系起来，可以用下式表示：

$$\lambda = \frac{h}{mv} \tag{8-2}$$

这就是电子的波粒二象性。

1927年美国物理学家戴维逊（C. J. Davisson）和盖革（H. Geiger）通过电子衍射实验证实了德布罗意预言，如图8-1所示。

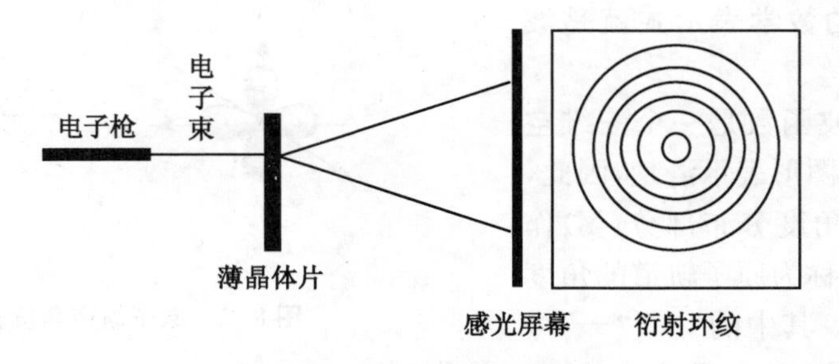

图8-1　电子衍射示意图

当高速运动的电子束穿过镍晶体光栅，投射到感光底片上时，得到与光的衍射图相似的明暗相间的衍射环纹。后来还相继发现质子、中子等粒子流均能产生衍射现象。实验结果证明，微观粒子不仅具有一定质量高速运动的粒子性，而且能呈现波动的特性。这就是微粒的波粒二象性，而这一特点恰恰是经典力学没有认识到的。

量子力学认为，原子中个别电子运动的轨迹是无法确定的，亦即没有确定的轨道。这一点与经典力学有原则性的差别。所以，在研究原子核外电子的运动状态时，必须摒弃经典力学理论，而是遵循量子力学所描述的运动规律。

8.1.3 波函数和原子轨道

1926年薛定谔根据波粒二象性的概念提出了描述微观粒子运动的数学方程——薛定谔方程。这个方程是一个二阶偏微分方程,它的形式如下:

$$\frac{\partial\psi^2}{\partial x^2}+\frac{\partial\psi^2}{\partial y^2}+\frac{\partial\psi^2}{\partial z^2}+\frac{8\pi^2 m}{h^2}(E-V)\psi=0 \tag{8-3}$$

式中:x, y, z 是粒子的直角坐标;m 为粒子质量;E 为总能量;V 为势能;h 为普朗克常数;ψ 为方程的解,也称为波函数。

它们共同体现了波动性和粒子性的结合。上述方程式中每一个合理的解 ψ 都代表体系中电子的一种可能状态。波函数就是量子力学描述核外空间电子运动状态的数学表达式,即用一定的波函数 ψ 表示电子的一种运动状态。

原子中电子的波函数既是描述电子运动状态的数学表示式,又是空间坐标的函数,其空间图像可以形象地理解为电子运动的空间范围,俗称"原子轨道",又称为原子轨函(原子轨道函数之意);亦即波函数的空间图像就是原子轨道,原子轨道的数学表示式就是波函数。

由于电子的波函数是一个三维空间的函数,很难用图形表示清楚,因此,常将波函数 ψ 的角度分布部分(Y)作图,所得的图像就称为原子轨道的角度分布图(图8-2)。其中的"+""-"号是函数值符号,反映了电子的波动性,不代表电荷的正、负。

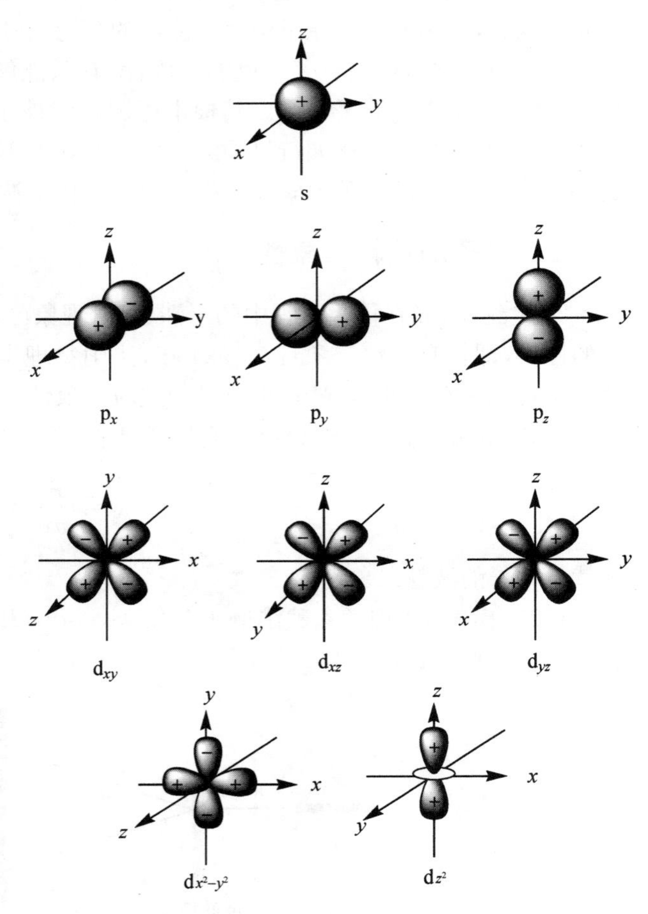

图8-2 原子轨道角度分布图

8.1.4 电子云

波函数和其他物理量不同,没有明确的物理意义;而波函数绝对值的平方$|\psi|^2$有明确的意义,它表示在原子核外空间电子出现的概率密度,即单位体积内出现的概率。

为了形象地表示核外电子运动的概率分布情况,化学上用统计的方法推算出在空间各处出现的概率,习惯用小黑点分布的疏密来表示电子出现概率密度的大小。例如,人们假想有一台高速的照相机，用它来拍摄氢原子核外电子的运动状态，连续拍照，小黑点表示电子；当把数万张的照片重叠在一起，就会发现形成一团电子的云雾笼罩着原子核的图像（图 8-3），小黑点较密的地方，表示概率密度较大，单位体积内电子出现的机会多。用这种方法来描述电子在核外出现的概率密度分布所得的空间图像称为电子云。

用$|\psi|^2$角度部分作图，所得的图像就称为电子云角度分布图（图 8-4）。电子云的角度分布剖面图与原子轨道角度分布剖面图基本相似，但有两点不同：(1)原子轨道分布图带有“＋”“－”号，而电子云角度分布图均为正值；(2)电子云角度分布图比原子轨道角度分布图要“瘦”些。

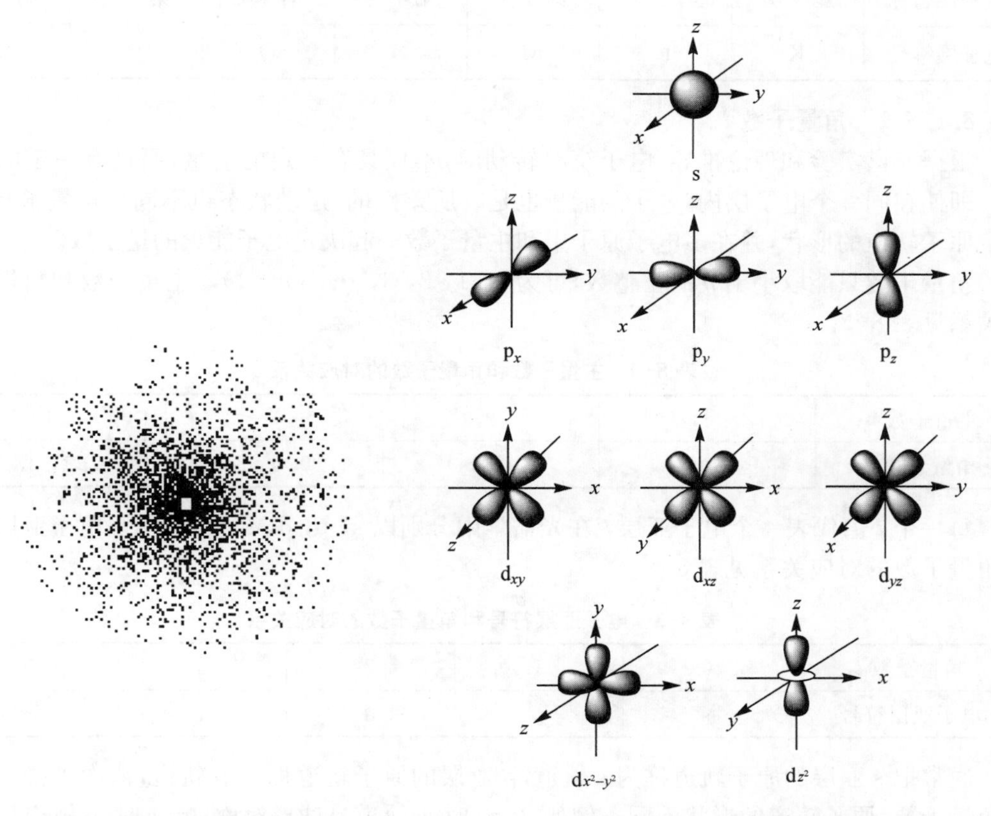

图 8-3　氢原子的 1s 电子云　　　图 8-4　电子云角度分布图

8.1.5　四个量子数

薛定谔方程的数学解很多，但是这些解不一定都是合理的。为了得到电子运动状态合理的解，根据量子力学原理，描述原子中各电子的状态，需要引进三个量子数，分别为主量子数 n、角量子数 l、磁量子数 m。它们分别用来描述核外电子离核远近、原子轨道的形状和伸展方向。此外，根据进一步研究，发现电子除了绕核运动外，还做自旋运动，还需引入用来描述电子自旋运动的自旋量子数 m_s。这四个参数称为量子数，下面介绍这四个量子数的物理意义：

8.1.5.1　主量子数 n

原子核外电子是分层排布的，即核外具有电子层，离核越远，能级越高。主量子数 n 是描述电子离核远近程度的参数。电子运动的能量主要由主量子数 n 决定,即 $E=\frac{-13.6}{n^2}\text{eV}$,$n$ 值越大,电子的能量越高。

主量子数可为零以外的正整数,例如 n=1, 2, 3, 4, …。其中每一个 n 值代表一个电子层。在光谱学中,不同的电子层用不同的符号表示。它们的对应关系见表 8-1。

表 8-1　主量子数、电子层名称和电子层符号的对应关系

主量子数 n	1	2	3	4	5	6	7
电子层名称	第 1 层	第 2 层	第 3 层	第 4 层	第 5 层	第 6 层	第 7 层
电子层符号	K	L	M	N	O	P	Q

8.1.5.2　角量子数 l

根据光谱实验和理论推导,电子绕核转动时,不仅具有一定的能量,而且有一定的角动量。即使在同一个电子层内,电子的能量也是有所差别的,运动状态也不同。角量子数 l 是确定原子轨道的形状,并在多电子原子中和主量子数一起决定电子能量的量子数。

角量子数只能取小于 n 的正整数,可为 0, 1, 2, 3, …, (n−1)。主量子数和角量子数的关系见表 8-2。

表 8-2　主量子数和角量子数的对应关系

主量子数 n	1	2	3	4
角量子数 l	0	0, 1	0, 1, 2	0, 1, 2, 3

每一个 l 值代表一个电子亚层，在光谱学中分别以 s, p, d, f, … 表示。电子亚层符号和角量子数的对应关系见表 8-3。

表 8-3　电子亚层符号和角量子数的对应关系

角量子数 l	0	1	2	3	4
电子亚层符号	s	p	d	f	g

通常把 s 亚层的原子轨道称为 s 轨道,p 亚层的原子轨道称为 p 轨道,依次类推。不同的角量子数,原子轨道的形状不同。例如,l=0 时,s 轨道呈球形对称;l=1 时,p 轨道呈哑铃形分布;l=2 时,d 轨道呈花瓣形分布。

对于多电子原子,l 和 n 共同决定电子的能量和运动状态。例如,一个电子处于 n=3, l=0 的运动状态就为 3s 电子;处于 n=3, l=1 的状态为 3p 电子;处于 n=3, l=2 的状态为 3d 电子。

8.1.5.3　磁量子数 m

根据线状光谱在磁场中还能分裂的现象,发现:原子轨道不仅有一定的形状,还具有不同的空间伸展方向。磁量子数 m 就是决定原子轨道在空间的取向。磁量子数 m 的取值取决于 l 值,可取($2l$+1)个从 $-l$ 到 $+l$(包括零在内)的整数。m=0, ±1, ±2, …, ±l;每一个 m 值代表一个具有某种空间取向的原子轨道。一个亚层中,m 有几个取值,该亚层就有几个伸展方向不同的轨道,即 l 亚层轨道共有($2l$+1)个方向的亚层轨道数。m 与 l 的关系见表 8-4。

表 8-4　m 与 l 的关系

l	m	空间运动状态数
0（s 亚层）	0	s 轨道，一种
1（p 亚层）	+1，0，−1	p_x，p_y，p_z 轨道，三种
2（d 亚层）	+2，+1，0，−1，−2	d_{xy}，d_{xz}，d_{yz}，$d_{x^2-y^2}$，d_{z^2} 轨道，五种

由上表可以看出，s 轨道只有一种空间取向；当 $l=1$ 时，$m=-1$、0、+1，有三个取值，表示 p 轨道在空间有三种伸展方向（p_x，p_y，p_z），它们的能量相同，又称为简并轨道或等价轨道；当 $l=2$ 时，$m=-2$、−1、0、+1、+2，有五个取值，d 轨道在空间有五种伸展方向，这五个轨道也为简并轨道。

8.1.5.4　自旋量子数 m_s

电子绕核运动时，有两种方向相反的自旋运动状态。自旋量子数就是描述电子在空间的自旋运动状态，取值为 $\frac{1}{2}$ 和 $-\frac{1}{2}$，其中的每一个数值表示电子的一种自旋运动状态，符号用“↑”和“↓”，表示顺时针或逆时针方向的自旋运动。

综上所述，四个量子数才可以全面地确定电子的一种运动状态。每种类型的原子轨道的数目等于磁量子数的数目，即（$2l+1$）个；每一个原子轨道上的电子可以取两种相反的状态。所以归纳得到：各电子层可能有的状态数等于主量子数平方的 2 倍，即状态数 $=2n^2$。四个量子数的关系及核外电子运动的可能状态数见表 8-5。

表 8-5　四个量子数的关系及核外电子运动的可能状态数

主量子数 n	亚层符号	角量子数 l	原子轨道符号	磁量子数 m	轨道空间取向数	电子层总轨道数	自旋量子数 m_s	状态数 $2n^2$	
								各轨道	各电子层
1	K	0	1s	0	1	1	↑↓	2	2
2	L	0	2s	0	1	4	↑↓	2	8
		1	2p	−1，0，+1	3		↑↓	6	
3	M	0	3s	0	1	9	↑↓	2	18
		1	3p	−1，0，+1	3		↑↓	6	
		2	3d	−2，−1，0，+1，+2	5		↑↓	10	
4	N	0	4s	0	1	16	↑↓	2	32
		1	4p	−1，0，+1	3		↑↓	6	
		2	4d	−2，−1，0，+1，+2	5		↑↓	10	
		3	4f	−3，−2，−1，0，+1，+2，+3	7		↑↓	14	

8.2 原子核外电子的排布和元素周期表

8.2.1 核外电子的排布规律

除了H原子,其他原子的电子数都大于1,而多电子原子中电子如何排布?根据研究,电子在原子轨道上的排布应遵循以下三条规律:

8.2.1.1 泡利不相容原理

1925年,泡利根据光谱学现象提出:1个原子中不可能存在4个量子数完全相同的2个电子,即每个原子轨道上最多只能容纳自旋状态相反的2个电子;如果原子中2个电子的n、l、m相同,则第4个量子数m_s一定不同。

8.2.1.2 能量最低原理

能量最低原理:电子在原子轨道上的分布,要尽可能地使电子的能量为最低。电子总是优先进入能量最低的能级,这就是说,电子首先填充1s轨道,然后按能级大小逐级填入。

多电子原子能级次序与主量子数、角量子数、核电荷数、屏蔽效应、钻穿效应、电子自旋等多种因素有关。鲍林根据光谱实验结果,总结出了多电子原子中原子轨道能量相对高低的一般情况,就是鲍林近似能级图(图8-5)。电子按照鲍林近似能级图的顺序逐级填充。

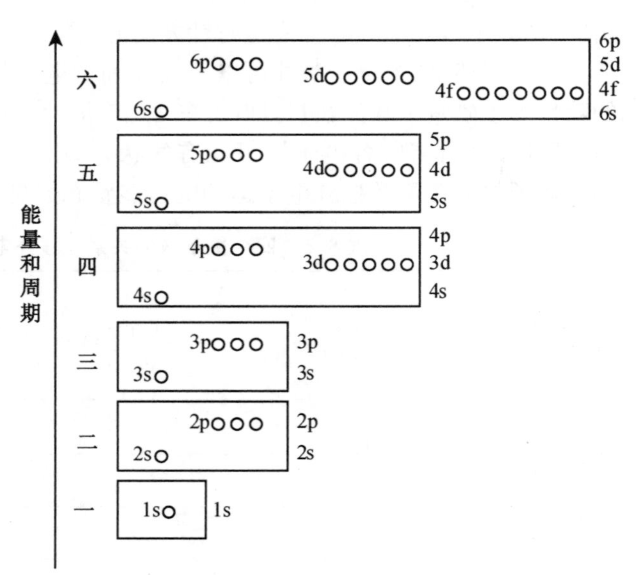

图8-5 鲍林原子轨道近似能级图

从图8-5中可以看出:

(1) 电子层能级顺序为:K < L < M < N…。

(2) 同一原子中,n相同,l不同时,l越大,能量则越高。例如:$E_{ns}<E_{np}<E_{nd}<E_{nf}$。

(3) 同一原子中,l相同,n不同时,n越大,能量则越高。例如:$E_{1s}<E_{2s}<E_{3s}<\cdots$。

(4) 同一原子中第3层以上的电子层中,不同类型亚层之间出现能级交错现象。例如:$E_{4s}<E_{3d}<E_{4p}$;$E_{5s}<E_{4d}<E_{5p}$;$E_{6s}<E_{4f}<E_{5d}<E_{6p}$。

鲍林近似能级图反映了多电子原子中原子轨道能量的近似高低,不能认为所有元素原子中的能级高低是一成不变的。事实上,原子轨道能量的次序随原子序数增加而变化。这里不做详细讨论。

8.2.1.3 洪特规则

电子在同一亚层的等价轨道上分布时,尽可能单独占据在不同的轨道,而且自旋方向相同。例如,人们知道碳原子有6个电子,按照能量最低原理和泡利原理,1s轨道中有2个电子,2s轨道中有2个电子,另外的2个电子应该处于p轨道上;但是p轨道有3个,而只剩2

个电子。这 2 个电子是占据 1 个轨道呢还是分占 2 个轨道呢？占 2 个轨道是自旋相同还是相反呢？这就像两个人住房子一样，如果有两间房子让他们选择，是选择合住在一起呢还是分开各住一间呢？人们大部分会选择后者。C 原子的电子排布为 $1s^2 2s^2 2p^2$，其轨道上的电子排布为：

1s [↑↓]　2s [↑↓]　2p [↑][↑][ ]　而不是　1s [↑↓]　2s [↑↓]　2p [↑↓][ ][ ]

氮原子的电子排布为 $1s^2 2s^2 2p^3$，其轨道上的电子排布为：

1s [↑↓]　2s [↑↓]　2p [↑][↑][↑]　而不是　1s [↑↓]　2s [↑↓]　2p [↑↓][↑][ ]

我们看到 N 原子的核外排布，p 轨道上有 3 个电子时，按照洪特规则，3 个原子分占 3 个 p 轨道，它以半充满状态为稳定状态；同样，d 和 f 轨道处于半充满状态也是很稳定的。因为当一个轨道中已占有一个电子时，另一个电子要继续填入而与前一个电子成对，就必须克服它们之间的相互排斥作用，因此电子成单地分布到等价轨道中，有利于体系能量的降低。

此外，根据光谱实验结果，p 和 d 轨道的等价轨道在全空或全充满的状态下也是比较稳定的。这些是洪特规则的特例，这就是全充满、半充满、全空原则。

$$\text{相对稳定的状态}\begin{cases}\text{全充满：}p^6,\ d^{10},\ f^{14}\\ \text{半充满：}p^3,\ d^5,\ f^7\\ \text{全空：}p^0,\ d^0,\ f^0\end{cases}$$

应用上面讲的三个原则，按照鲍林原子轨道近似能级图中的轨道填充次序，就可以填充原子的核外电子。为了便于记忆，把电子布入原子轨道的顺序绘成图(图 8-6)，按箭头顺序逐个填充电子，再考虑洪特规则。

下面运用上述规则来讨论核外电子排布的几个实例：

(1) 钠原子核外有 11 个电子，第 1 层 1s 轨道上有 2 个电子，第 2 层 2s 和 2p 轨道上共有 8 个电子，余下的 1 个电子将填在第 3 层。在 $n=3$ 的三种轨道中，3s 的能量最低，电子必然分布在 3s 轨道中。因此，钠原子的电子结构式为 $1s^2 2s^2 2p^6 3s^1$。

(2) 钾原子核外有 19 个电子，第 1 层 1s 轨道上有 2 个电子，第 2 层 2s 和 2p 轨道上共有 8 个电子，第 3 层 3s 和 3p 轨道上共有 8 个电子，余下的 1 个电子将填在第 4 层。在 $n=4$ 的三种轨道中，4s 的能量最低，电子必然分布在 4s 轨道中。因此，钾原子的电子结构式为 $1s^2 2s^2 2p^6$

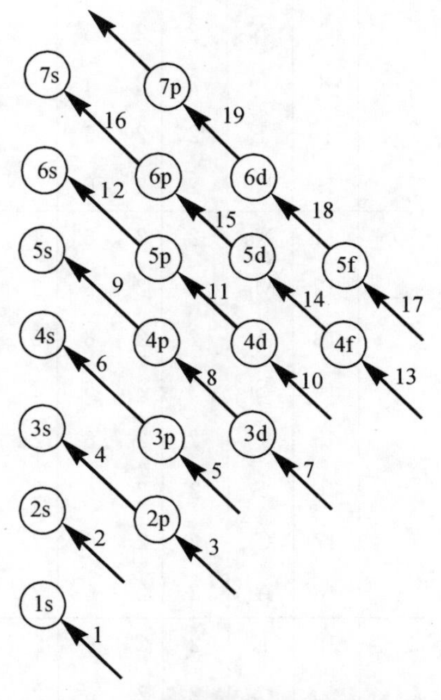

图 8-6　电子填充原子轨道顺序图

$3s^2 3p^6 4s^1$。

$_{11}Na$ 可简写为 $[Ne]\ 3s^1$，$_{19}K$ 可简写为 $[Ar]4s^1$，方括号中稀有气体表示该原子内层的电子结构与此稀有气体的电子结构一样。

根据核外电子排布规律，109 种元素基态原子中的电子排布情况见表 8-6。另外，由于全充满、半充满、全空原则的特殊性，存在一些原子的核外排布比较特殊，其中常见的元素是：

$$_{24}Cr \quad 1s^2 2s^2 2p^6 3s^2 3p^6 3d^5 4s^1$$

$$_{29}Cu \quad 1s^2 2s^2 2p^6 3s^2 3p^6 3d^{10} 4s^1$$

$$_{42}Mo \quad 1s^2 2s^2 2p^6 3s^2 3p^6 3d^{10} 4s^2 4p^6 4d^5 5s^1$$

$$_{47}Ag \quad 1s^2 2s^2 2p^6 3s^2 3p^6 3d^{10} 4s^2 4p^6 4d^{10} 5s^1$$

表 8-6　原子的电子构型

周期	原子序数	元素符号	电子层																	
			K	L		M			N				O				P			Q
			1s	2s	2p	3s	3p	3d	4s	4p	4d	4f	5s	5p	5d	5f	6s	6p	6d	7s
1	1	H	1																	
	2	He	2																	
2	3	Li	2	1																
	4	Be	2	2																
	5	B	2	2	1															
	6	C	2	2	2															
	7	N	2	2	3															
	8	O	2	2	4															
	9	F	2	2	5															
	10	Ne	2	2	6															
3	11	Na	2	2	6	1														
	12	Mg	2	2	6	2														
	13	Al	2	2	6	2	1													
	14	Si	2	2	6	2	2													
	15	P	2	2	6	2	3													
	16	S	2	2	6	2	4													
	17	Cl	2	2	6	2	5													
	18	Ar	2	2	6	2	6													
4	19	K	2	2	6	2	6		1											
	20	Ca	2	2	6	2	6		2											

续表

周期	原子序数	元素符号	电子层																	
			K	L		M			N				O				P			Q
			1s	2s	2p	3s	3p	3d	4s	4p	4d	4f	5s	5p	5d	5f	6s	6p	6d	7s
	21	Sc	2	2	6	2	6	1	2											
	22	Ti	2	2	6	2	6	2	2											
	23	V	2	2	6	2	6	3	2											
	24	Cr	2	2	6	2	6	5	1											
	25	Mn	2	2	6	2	6	5	2											
	26	Fe	2	2	6	2	6	6	2											
	27	Co	2	2	6	2	6	7	2											
4	28	Ni	2	2	6	2	6	8	2											
	29	Cu	2	2	6	2	6	10	1											
	30	Zn	2	2	6	2	6	10	2											
	31	Ga	2	2	6	2	6	10	2	1										
	32	Ge	2	2	6	2	6	10	2	2										
	33	As	2	2	6	2	6	10	2	3										
	34	Se	2	2	6	2	6	10	2	4										
	35	Br	2	2	6	2	6	10	2	5										
	36	Kr	2	2	6	2	6	10	2	6										
	37	Rb	2	2	6	2	6	10	2	6			1							
	38	Sr	2	2	6	2	6	10	2	6			2							
	39	Y	2	2	6	2	6	10	2	6	1		2							
	40	Zr	2	2	6	2	6	10	2	6	2		2							
	41	Nb	2	2	6	2	6	10	2	6	4		1							
	42	Mo	2	2	6	2	6	10	2	6	5		1							
	43	Tc	2	2	6	2	6	10	2	6	5		2							
	44	Ru	2	2	6	2	6	10	2	6	7		1							
5	45	Rh	2	2	6	2	6	10	2	6	8		1							
	46	Pd	2	2	6	2	6	10	2	6	10									
	47	Ag	2	2	6	2	6	10	2	6	10		1							
	48	Cd	2	2	6	2	6	10	2	6	10		2							
	49	In	2	2	6	2	6	10	2	6	10		2	1						
	50	Sn	2	2	6	2	6	10	2	6	10		2	2						
	51	Sb	2	2	6	2	6	10	2	6	10		2	3						
	52	Te	2	2	6	2	6	10	2	6	10		2	4						
	53	I	2	2	6	2	6	10	2	6	10		2	5						
	54	Xe	2	2	6	2	6	10	2	6	10		2	6						

续表

周期	原子序数	元素符号	电子层																	
			K	L		M			N				O				P			Q
			1s	2s	2p	3s	3p	3d	4s	4p	4d	4f	5s	5p	5d	5f	6s	6p	6d	7s
6	55	Cs	2	2	6	2	6	10	2	6	10		2	6			1			
	56	Ba	2	2	6	2	6	10	2	6	10		2	6			2			
	57	La	2	2	6	2	6	10	2	6	10		2	6	1		2			
	58	Ce	2	2	6	2	6	10	2	6	10	2	2	6			2			
	59	Pr	2	2	6	2	6	10	2	6	10	3	2	6			2			
	60	Nd	2	2	6	2	6	10	2	6	10	4	2	6			2			
	61	Pm	2	2	6	2	6	10	2	6	10	5	2	6			2			
	62	Sm	2	2	6	2	6	10	2	6	10	6	2	6			2			
	63	Eu	2	2	6	2	6	10	2	6	10	7	2	6			2			
	64	Gd	2	2	6	2	6	10	2	6	10	7	2	6	1		2			
	65	Tb	2	2	6	2	6	10	2	6	10	9	2	6			2			
	66	Dy	2	2	6	2	6	10	2	6	10	10	2	6			2			
	67	Ho	2	2	6	2	6	10	2	6	10	11	2	6			2			
	68	Er	2	2	6	2	6	10	2	6	10	12	2	6			2			
	69	Tm	2	2	6	2	6	10	2	6	10	13	2	6			2			
	70	Yb	2	2	6	2	6	10	2	6	10	14	2	6			2			
	71	Lu	2	2	6	2	6	10	2	6	10	14	2	6	1		2			
	72	Hf	2	2	6	2	6	10	2	6	10	14	2	6	2		2			
	73	Ta	2	2	6	2	6	10	2	6	10	14	2	6	3		2			
	74	W	2	2	6	2	6	10	2	6	10	14	2	6	4		2			
	75	Re	2	2	6	2	6	10	2	6	10	14	2	6	5		2			
	76	Os	2	2	6	2	6	10	2	6	10	14	2	6	6		2			
	77	Ir	2	2	6	2	6	10	2	6	10	14	2	6	7		2			
	78	Pt	2	2	6	2	6	10	2	6	10	14	2	6	9		1			
	79	Au	2	2	6	2	6	10	2	6	10	14	2	6	10		1			
	80	Hg	2	2	6	2	6	10	2	6	10	14	2	6	10		2			
	81	Tl	2	2	6	2	6	10	2	6	10	14	2	6	10		2	1		
	82	Pb	2	2	6	2	6	10	2	6	10	14	2	6	10		2	2		
	83	Bi	2	2	6	2	6	10	2	6	10	14	2	6	10		2	3		
	84	Po	2	2	6	2	6	10	2	6	10	14	2	6	10		2	4		
	85	At	2	2	6	2	6	10	2	6	10	14	2	6	10		2	5		
	86	Rn	2	2	6	2	6	10	2	6	10	14	2	6	10		2	6		

续表

周期	原子序数	元素符号	电	子	层														
			K	L		M			N				O				P			Q
			1s	2s	2p	3s	3p	3d	4s	4p	4d	4f	5s	5p	5d	5f	6s	6p	6d	7s
	87	Fr	2	2	6	2	6	10	2	6	10	14	2	6	10		2	6		1
	88	Ra	2	2	6	2	6	10	2	6	10	14	2	6	10		2	6		2
	89	Ac	2	2	6	2	6	10	2	6	10	14	2	6	10		2	6	1	2
	90	Th	2	2	6	2	6	10	2	6	10	14	2	6	10		2	6	2	2
	91	Pa	2	2	6	2	6	10	2	6	10	14	2	6	10	2	2	6	1	2
	92	U	2	2	6	2	6	10	2	6	10	14	2	6	10	3	2	6	1	2
	93	Np	2	2	6	2	6	10	2	6	10	14	2	6	10	4	2	6	1	2
	94	Pu	2	2	6	2	6	10	2	6	10	14	2	6	10	6	2	6		2
	95	Am	2	2	6	2	6	10	2	6	10	14	2	6	10	7	2	6		2
	96	Cm	2	2	6	2	6	10	2	6	10	14	2	6	10	7	2	6	1	2
	97	Bk	2	2	6	2	6	10	2	6	10	14	2	6	10	9	2	6		2
7	98	Cf	2	2	6	2	6	10	2	6	10	14	2	6	10	10	2	6		2
	99	Es	2	2	6	2	6	10	2	6	10	14	2	6	10	11	2	6		2
	100	Fm	2	2	6	2	6	10	2	6	10	14	2	6	10	12	2	6		2
	101	Md	2	2	6	2	6	10	2	6	10	14	2	6	10	13	2	6		2
	102	No	2	2	6	2	6	10	2	6	10	14	2	6	10	14	2	6		2
	103	Lr	2	2	6	2	6	10	2	6	10	14	2	6	10	14	2	6	1	2
	104	Rf	2	2	6	2	6	10	2	6	10	14	2	6	10	14	2	6	2	2
	105	Db	2	2	6	2	6	10	2	6	10	14	2	6	10	14	2	6	3	2
	106	Sg	2	2	6	2	6	10	2	6	10	14	2	6	10	14	2	6	4	2
	107	Bh	2	2	6	2	6	10	2	6	10	14	2	6	10	14	2	6	5	2
	108	Hs	2	2	6	2	6	10	2	6	10	14	2	6	10	14	2	6	6	2
	109	Mt	2	2	6	2	6	10	2	6	10	14	2	6	10	14	2	6	7	2

注：表中单框内元素为过渡元素，双框内元素为镧系元素和锕系元素。

8.2.2　元素周期表

1969 年俄国化学家门捷列夫等通过研究发现：元素的性质随着核电荷数的递增而呈现周期性的变化，这个规律叫作元素周期律。这是由于把元素按原子序数递增的顺序依次排列成周期表时，最外层电子数由 1 到 8，即 s^1 至 s^2p^6，呈现周期性变化。每一周期以碱金属开始，以稀有气体结束。元素性质会随着核电荷数的递增而呈现周期性的变化是原子内部结构周期性变化的反映，元素性质的周期性来源于原子电子层构型的周期性。根据元素周期律得到的图表为元素周期表。表 8-7 依据元素原子价层电子的不同,把元素周期表分为 5 个区、7 个周期、16 个族。

表 8-7 周期表中元素分区

周期	ⅠA	ⅡA	ⅢB	ⅣB	ⅤB	ⅥB	ⅦB	Ⅷ	ⅠB	ⅡB	ⅢA	ⅣA	ⅤA	ⅥA	ⅦA	ⅧA
1																
2																
3																
4																
5																
6																
7																
	s 区 $ns^{1\sim2}$		d 区 $(n-1)d^{1\sim10}ns^{0\sim2}$						ds 区 $(n-1)d^{10}ns^{1\sim2}$		p 区 $ns^2np^{1\sim6}$					

镧系	f 区 $(n-2)f^{0\sim14}(n-1)d^{0\sim2}ns^2$
锕系	

8.2.2.1 周期的划分

元素周期表共有 7 个横行,每一横行为一个周期,共有 7 个周期。第 1 周期称为特短周期;第 2、3 周期称为短周期;第 4、5 周期称为长周期;第 6 周期有 32 个元素,称为特长周期;第 7 周期尚有未发现的元素,称为不完全周期。元素所在的周期数等于该元素原子的电子层数。即:第 1 周期元素原子有 1 个电子层,主量子数 $n=1$;第 2 周期元素有 2 个电子层,最外层主量子数 $n=2$;依次类推。例如$_{23}V$ 的价电子构型为 $3d^34s^2$,有 4 个电子层,所以为第 4 周期元素。各周期元素的数目等于相应能级组中原子轨道所能容纳的电子总数。因此得到以下结论:

周期数=最外电子层的主量子数=最高能级组数

各周期的元素数与相应能级组的原子轨道的关系见表 8-8。

表 8-8 各周期的元素数目

周期	能级组序数	相应能级组中对应的轨道	元素数目	最多电子容纳数	周期
1	一	1s	2	2	特短周期
2	二	2s, 2p	8	8	短周期
3	三	3s, 3p	8	8	
4	四	4s, 3d, 4p	18	18	长周期
5	五	5s, 4d, 5p	18	18	
6	六	6s, 4f, 5d, 6p	32	32	特长周期
7	七	7s, 5f, 6d(未完)	未填满	未完全发现	不完全周期

8.2.2.2 族的划分

把周期表中原子结构相似的元素排成一纵列，称为一族。周期表中共有18个纵列。按照国际惯例，共分为16个族，包括8个主族（ⅠA～ⅧA）和8个副族（ⅠB～ⅧB）。

族的实质是根据价电子构型的不同对元素进行分类的。元素原子的电子最后填充在s轨道或p轨道上的元素为主族元素，如果电子最后填充在d轨道或f轨道上则为副族元素。例如：$_{8}O$的价电子构型为$2s^2 2p^4$，$_{35}Br$的价电子构型为$4s^2 4p^5$，均为主族元素；$_{55}Mn$的价电子构型为$3d^5 4s^2$，是副族元素。

主族元素的族数等于原子最外层的电子数。例如：碱金属价电子构型都是ns^1；卤素都是$ns^2 np^5$，价电子填充在s或p轨道，最外层分别有1个和7个电子，所以分别为ⅠA和ⅦA。而且，同一族元素的性质很相似。碱金属都容易失去电子形成正离子，因此具有很强的金属性；而卤素容易得到一个电子形成八电子构型的负离子，表现出很强的非金属性。

副族元素的情况稍有不同，对于ds区元素，族序数等于最外层电子数；d区元素的族序数等于最外层电子数和次外层的d电子数之和；f区元素统称为ⅢB。

主族、副族元素的族序数与元素原子价层电子的关系见表8-9。

表8-9 族与族序数的关系

族		价电子构型	族序数
主族	ⅠA～ⅡA ⅢA～ⅧA	$ns^{1\sim2}$ $ns^2 np^{1\sim6}$	最外层的电子数
副族	ⅠB～ⅡB ⅢB～ⅧB 镧系，锕系	$(n-1)d^{10} ns^{1\sim2}$ $(n-1)d^{1\sim10} ns^{0\sim2}$ $(n-2)f^{0\sim14} (n-1)d^{0\sim2} ns^2$	最外层的电子数 最外层的电子数＋次外层的d电子数 都是ⅢB族

8.2.2.3 区的划分

根据原子亚层及外围电子构型的特点，元素被分为s、p、d、ds、f 5个区，各区元素核外电子层结构特点见表8-10。

表8-10 区与价电子构型

区	价电子构型	包括元素
s区	$ns^{1\sim2}$	ⅠA～ⅡA
p区	$ns^2 np^{1\sim6}$	ⅢA～ⅧA
d区	$(n-1)d^{1\sim10} ns^{0\sim2}$	ⅢB～ⅧB
ds区	$(n-1)d^{10} ns^{1\sim2}$	ⅠB～ⅡB
f区	$(n-2)f^{0\sim14} (n-1)d^{0\sim2} ns^2$	镧系，锕系

s区元素最外电子构型是ns^{1-2}，包括ⅠA族碱金属和ⅡA族碱土金属。这些元素的原子容易失去1个或2个电子，形成＋1或＋2价离子，它们是活泼金属。p区元素电子构型从$s^2p^1 \rightarrow s^2p^6$的元素，即ⅢA→ⅧA主族元素，大部分为非金属元素。d区和ds区合称为过渡元素，电子层结构的差别主要在外层d层上，都是金属元素，所以又称为过渡金属元素。f区元素包括镧系和锕系元素，又称为稀土元素。

8.3 原子结构与元素性质的关系

原子的电子层结构随着核电荷数的递增呈现周期性的变化，所以原子的某些性质，如原子半径、电离能、电子亲合能和电负性等，也呈现周期性的变化。

8.3.1 有效核电荷

从前面的知识我们知道，对于多电子原子，核外的一个电子不仅仅受到原子核的吸引，而且还受到其余电子的排斥作用，必定会抵消原子核对该电子的吸引，此电子实际受到的核电荷比原子序数(Z)小。电子实际受到的核电荷称为有效核电荷，用 Z^* 表示，$Z^*=Z-\sigma$。

随着原子序数的递增，有效核电荷呈周期性变化，如图 8-7 所示。

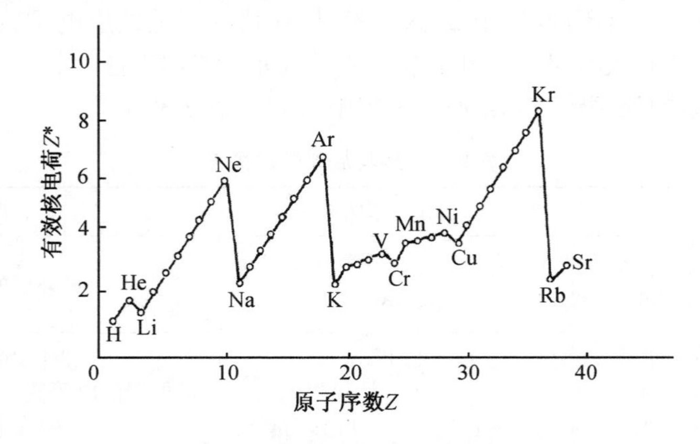

图 8-7 有效电荷周期性变化图

从图中可以看出：

(1) 有效核电荷随原子序数的增加而增加，呈现周期性变化。

(2) 同一周期的主族元素，从左到右，随着原子序数的增加，Z^* 明显增加；而副族元素的 Z^* 增加得不明显。

(3) 同族元素，自上而下，虽然核电荷数增加较多，但上、下相邻元素的原子序数增加 1 个电子层，屏蔽作用增大，导致有效电荷增加不多。

8.3.2 原子半径

电子在核外的运动是按概率分布的，由于原子本身没有鲜明的界面，因此原子核到最外电子层的距离，实际上是难以确定的。通常所说的原子半径(r)，是根据该原子存在的不同形式来定义的，常用的有以下三种：

(1) 金属半径。把金属晶体看成由金属原子紧密堆积而成。因此，测得两相邻金属原子核间距离的一半，称为该金属原子的金属半径。

(2) 共价半径。同种元素的两个原子以共价键结合时，测得它们核间距离的一半，称为该原子的共价半径。元素周期表中各元素原子的共价半径见表 8-11。

(3) 范德华半径。在分子晶体中，分子间以范德华力相结合，这时相邻分子间两个非键结合的同种原子，其核间距离的一半，称为该原子的范德华半径。同一元素原子的范德华半径大于其共价半径。例如，氯原子的共价半径为 99 pm，其范德华半径则为 180 pm。两者区别见图 8-8。

表 8-11 周期表中各元素的原子半径 r (单位：pm)

H 37																	He 122
Li 152	Be 111											B 88	C 77	N 70	O 66	F 64	Ne 160
Na 186	Mg 160											Al 143	Si 117	P 110	S 104	Cl 99	Ar 191
K 227	Ca 197	Sc 161	Ti 145	V 132	Cr 125	Mn 124	Fe 124	Co 125	Ni 125	Cu 128	Zn 133	Ga 122	Ge 122	As 121	Se 117	Br 114	Kr 198
Rb 248	Sr 215	Y 181	Zr 160	Nb 143	Mo 136	Tc 136	Ru 133	Rh 135	Pd 138	Ag 144	Cd 149	In 163	Sn 141	Sb 141	Te 137	I 133	Xe 217
Cs 265	Ba 217	Lu 173	Hf 159	Ta 143	W 137	Re 137	Os 134	Ir 136	Pt 136	Au 144	Hg 160	Tl 170	Pb 175	Bi 155	Po 153	At 145	Rn 220

La 188	Ce 183	Pr 183	Nd 182	Pm 181	Sm 180	Eu 204	Gd 180	Tb 178	Dy 178	Ho 177	Er 177	Tm 176	Yb 194

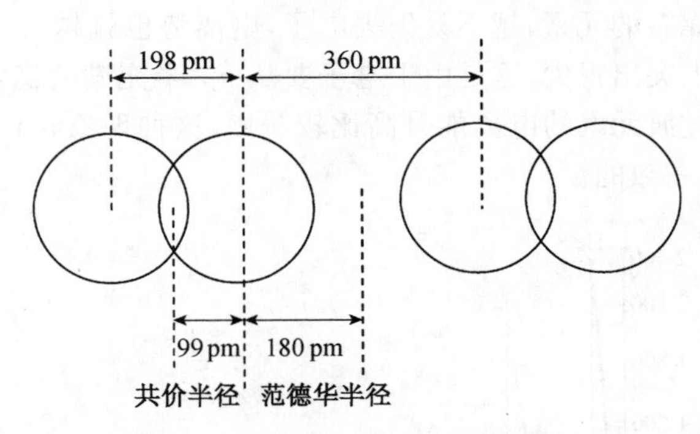

图 8-8 氯原子的共价半径与范德华半径

原子半径主要取决于核外电子层数和有效核电荷。

(1) 同一周期的主族元素，其电子层数相同，而有效核电荷 Z^* 从左到右依次明显递增，原子半径则随之递减；过渡元素的 Z^* 增加缓慢，原子半径的减小也较缓慢。

(2) 同一周期的 f 区内过渡元素，从左向右过渡时，镧系元素从镧到镱因增加的电子填入靠近内层的 f 亚层，而使有效核电荷 Z^* 增加得更为缓慢，故镧系元素的原子半径自左而右的递减也更趋缓慢。镧系元素原子半径的这种缓慢递减的现象称为镧系收缩。尽管每个镧系元素的原子半径的减小都不多，但 14 种镧系元素半径减小的累计值还是可观的，且恰好使其后的几个第 6 周期的副族元素与对应的第 5 周期的同族元素的原子半径十分接近，以致 Y 和 Lu，Zr 和 Hf，Nb 和 Ta，Mo 和 W 等的半径和性质十分相近，此即镧系收缩效应。

(3) 同一主族元素从上到下由于电子层数增加,原子半径逐渐增大。

(4) 副族元素的情况与主族不同,除钪分族外,从上往下过渡时原子半径一般略有增大,第5周期和第6周期的同族元素之间,原子半径非常接近。

8.3.3 电离能

基态气体原子失去电子成为带正电荷的气体正离子所需要的能量,称为电离能。单位物质的量的基态气态原子失去第1个电子成为气态1价阳离子所需要的能量,称为该元素的第1电离能,以 I_1 表示,其SI的单位为"$kJ \cdot mol^{-1}$"。

从气态1价阳离子再失去1个电子成为气态2价阳离子所需要的能量,称为第2电离能,以 I_2 表示。依次类推。通常 $I_1 < I_2 < I_3 \cdots$。例如:

$$Al(g) - e^- \longrightarrow Al^+(g); \quad I_1 = 577.6\ kJ \cdot mol^{-1}$$

$$Al^+(g) - e^- \longrightarrow Al^{2+}(g); \quad I_2 = 1\,817\ kJ \cdot mol^{-1}$$

$$Al^{2+}(g) - e^- \longrightarrow Al^{3+}(g); \quad I_3 = 2\,745\ kJ \cdot mol^{-1}$$

电离能的大小反映原子失电子的难易。电离能越大,原子失电子越难;反之,电离能越小,原子失电子越容易。通常用第1电离能 I_1 来衡量原子失去电子的能力。

电离能的大小主要取决于有效核电荷、原子半径和电子层结构等。电离能也呈现周期性的变化,见图8-9。

由图可见:对同一周期的主族元素来说,随着有效核电荷 Z^* 增加,原子半径减小,失电子由易变难,因此,越靠右的元素,越不易失去电子,电离势也就越大。有些元素如N、P等的第1电离能在曲线上突出冒尖,这是由于电子要从 np^3 半充满的稳定状态中电离出去,需要消耗更多的能量。过渡元素的电离能升高比较缓慢,这种现象和它们的有效核电荷增加缓慢、半径减小缓慢是一致的。

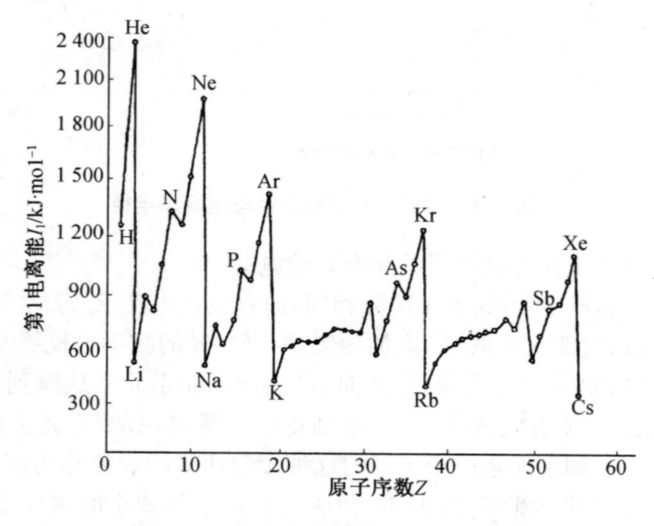

图8-9 元素第1电离能的周期变化

同一主族元素，从上到下，有效核电荷增加不明显，但原子的电子层数相应增多，原子半径增大显著，因此，核对外层电子的引力逐渐减弱，电子失去就较为容易，故电离能逐渐减小。

副族元素，从上往下，原子半径只是略微增大，而且第 5、6 周期的元素的原子半径非常接近，核电荷数增多的因素起了作用，电离能变化没有较好的规律。

值得注意，电离能的大小只能衡量气态原子失去电子变为气态离子的难易程度；至于金属在溶液中发生化学反应形成阳离子的倾向，应该根据金属的电极电势进行判断。

8.3.4　电子亲和能

元素的一个基态的气态原子得到电子形成气态负离子时所放出的能量，称为该元素的电子亲和能。单位物质的量的基态气态原子得到一个电子成为气态 1 价阴离子时所放出的能量，称为第一电子亲和能，用符号 E 表示，其 SI 的单位也为"$kJ \cdot mol^{-1}$"。电子亲和能也有 E_1，E_2，… 之分。例如，按热力学表示：

$$O(g) + e^- \longrightarrow O^-(g); \quad E_1 = -141\ kJ \cdot mol^{-1}$$

$$O^-(g) + e^- \longrightarrow O^{2-}(g); \quad E_2 = +780\ kJ \cdot mol^{-1}$$

如无特别说明，通常说的电子亲和能，就是指第 1 电子亲和能。非金属原子的 E_1 一般为负值(N 除外)，金属原子的 E_1 一般负值较小或正值。由于电子亲和能的测定比较困难，一般采用间接方法计算得到，其准确度也比较差，见表 8-12。元素原子的第 1 电子亲和能越负，放出的能量越多，原子就越容易得到电子；反之，放出的能量越少，原子就越难得到电子。

电子亲和能与电离能一样，主要取决于原子的有效核电荷、原子半径和电子层结构，故也呈现周期性的变化。

同周期元素中，从左到右，原子的有效核电荷增大，原子半径减小，元素的电子亲和能负值逐渐增大，到卤素达最大负值，越来越容易结合电子而形成阴离子。

同族元素，从上到下，元素的电子亲和能负值越来越小，代数值越来越大，表明结合电子的能力逐渐减弱。但是，由于第 2 周期的 F、O 的原子半径太小，其电子亲和能的代数值反而比 Cl、S 原子大。

表 8-12　元素的电子亲和能　　($kJ \cdot mol^{-1}$)

H −72.7							He +48.2
Li −59.6	Be +48.2	B −26.7	C −121.9	N +6.75	O −141.0	F −328.0	Ne +115.8
Na −52.9	Mg +38.6	Al −42.5	Si −133.6	P −72.1	S −200.4	Cl −349.0	Ar +96.5
K −48.4	Ca +28.9	Ga −28.9	Ge −115.8	As −78.2	Se −195.0	Br −324.7	Kr +96.5
Rb −46.9	Sr +28.9	In −28.9	Sn −115.8	Sb −103.2	Te −190.2	I −295.1	Xe +77.2

8.3.5　电负性

原子对电子吸引能力的不同，是造成元素化学性质有差别的本质原因。某原子难失去电子，不一定就容易得到电子；反之，某原子难得到电子，也不一定容易失去电子。为了比较全面地描述不同元素原子在分子中对成键电子的吸引能力，1932 年鲍林提出了电负性概念。元素电负性是指在分子中原子吸引成键电子的能力。他指定最活泼的非金属元素氟的电负性为 4.0，然后通过计算得出其他元素的电负性的相对值。元素电负性越大，表示该元素原子在分子中吸引成键电子的能力越强；反之，则越弱。表 8-13 列出了鲍林的元素电负性数值。

表 8-13　周期表中元素的电负性

H 2.1																	He
Li 1.0	Be 1.5											B 2.0	C 2.5	N 3.0	O 3.5	F 4.0	Ne
Na 0.9	Mg 1.2											Al 1.5	Si 1.8	P 2.1	S 2.5	Cl 3.0	Ar
K 0.8	Ca 1.0	Sc 1.3	Ti 1.5	V 1.6	Cr 1.6	Mn 1.5	Fe 1.8	Co 1.9	Ni 1.9	Cu 1.9	Zn 1.6	Ga 1.6	Ge 1.8	As 2.0	Se 2.4	Br 2.8	Kr
Rb 0.8	Sr 1.0	Y 1.2	Zr 1.4	Nb 1.6	Mo 1.8	Tc 1.9	Ru 2.2	Rh 2.2	Pd 2.2	Ag 1.9	Cd 1.7	In 1.7	Sn 1.8	Sb 1.9	Te 2.1	I 2.5	Xe
Cs 0.7	Ba 0.9	Lu 1.2	Hf 1.3	Ta 1.5	W 1.7	Re 1.9	Os 2.2	Ir 2.2	Pt 2.2	Au 2.4	Hg 1.9	Tl 1.8	Pb 1.9	Bi 1.9	Po 2.0	At 2.2	Rn

由表 8-13 可见，同一周期主族元素的电负性从左到右依次递增。这也是由于原子的有效核电荷逐渐增大、半径依次减小，使原子在分子中吸引成键电子的能力逐渐增加。至于副族元素原子，ⅢB～ⅤB 族从上到下电负性趋于减小，ⅥB～ⅡB 族从上往下电负性变大。同一主族中，从上到下，电负性趋于减小，说明原子在分子中吸引成键电子的能力趋于减弱。

综上所述，元素的金属性是指原子失去电子成为阳离子的能力，通常可用电离能来衡量。元素的非金属性是指原子得到电子成为阴离子的能力，通常可用电子亲和能来衡量。元素的电负性综合反映了原子得失电子的能力，故可作为元素金属性与非金属性统一衡量的依据。一般来说，金属的电负性小于 2，非金属的电负性则大于 2。同一周期主族元素从左到右，元素的金属性逐渐减弱，非金属性逐渐增强。同一主族从上到下，元素的非金属性逐渐减弱，金属性逐渐增强。

8.1　原子核外电子的运动有什么特征？

8.2　原子轨道角度分布图与电子云角度分布图有何异同？

8.3　下列说法是否正确，为什么？

(1) 电子云图中黑点越密的地方电子越多。

(2) s 电子在球面轨道上运动，p 电子在双球面轨道上运动。

(3) 主量子数为 2 时，有 2s 和 2p 两个轨道。

(4) 一个原子中不可能存在两个运动状态完全相同的电子。

(5) 任何原子中，电子的能量只与主量子数有关。

8.4　在下列各项中，填入合适的量子数：

(1) $n=$(　　)，　$l=2$，　　$m=0$，　　$m_s=+1/2$

(2) $n=2$，　　$l=$(　　)，　$m=+1$，　　$m_s=-1/2$

(3) $n=2$，　　$l=0$，　　$m=$(　　)，　$m_s=+1/2$

(4) $n=4$，　　$l=2$，　　$m=0$，　　$m_s=$(　　)

8.5　写出原子序数 42、52、79 的各元素基态原子的电子排布式，并指出最外层电子构型、所在周期、分区、族号（不得查看周期表得出答案）。

8.6　元素的性质随原子序数的递增呈现周期性变化的主要原因是(　　)。

A. 元素原子的核外电子排布呈周期性变化

B. 元素原子半径呈周期性变化

C. 元素的化合价呈周期性变化

D. 元素的相对原子质量呈周期性变化

8.7　下列元素中第 1 电离能最小的元素是(　　)，电负性最大的元素是(　　)。

A. O　　　　B. F　　　　C. Cs　　　　D. Cl

8.8　什么是电负性？电负性的大小说明了元素的什么性质？

8.9　写出 Cl、Mn 可能存在的正氧化态？并分别举例。

第9章 化学键与分子结构

知识要点

(1) 掌握共价键的形成、特征和类型。

(2) 熟悉杂化轨道理论要点，掌握以 sp、sp^2和 sp^3杂化轨道成键分子的空间构型。

(3) 掌握分子极性的概念，以及分子间作用力和氢键的性质和形成原理。

(4) 了解晶体的微观结构，掌握几种常见晶体类型的结构和特征。

在自然界中，除稀有气体外，其他原子都是不稳定的结构，而是以原子之间通过一定的作用力结合而成的分子或晶体的形式存在的。空气中的氧气和氮气分别是由 2 个氧原子和 2 个氮原子构成的氧分子和氮分子。水分子由 2 个氢原子和 1 个氧原子结合在一起而构成。食盐是由很多的钠原子和氯原子以离子的形式结合而成的晶体。纯铜则是很多很多的铜原子以一定的形式结合而成的晶体。化学上把分子或晶体中直接相邻的原子或离子间的强烈相互作用称为化学键。化学键可大致区分为三种：离子键、共价键、金属键。此外，分子与分子之间存在较弱的分子间作用力和氢键。

要了解物质的性质及化学反应的规律就必须研究分子结构。本章将在原子结构的基础上，着重讨论有关共价键的理论、分子的几何结构及分子间的相互作用等基本知识。

9.1 共价键理论

9.1.1 经典路易斯学说

共价键的共用电子对理论最初是由美国化学家路易斯(G. N. Lewis)在 1916 年提出的。他认为分子中的每个原子都具有稀有气体原子的稳定电子层结构，但这种稳定结构不是通过电子的得失，而是以原子间共用电子对来实现的，这种化学键称为共价键。例如，氢分子是由 2 个氢原子结合而成的。在形成氢分子的过程中，电子不可能从一个氢原子转移到另一个氢原子上，而是 2 个氢原子各提供 1 个电子，形成共用电子对为 2 个氢原子所共有，从而使每个氢原子都具有稀有气体氦的稳定结构。依靠共用电子对的吸引作用平衡了 2 个原子核之间的排斥力，从而形成了氢分子。上述氢分子的形成可用电子式表示为：

$$H\cdot + \cdot H \longrightarrow H:H$$

如 Cl_2、O_2、HCl、NH_3 等都是共价型分子，它们的形成也可用电子式表示：

$$:\underset{\cdot\cdot}{\overset{\cdot\cdot}{Cl}}\cdot + \cdot\underset{\cdot\cdot}{\overset{\cdot\cdot}{Cl}}: \longrightarrow :\underset{\cdot\cdot}{\overset{\cdot\cdot}{Cl}}:\underset{\cdot\cdot}{\overset{\cdot\cdot}{Cl}}:$$

$$\underset{\cdot\cdot}{\overset{\cdot\cdot}{O}}: + :\underset{\cdot\cdot}{\overset{\cdot\cdot}{O}} \longrightarrow \underset{\cdot\cdot}{\overset{\cdot\cdot}{O}}::\underset{\cdot\cdot}{\overset{\cdot\cdot}{O}}$$

$$H\times + \cdot\underset{\cdot\cdot}{\overset{\cdot\cdot}{Cl}}: \longrightarrow H\overset{\times}{\cdot}\underset{\cdot\cdot}{\overset{\cdot\cdot}{Cl}}:$$

$$:\underset{\cdot}{\dot{N}}\cdot + 3\times H \longrightarrow :\underset{\times\atop H}{\overset{H\atop\times}{N}}\overset{\times}{\cdot}H$$

可以看出，除 H 以外，其他元素的原子通过价电子的共用，每个原子都具有稀有气体的八电子稳定结构。因此，路易斯经典共价理论又被称为八隅理论。

共价型分子的结构，可用电子式表示，也可用结构式表示，即用一条短线表示一对共用电子，两条短线表示两对共用电子，三条短线表示三对共用电子。例如：

$$H:H \qquad H—H$$

$$H\overset{\times}{\cdot}Cl \qquad H—Cl$$

$$N\vdots\vdots N \qquad N\equiv N$$

在结构式中，未共用电子对可以不写出。结构式是最常用的表示方法。

经典的共价键理论能解释许多物质的分子结构，但有局限性，还解释不了共价键的许多特点。到了 1927 年，海特勒(W. Heitler)和伦敦(F. London)首先将量子力学应用到分子结构中，对共价键的本质有了初步了解。随后鲍林等人发展了这一成果，建立了现代价键理论(即电子配对理论)。1932 年，美国化学家密立根和德国化学家洪德提出了分子轨道理论。这样，就形成了两种共价键理论：现代价键理论和分子轨道理论。本章仅对价键理论做初步介绍。

9.1.2　价键理论

9.1.2.1　共价键的形成

以 H_2 分子的形成为例。由实验测知，H_2 分子的核间距(d)为 74 pm，而 H 原子的玻尔半径却为 53 pm，可见 H_2 分子的核间距比 2 个 H 原子的玻尔半径之和小。这一事实表明：H_2 分子中 2 个 H 原子的 1s 轨道必然发生重叠。正是由于成键电子的轨道重叠结果，使两核间形成了电子出现概率密度较大的区域。这样，不仅削弱了两核间的正电荷排斥力，还增强了核间电子云对两氢核的吸引力，使体系能量得以降低，从而形成共价键(图 9-1)。

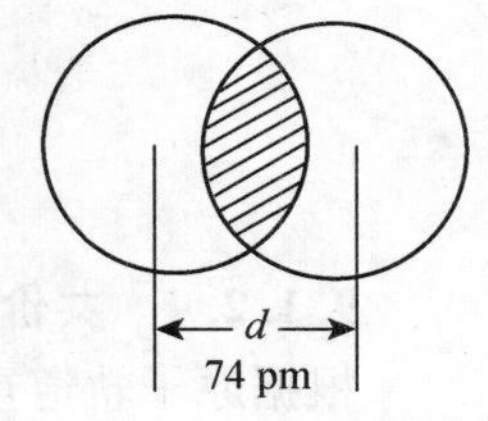

图 9-1　H_2 分子的核间距

由此可见，所谓共价键是指两原子靠近时成键电子的原子轨道重叠，使系统能量降低而形成的化学键。

9.1.2.2　价键理论的基本要点

现代价键理论又叫电子配对法，简称 VB(Valence Bond Theory)，它的基本要点：

(1) 电子配对原理。具有自旋相反的成单电子的原子相互接近时可形成稳定的化学键。一个原子有几个未成对的电子,便可和几个自旋相反的成单电子配对成键。

(2) 最大重叠原理。原子间形成共价键时,成键电子的原子轨道重叠愈多,核间电子的概率密度愈大,形成的共价键就愈牢固。因此,共价键的形成尽可能采取概率密度最大的方向。

9.1.2.3 共价键的特征

共价键的两个基本要点,决定了共价键具有两种特性,即饱和性和方向性。

(1) 共价键的饱和性。按价键理论要点(1)可推知,原子的一个未成对电子,如果跟另一个原子的自旋方向相反的电子配对成键后,就不能跟第 3 个原子的电子配对成键。即每个原子所能形成共价键的数目是由其单电子决定的,共价键的这个特性称为共价键的饱和性。例如,氢原子只有 1 个未成对电子(1s),它只与另一个氢原子自旋相反的电子配对后形成 H_2,则不能再与第 3 个原子的单电子配对;1 个氮原子有 3 个未成对电子($2p^3$),它可以分别和 3 个氢原子自旋相反的成单电子(1s)互相配对成键,所以 1 个氮原子能以 3 个共价键分别和 3 个氢原子结合成 NH_3 分子。

(2) 共价键的方向性。按价键理论要点(2)中的最大重叠原理可推知,形成共价键时,成键电子的原子轨道只有沿着轨道伸展的方向进行重叠,才能实现最大限度的重叠,轨道重叠越多,电子在两核间出现的机会越多,形成的共价键也就越稳定,这就决定了共价键具有方向性。除了 s 轨道呈球形对称无方向性外,p、d、f 轨道在空间都有一定的伸展方向。在形成共价键时,除 s 轨道与 s 轨道的重叠在任何方向都为最大重叠外,p、d、f 原子轨道只有沿着一定的方向才能发生最大程度的重叠。例如,HCl 分子中共价键的形成,H 的 1s 轨道与 Cl 的 $3p_x$ 轨道发生重叠形成 HCl 时,H 的 1s 轨道只有沿着 x 轴才能与 Cl 的 $3p_x$ 轨道发生最大程度的重叠,形成稳定的共价键,见图 9-2(a);而沿其他方向相互接近,则原子轨道不能重叠或重叠很少,不能形成稳定的共价键,见图 9-2(b)和(c)。

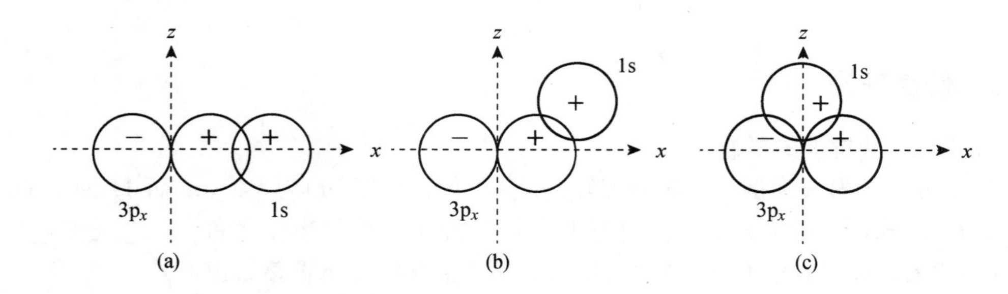

图 9-2 HCl 分子的形成过程

9.1.2.4 共价键的类型

根据原子轨道重叠方式的不同,共价键可以有两种基本的成键方式:σ 键和 π 键。

(1) σ 键。原子轨道沿键轴(两原子核间连线)方向,以“头碰头”方式重叠,重叠部分对于键轴呈圆柱形对称,并集中于两原子核之间,原子以这种轨道重叠形式结合所形成的共价键称为 σ 键。σ 键沿键轴方向旋转任意角度,轨道的形状和符号均不改变。图 9-3 所示的 s-s 轨道重叠,s-p 轨道重叠,p-p 轨道重叠,均为 σ 键。

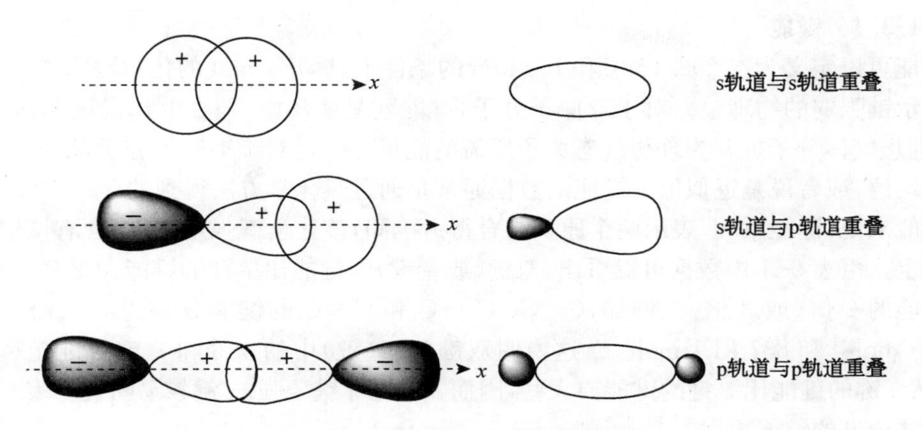

图 9-3　σ 键的成键方式及电子云界面图

(2) π 键。原子轨道垂直于键轴,以"肩并肩"方式重叠所形成的化学键称为 π 键。成键时,原子轨道的重叠部分对等地分布在包括键轴在内的平面上、下两侧,形状相同,符号相反,呈镜面对称,如图 9-4 所示。

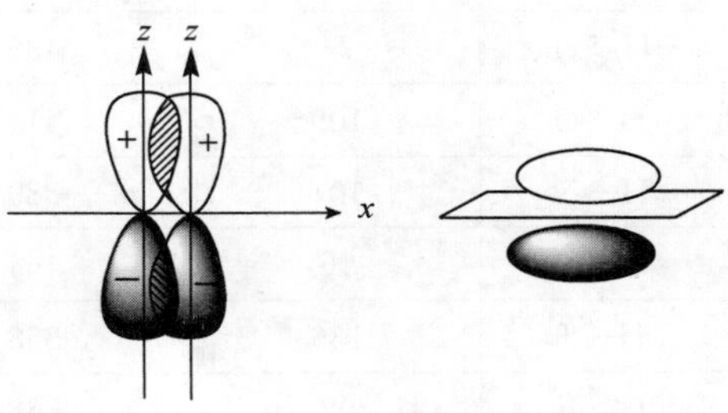

图 9-4　π 键的成键方式及电子云界面图

一般而言,键可以由 s 电子和 s 电子叠加形成(s-s)σ 键,也可以由 s 电子和 p 电子叠加形成(s-p)σ 键或 p 电子和 p 电子叠加形成(p-p)σ 键;而 π 键可由 p 电子和 p 电子"肩并肩"叠加形成(p-p)π 键。如果原子之间只有一对电子,形成的共价键是单键,通常总是 σ 键;如果原子间的共价键是双键,则由 1 个 σ 键和 1 个 π 键组成;如果是叁键,则由 1 个 σ 键和 2 个 π 键组成。例如,N 的外层电子构型为 $2s^2 2p^3$,有 3 个未成对电子。这 3 个电子分别分布于 3 个相互垂直的 $2p_x$、$2p_y$、$2p_z$ 轨道上。当 2 个 N 沿 x 轴接近时,1 个 N 的 p_x 轨道与另一个 N 的 p_x 轨道头碰头重叠,形成 1 个 σ 键;而 2 个垂直于 p_x 轨道的 p_y 轨道和 p_z 轨道只能垂直于 x 轴"肩并肩"重叠,形成 2 个互相垂直的 p_y-p_y 和 p_z-p_z π 键,如图 9-5 所示。

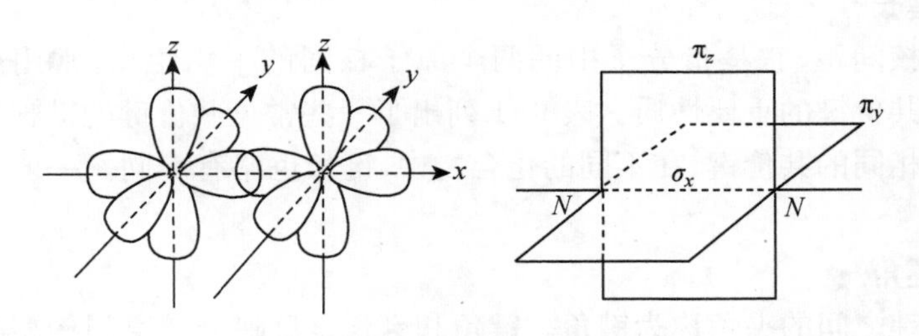

图 9-5　N_2 分子形成示意图

9.1.3　共价键的键参数

键能、键长和键角都是表征化学键性质的物理量,统称为键参数。利用这些键参数的数据,可以说明键的强弱,也可以说明分子的稳定性、分子的空间构型和分子的大小等性质。

9.1.3.1 键能

键能可以定义为在298.15 K和100 kPa的条件下,拆开1 mol的化学键所需要的能量,它是表示键强弱的物理量。对于双原子分子,键能就是解离能,即在上述温度和压力下,将1 mol理想气体分子拆开为理想气态原子所需的能量。但是对于多原子分子,键能只是一种统计平均值,或者说是近似值。键能的数据通常是通过热化学方法得到的。

一般来说,键能愈大,表示两个原子结合得愈牢固,该化学键强度愈大,含有该键的分子就愈稳定。由表9-1中数据可以看出,双键(或叁键)的键能比单键的键能大很多,但不等于单键键能的2倍(或3倍)。例如,C—C、C═C和C≡C的键能分别为347 kJ·mol^{-1}、611 kJ·mol^{-1}和837 kJ·mol^{-1}。这说明双键(或叁键)中的σ键和π键的键能是不相等的,显然σ键的键能比π键的键能要大些,因而σ键比π键要强,π键较易断裂。表9-1给出了某些共价键的键能数据。

表9-1 某些共价键的键能、键长数据

共价键	键长/pm	键能/(kJ·mol^{-1})	共价键	键长/pm	键能/(kJ·mol^{-1})
H—H	74	436	C—C	154	347
H—C	109	414	C═C	134	611
H—N	101	389	C≡C	120	837
H—O	96	464	N—N	145	167
H—S	136	368	N═N	125	418
H—F	92	568	N≡N	110	941
H—Cl	127	432	F—F	142	157
H—Br	141	366	Cl—Cl	199	243
H—I	161	298	Br—Br	228	196
C—O	143	356	I—I	267	151
C═O	121	745	O—O	148	142

9.1.3.2 键长

键长又称为核间距,它是指分子中的两个原子核间的平均距离,常用皮米(pm)表示。键长和键能都是共价键的重要性质。表9-1列出了一些常见共价键的键长数据。不同的共价键,键长不同;相同的共价键,在不同的化合物中,键长也略有不同。一般来说,键长愈短,键愈牢固。

9.1.3.3 键角

分子中键与键之间的夹角称为键角。键角和键长是反映分子空间构型的重要参数。键角的大小严重影响分子的许多性质,例如分子的极性,从而影响其溶解性、溶沸点等。例如:水分子为三角形结构,H—O—H的键角为104.5°;氨分子为三角锥形结构,H—N—H的键角为107.3°;CO_2分子是直线结构,O═C═O的键角为180°;CH_4分子是正四面体结构,H—C—H的键角为109.5°。参照键长和键角,可以确定分子的空间构型和大小。

9.2　杂化轨道理论

9.2.1　杂化理论概要

价键理论成功地解释了共价键的本质和特性，可以说明一些简单分子的内部结构，但在阐明多原子分子的几何构型时遇到困难。为了解释多原子分子的几何构型，1931 年鲍林（L. Pauling）等人在价键理论的基础上提出了杂化轨道理论（Hybrid Orbital Theory），它实质上仍属于现代价键理论，但是在成键能力、分子的空间构型等方面丰富和发展了现代价键理论。

核外电子在一般状态下总是处于一种较为稳定的状态，即基态。而在某些外加作用下，电子也可以吸收能量变为一个较活跃的状态，即激发态。在形成分子的过程中，由于原子间的相互影响，在能量相近的两个电子亚层中的单个原子中，能量较低的一个或多个电子会激发而变为激发态，进入能量较高的电子亚层中，即所谓的跃迁现象，从而形成一个或多个能量较高的电子亚层。此时，这一个与多个原来处于较低能量的电子亚层的电子所具有的能量增加到和原来能量较高的电子亚层中的电子相同。这样，这些电子的轨道便混杂在一起，这便是杂化，而这些电子的状态也就是所谓的杂化态。

简言之，即某原子成键时，在键合原子的作用下，价层中若干个能级相近的原子轨道有可能改变原有的状态，"混杂"起来并重新组合成一组有利于成键的新轨道，称为杂化轨道；这一过程称为原子轨道的杂化，简称杂化。

同一原子中能量相近的 n 个原子轨道，组合后只能得到 n 个杂化轨道。例如，同一原子的 1 个 s 轨道和 1 个 p_x 轨道，只能杂化成 2 个 sp 杂化轨道。杂化轨道与原来的原子轨道相比，其角度分布及形状均发生了变化，能量也趋于平均化，但比原来未杂化的轨道成键能力强，形成的化学键的键能大，使生成的分子更稳定。

9.2.2　杂化轨道的类型

根据参加杂化的原子轨道的不同，可将杂化分为不同类型的杂化轨道。只有 s 轨道和 p 轨道参与的杂化称为 sp 杂化。同一原子中同一价电子层有 3 个 p 轨道（p_x、p_y、p_z），根据组合 p 轨道的数目不同，sp 杂化可分为 sp、sp^2、sp^3 杂化三种类型，相对应的杂化轨道称为 sp、sp^2、sp^3 杂化轨道。下面主要介绍这三种轨道：

9.2.2.1　sp 杂化轨道

sp 杂化轨道是由 1 个 ns 轨道和 1 个 np 轨道形成的，其形状不同于杂化前的 s 轨道和 p 轨道。每个杂化轨道含有 1/2 的 s 轨道成分和 1/2 的 p 轨道成分。2 个杂化轨道在空间的伸展方向呈直线形，夹角为 180°。

以 $BeCl_2$ 的形成为例。基态 Be 的价层电子构型为 $2s^2$，在成键时激发成 $2s^1 2p^1$。Be 的 1 个 2s 轨道和 1 个 2p 轨道进行杂化，形成 2 个能量等同的 sp 杂化轨道，每个杂化轨道中各有 1 个未成对电子。这 2 个杂化轨道上的电子分别与 2 个 Cl 原子的 $3p_x$ 轨道以"头碰头"方式重叠，形成 2 个 σ 键。由于 Be 的 2 个 sp 杂化轨道间的夹角是 180°，因此所形成的 $BeCl_2$ 的几何构型为直线形。图 9-6 所示为 Be 原子轨道杂化情况和 $BeCl_2$ 分子的空间构型。

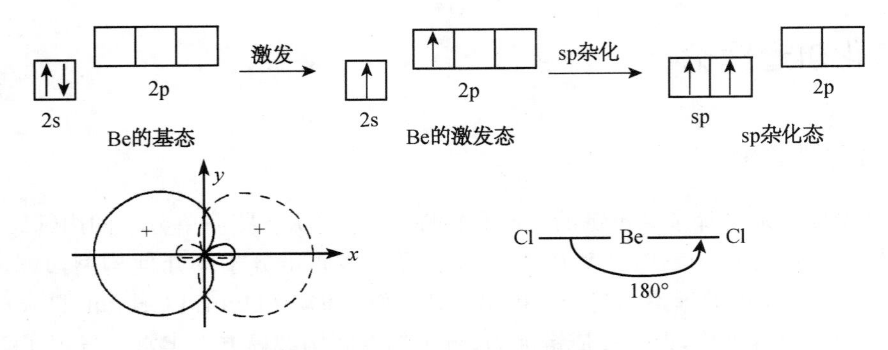

图 9-6　sp 杂化轨道与 $BeCl_2$ 的分子结构

9.2.2.2　sp^2 杂化轨道

sp^2 杂化轨道由 1 个 ns 轨道和 2 个 np 轨道组合而形成,每个杂化轨道含有 1/3 的 s 轨道成分和 2/3 的 p 轨道成分,杂化轨道间夹角为 120°,呈平面三角形分布。图 9-7 所示为 BF_3 分子形成中 B 原子杂化轨道情况和 BF_3 分子空间构型。

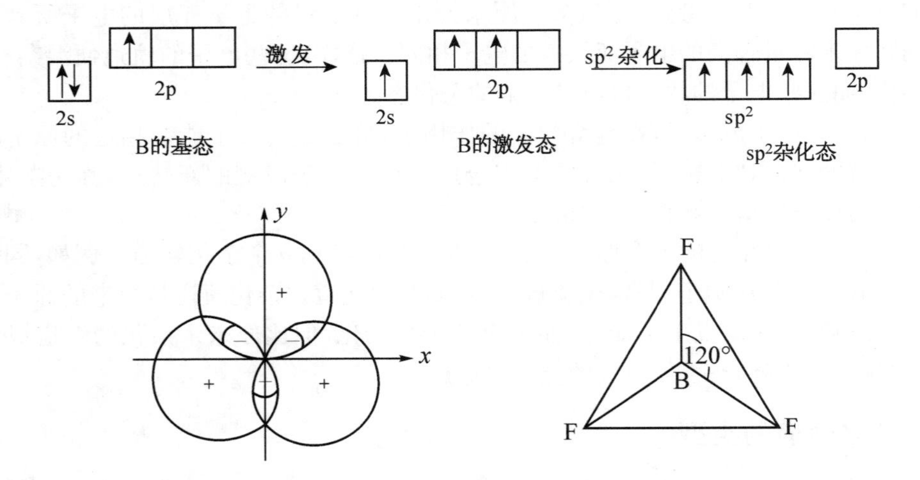

图 9-7　sp^2 杂化轨道与 BeF_3 的分子结构

基态 B 原子的价层电子构型为 $2s^2 2p^1$，只有 1 个未成对电子。成键时 2s 的 1 个电子激发到 2p 空轨道上,激发态为 $2s^1 2p_x^1 2p_y^1$;然后发生杂化,形成 3 个能量相等的 sp^2 杂化轨道,每个杂化轨道中各有 1 个未成对电子。B 用 3 个 sp^2 杂化轨道分别与 3 个 F 的 2p 轨道重叠形成 3 个 σ 键。由于 B 的 3 个 sp^2 杂化轨道间的夹角为 120°,所以 BF_3 的几何构型是平面正三角形。

9.2.2.3　sp^3 杂化

sp^3 杂化轨道由 1 个 ns 轨道和 3 个 np 轨道组合而形成,每个杂化轨道含有 1/4 的 s 轨道成分和 3/4 的 p 轨道成分,杂化轨道间夹角为 109.5°,空间构型为正四面体形。

以 CH_4 分子的形成为例。图 9-8 所示为 CH_4 分子形成中 C 原子杂化轨道情况和甲烷分子的正四面体结构。基态 C 原子的价层电子构型是 $2s^2 2p^2$，激发态为 $2s^1 2p_x^1 2p_y^1 2p_z^1$，C 的 1 个 2s 轨道和 3 个 2p 轨道进行杂化,形成 4 个等量的 sp^3 轨道。成键时,以杂化轨道大的一头与H原子的成键轨道重叠而形成4个σ键。由于C的4个sp^3杂化轨道间的夹角为109.5°,表明CH_4分子为正四面体结构。

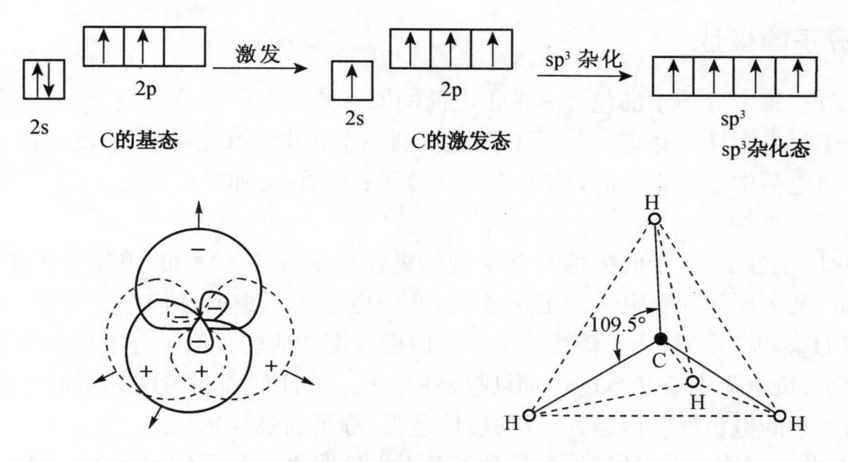

图9-8 sp^3杂化轨道与甲烷的分子结构

杂化轨道除sp型外,还有dsp型[利用(*n*−1)d、*n*s、*n*p轨道]和spd型(利用*n*s、*n*p、*n*d轨道)。表9-2列出了几种常见的杂化轨道。

表9-2 杂化轨道类型与空间构型

类型	轨道数目	空间构型	实例
sp	2	直线形	$HgCl_2$、$BeCl_2$
sp^2	3	平面三角形 V形	BF_3、NO_3^- SO_2、$PbCl_2$
sp^3	4	正四面体 三角锥 V形	CCl_4、SiF_4 NH_3、H_3O^+ H_2O、H_2S
sp^3d(或dsp^3)	5	三角双锥 变形四面体 T形 直线	PCl_5、PF_5 SF_4、$TeCl_4$ ClF_3 XeF_2、I_3^-
sp^3d^2(或d^2sp^3)	6	正八面体 四方锥 平面正方形	SF_6、AlF_6^{3-} BrF_5、IF_5 XeF_4、ICl_4^-

9.3 分子间作用力和氢键

化学键是分子中相邻原子间较强烈的相互作用力。然而,不仅分子内的原子之间有这种化学键的作用力。分子与分子之间也存在一种较弱的相互作用力,称为分子间力。例如气体分子能凝聚成液体或固体,主要就是靠这种分子间的力。这种分子间作用力由范德华(J. D. Van der Waals)第一次提出,又称为范德华力。而且这种作用力是吸引力,其作用范围只有 500 pm，距离再远，作用力就变得极弱。为了更好地说明分子间作用力，先介绍分子的极性。

9.3.1　分子的极性

总体来说，每个分子中都包含有带正电荷的原子核和带负电荷的电子，其正负电荷数相等，整个分子呈电中性。在每个分子中都能找到一个正电荷中心和一个负电荷中心。有些分子的正、负电荷中心是重合的，称为非极性分子；正、负电荷中心不重合的分子，则称为极性分子。

对于双原子分子，分子的极性与化学键的极性是一致的。例如，单质分子中，同种原子形成共价键，两个原子吸引电子的能力相同，共用电子对不偏向任何一个原子，形成非极性共价键，如 H_2、N_2、Cl_2 等为非极性分子。而由极性键构成的双原子分子，如 HCl、HBr、HI 等，分子的正、负电荷中心互不重合，形成极性分子。极性的强弱与两元素的电负性差值大小有关，两元素的电负性差值越大，键的极性越强，分子的极性越强。

对于由极性键构成的多原子分子，分子有无极性取决于分子的组成和空间构型。例如：CO_2 是直线形对称结构，2 个 C═O 键的极性互相抵消，正、负电荷中心重合，因此，CO_2 是非极性分子；NH_3 分子的空间构型是三角锥形，3 个 N—H 键的极性不能完全抵消，正、负电荷中心互不重合，所以 NH_3 是极性分子。

极性分子的极性大小一般用偶极矩 μ 来衡量，定义为正、负电荷中心间的距离 d 与分子中电荷中心上的电荷量 q 的乘积：

$$\mu = q \times d$$

d 又称为偶极长度。分子的偶极矩是一个矢量，其方向和单位与键矩相同，可由实验测得，单位是库・米(C・m)。偶极矩越大，分子的极性越大，分子的偶极矩为零，则为非极性分子。表 9-3 列出了一些物质的偶极矩。

表 9-3　某些物质的偶极矩 μ

物质名称	偶极矩/C・m	物质名称	偶极矩/C・m
N_2	0	HF	6.34×10^{-30}
H_2	0	HCl	3.58×10^{-30}
CO_2	0	HBr	2.57×10^{-30}
CS_2	0	HI	1.25×10^{-30}
CH_4	0	CO	0.40×10^{-30}
CCl_4	0	H_2S	3.63×10^{-30}
$CHCl_3$	3.63×10^{-30}	H_2O	6.17×10^{-30}
NH_3	4.29×10^{-30}	SO_2	5.28×10^{-30}

综上所述，可以根据分子的组成和空间构型来判断分子的极性。但事实上，人们是根据实验测出偶极矩，然后由此推断分子的空间构型的。因此，利用实验测得偶极矩是推断和验证分子空间构型的一种有效方法。

9.3.2　范德华力

范德华力按产生的原因和特点分为取向力、诱导力和色散力。

9.3.2.1　取向力

取向力是指极性分子与极性分子之间的作用力。由于极性分子的一端为正、一端为负，存在一个永久偶极。因此，当两个极性分子相互靠近时，由于异性相吸和同性相斥的作用，分子将产生相对的转动，分子转动的过程叫作取向。在已取向的分子之间，由于静电引力而互相吸引，当接近到一定距离时，排斥和吸引达到平衡，此时体系能量达到最小值。这种由于极性分子固有偶极的取向而产生的分子间的静电引力称作取向力。分子的偶极矩越大，取向力也越大。

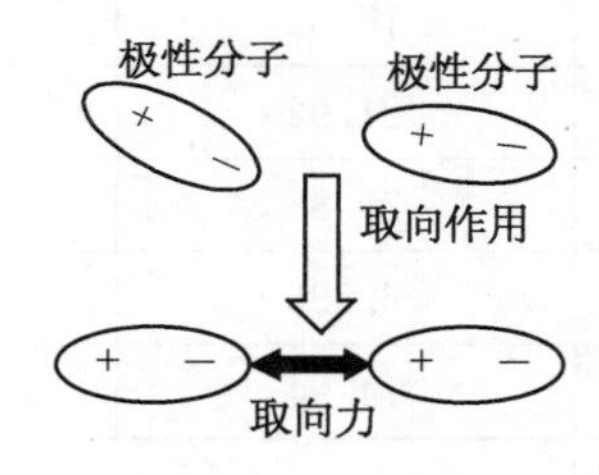

图9-9　取向力示意图

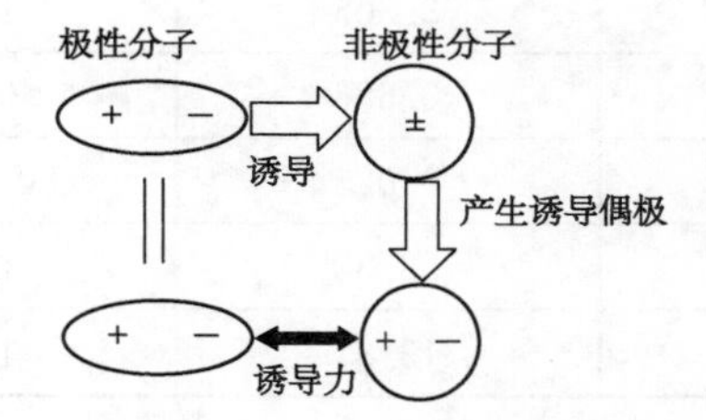

图9-10　诱导力示意图

9.3.2.2　诱导力

非极性分子与极性分子之间也存在作用力。极性分子的静电作用可以诱导非极性分子使其正、负电荷中心分离而产生偶极，这种偶极称为诱导偶极。诱导偶极和极性分子的固有偶极之间的作用力称作诱导力。当然，极性分子与其他极性分子之间也有这种作用，使得偶极矩增大，即极性分子之间除了有取向力，还存在诱导力。

极性分子的偶极矩越大，诱导力也越大；非极性分子越大，其变形性也越大，诱导力也越大。

9.3.2.3　色散力

非极性分子中无偶极，显然它们之间不存在取向力和诱导力；但实际情况表明，它们之间也存在作用力。例如，室温下溴是液体，碘是固体，低温下氯气也能液化。此外，对于极性分子来说，前两种力计算出的分子间力与实验值相比要小得多，说明分子中还存在第三种力，这种力叫色散力。

对于任何一个分子来说，由于原子核的振动和电子的运动而不断地改变它们的相对位置，在某一瞬间可造成正、负电荷中心不重合而产生一个短时间的偶极，称为瞬时偶极。这种由于瞬时偶极而产生的作用力叫作色散力。

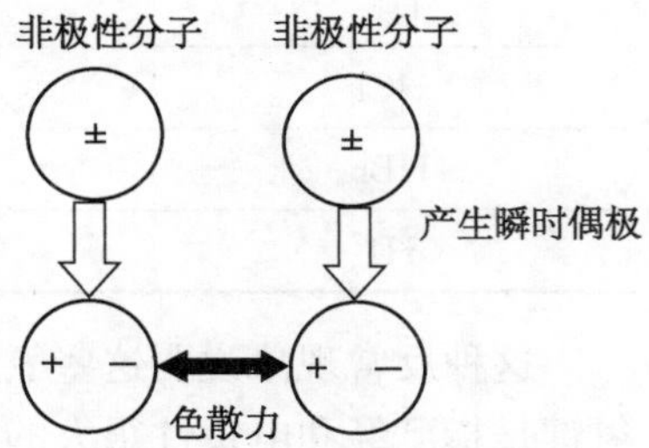

图9-11　色散力示意图

尽管瞬时偶极存在的时间极短，但是上述情况在不停地重复，所以分子间的色散力是存在的，而且普遍存在于各类分子之间。由于色散力包含瞬间诱导极化作用，因此色散力的大小主要与相互作用分子的变形性有关。一般来说，分子体积越大，其变形性也就越大，分子间的色散力就越大。

总之,分子间力是永远存在于分子之间的一种吸引力。在非极性分子之间,只有色散力;在极性分子和非极性分子之间,有诱导力和色散力;在极性分子之间,则有取向力、诱导力和色散力。这三种吸引力的总称就是范德华力。表 9-4 列出了部分分子之间的吸引力。

表 9-4 分子间的吸引作用

(两分子间的距离=500 pm,温度=298.15 K) 单位:kJ·mol^{-1}

分子	取向力	诱导力	色散力	总和
Ar	0	0	8.49	8.49
CO	0.003	0.008 4	8.74	8.75
HCl	3.305	1.004	16.82	21.13
HBr	0.686	0.502	21.92	23.11
HI	0.025	0.113 0	25.86	26.00
H_2O	36.38	1.929	8.996	47.30
NH_3	13.31	1.548	14.94	29.80

范德华力的能量大约有十几到几十千焦每摩尔,相当于化学键键能的十分之一或几十分之一。然而分子间这种微弱的作用力却是决定物质熔点、沸点、表面张力、稳定性等物理性质的主要因素。液态物质分子间力越大,汽化热就越大,沸点就越高;固态物质分子间力越大,熔化热就越大,熔点就越高。一般来说,结构相似的同系列物质的相对分子质量越大,分子变形性越大,分子间力越强,物质的熔点、沸点就越高。例如,卤素分子是非极性双原子分子,分子间只存在色散力。由于卤素分子的色散力随相对分子质量的增加而增大,它们的熔点、沸点也随之而升高,在常温下,F_2、Cl_2是气体,Br_2是液体,而 I_2是固体。

9.3.3 氢键

9.3.3.1 氢键的形成

一般来说,结构相似的同系列物质的熔、沸点会随着相对分子质量的增大而升高,但是有些氢化物会出现反常现象,见表 9-5。

表 9-5 某些氢化物的沸点

氢化物	沸点/K	氢化物	沸点/K
HF	293	H_2O	373
HCl	189	H_2S	212
HBr	206	H_2Se	231
HI	238	H_2Te	271

这种反常现象说明这些氢化物之间除了分子间力以外,还存在更大的作用力,即氢键。氢键是指已经和电负性很大的原子形成共价键的氢原子,再和另一个电负性很大的原子形成的第二个键。氢键通常可用 X—H…Y 表示,式中 X 和 Y 代表 F、O、N 等电负性大而原

子半径较小的非金属原子。氢键中的 X 和 Y 可以是两种相同的元素，也可以是两种不同的元素。

氢键的形成必须具备以下两个条件：

(1) X—H 为强极性共价键，即 X 元素的电负性要大，半径要小。

(2) Y 元素要有吸引氢核的能力，即 Y 元素的电负性要大，半径要小，而且有孤电子对。

例如 HF 分子之间形成氢键如下：

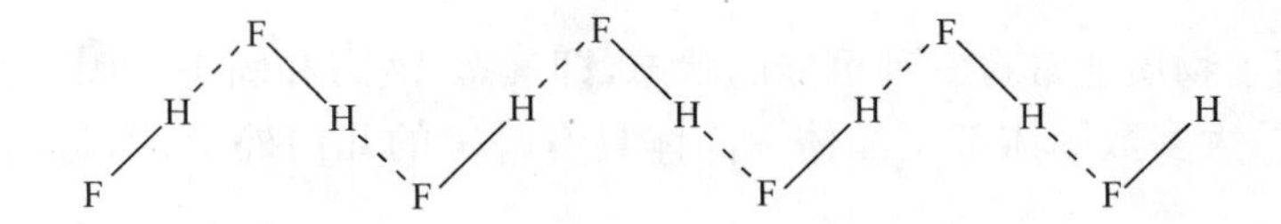

图 9-12　HF 分子中的氢键

氢键分为分子间氢键和分子内氢键。一个分子的 X—H 键与另一个分子中的 Y 形成的氢键称为分子间氢键；一个分子的 X—H 键与该分子内的 Y 形成的氢键称为分子内氢键。例如，邻羟基苯甲酸中的羟基氢可与羧基中的氧原子生成分子内氢键，如图 9-13 所示。

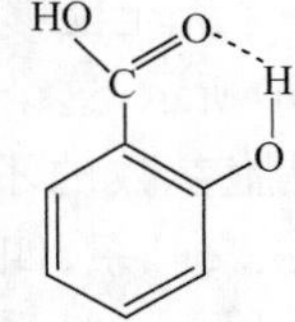

图 9-13　分子内氢键

9.3.3.2　氢键的特点

(1) 氢键具有方向性和饱和性。氢键的方向性是指 Y 原子与 X—H 形成氢键时，尽可能使氢键的方向与 X—H 键轴在同一个方向，即使 X—H…Y 在同一直线上。因为在这个方向上，X 与 Y 之间相隔的距离最远，两原子电子云之间的斥力最小，形成的氢键最强，体系更稳定。氢键的饱和性是指每一个 X—H 只能与一个 Y 原子形成氢键。因为 H 原子半径比 X 和 Y 的原子半径小很多，当 X—H 与一个 Y 原子形成氢键后，如果再有一个极性分子的 Y 原子靠近它们时，这个原子的电子云受到的 X—H…Y 上的 X、Y 原子电子云的排斥力大于它所受到的氢核的吸引力，所以 X—H…Y 上的 H 原子不容易与第二个 Y 原子再形成第二个氢键。

(2) 氢键的强度。氢键键能在 $42\ kJ \cdot mol^{-1}$ 以下，大于范德华力，但与化学键相比却小得多。氢键的强弱与 X 和 Y 的电负性有关，它们的电负性愈大，则氢键愈强；此外还与 X 和 Y 的半径有关，X 的半径越小，吸引电子的能力越强，与它结合的氢原子越“赤裸”，Y 的半径越小，越能接近 X—H，则氢键也越强。

9.3.3.3　氢键对化合物性质的影响

氢键的形成会对某些物质的物理性质产生一定的影响。分于间有氢键的物质熔化或气化时，除了要克服纯粹的分子间力外，还必须提高温度，额外地供应一份能量来破坏分子间的氢键，所以这些物质的熔点、沸点比同系列氢化物的熔点、沸点高。例如，NH_3、H_2O、HF 的沸点比同族元素氢化物的沸点要高。而硫酸分子形成分子间氢键，将很多的 SO_4^{2-} 结合起来，导致硫酸成为高沸点的强酸。分子内生成氢键，熔点、沸点常降低。例如，有分子内氢键的邻硝基苯酚的熔点(45 ℃)比有分子间氢键的间硝基苯酚的熔点(96 ℃)和对硝基苯酚的熔点(114 ℃)都低。在极性溶剂中，如果溶质分子与溶剂分子之间可以形成氢键，则溶质的溶解度增大。HF 和 NH_3 在水中的溶解度比较大，就是这个缘故。分子间有氢键的液体，一般黏度较大,如甘油、磷酸、浓硫酸等多羟基化合物通常为黏稠状液体。分子间若形成氢键,还有可能发生缔合现象。

9.4 晶体的结构与性质

9.4.1 晶体的基本知识

第2章介绍了物质通常有三种可能的状态,即气态、液态和固态。固体物质可分为晶体和非晶体两大类,大多数固体都是晶体。晶体具有一定的几何外形、固定的熔点,具有各向异性。

为了描述晶体的结构,人们把构成晶体的原子当成一个点,再用假想的线段将这些代表原子的各点连接起来,就绘成图9-14(a)所表示的格架式空间结构。这种用来描述原子在晶体中排列的几何空间格架,称为晶格。由于晶体中原子的排列是有规律的,可以从晶格中拿出一个完全能够表达晶格结构的最小单元,如图9-14(b)所示,这个最小单元就叫作晶胞。根据各种晶体晶胞参数的不同,把晶体分为七大晶系:立方晶系、正交晶系、四方晶系、单斜晶系、三方晶系、三斜晶系和六方晶系。许多取向相同的晶胞组成晶粒,由取向不同的晶粒组成的物体,叫作多晶体;而晶体内所有的晶胞取向完全一致的称为单晶体。单晶比较少见,常见的如单晶硅、单晶石英。最常见到的一般是多晶体。

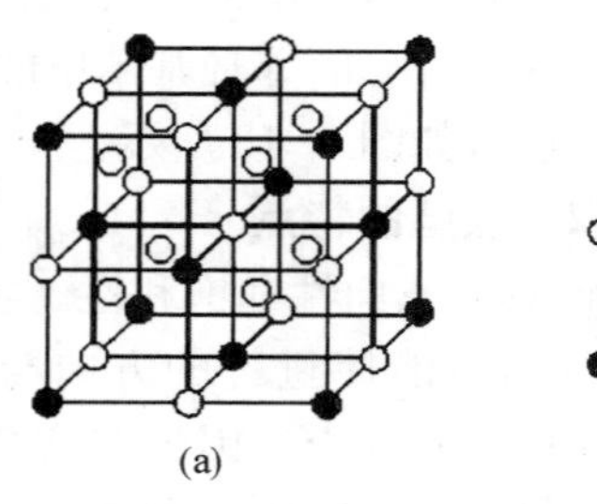

图9-14 晶格和晶胞示意图

根据组成晶体的微粒和微粒间作用力的不同,可把晶体分为离子晶体、原子晶体、分子晶体、金属晶体四种基本类型。此外还有混合型晶体,即晶体中存在两种以上作用力的晶体,如链状晶体和层状晶体。这里只介绍四种基本类型。

9.4.2 离子晶体

由正、负离子或正、负离子集团按一定比例组成的晶体称作离子晶体。离子晶体中正、负离子或离子集团在空间排列上具有交替相间的结构特征,离子间的相互作用以库仑静电作用为主导。例如 NaCl 是正立方体晶体,Na^+离子与Cl^-离子相间排列,每个Na^+离子同时吸引6个Cl^-离子,每个Cl^-离子同时吸引6个Na^+。不同的离子晶体,离子的排列方式可能不同,形成的晶体类型也不一定相同。离子晶体中不存在分子,通常根据阴、阳离子的数目比来表示该物质的组成。如化学式 NaCl 表示氯化钠晶体中Na^+离子与Cl^-离子的个数比为1∶1,$CaCl_2$表示氯化钙晶体中Ca^{2+}离子与Cl^-离子的个数比为1∶2。

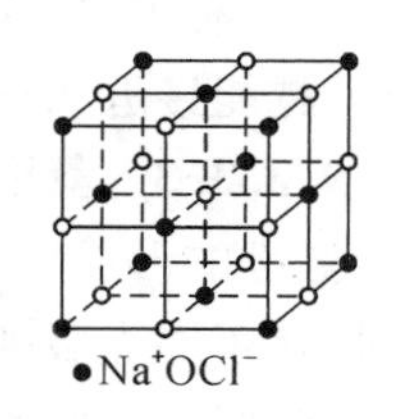

图9-15 氯化钠晶体结构图

离子晶体的结构特点是:晶格上质点是阳离子和阴离子;晶格上质点间作用力是离子键,它比较牢固。

离子晶体的代表物主要是强碱和多数盐类。离子晶体一般有以下几个特征:

有较高的熔点和沸点，因为要使晶体熔化就要破坏离子键，离子键作用力较强大，所以要加热到较高温度；硬而且脆；多数离子晶体易溶于水，难溶于非极性溶剂；离子晶体在固态时有离子，但不能自由移动，不能导电，溶于水或熔化时离子能自由移动而能导电。

9.4.3 原子晶体

相邻原子之间通过强烈的共价键结合而成的空间网状结构的晶体叫作原子晶体。原子晶体中，组成晶体的微粒是原子，原子间的相互作用是共价键。在原子晶体中，由于原子间以较强的共价键相结合，而且形成空间立体网状结构，所以原子晶体具有以下特征：

熔点和沸点很高，硬度很大，难溶于一些常见的溶剂；一般不导电，多数原子晶体为绝缘体，有些如硅、锗等是优良的半导体材料。

常见的原子晶体是周期系第ⅣA族元素的一些单质和某些化合物，如金刚石、硅晶体、SiO_2、SiC等(但碳元素的另一单质——石墨不是原子晶体，石墨晶体是层状结构，以1个碳原子为中心，通过共价键连接3个碳原子，形成网状六边形，属过渡型晶体)。金刚石是典型的原子晶体，熔点高达3 550 ℃，是硬度最大的单质，图9-16所示为金刚石晶体结构图。

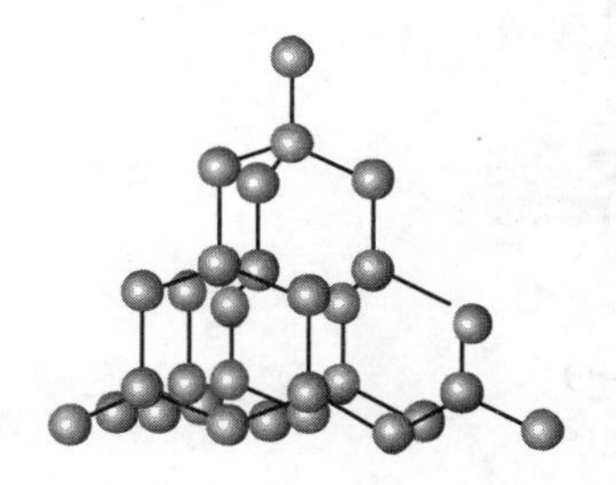

图9-16 金刚石晶体结构图

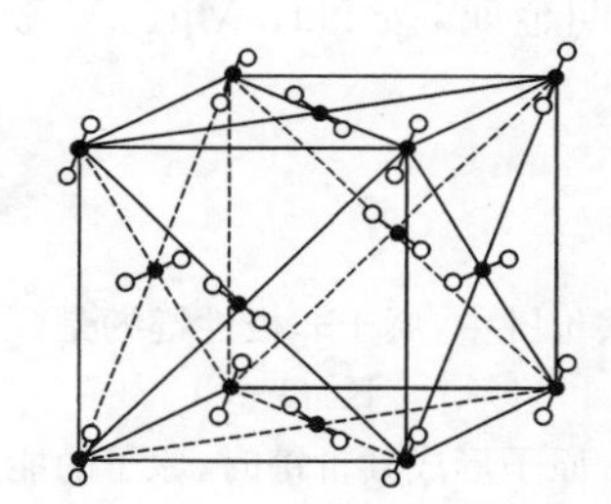

图9-17 固态CO_2晶体结构图

9.4.4 分子晶体

分子间通过范德华力或氢键构成的晶体称为分子晶体。分子晶体中，晶格结点上排列着分子，质点间的作用力主要是分子间力。分子间的作用力很弱，所以分子晶体具有熔点和沸点较低、硬度小、易挥发的特点。许多物质在常温下呈气态或液态，如O_2、CO_2是气体，乙醇、冰醋酸是液体。但HF、H_2O、NH_3、CH_3CH_2OH等分子间除了存在范德华力外，还有氢键的作用力，它们的熔沸点较高。图9-17所示为固态CO_2晶体结构图。

9.4.5 金属晶体

晶格结点上排列金属原子和金属离子时所构成的晶体称为金属晶体。在金属晶体中，从原子上脱落下来的电子，不是固定在某一金属离子附近，而是在晶体中自由运动，叫作自由电子。电子不停地进行交换，即电子离开金属原子，电子又和金属离子结合，电子时而在这一离子附近运动，时而又在另一离子附近运动。这种在金属晶体中，由于自由电子不停地运动，把金属原子和金属离子结合在一起的化学键，叫作金属键。金属键和金属晶体内部原子结构如图9-18和9-19所示。

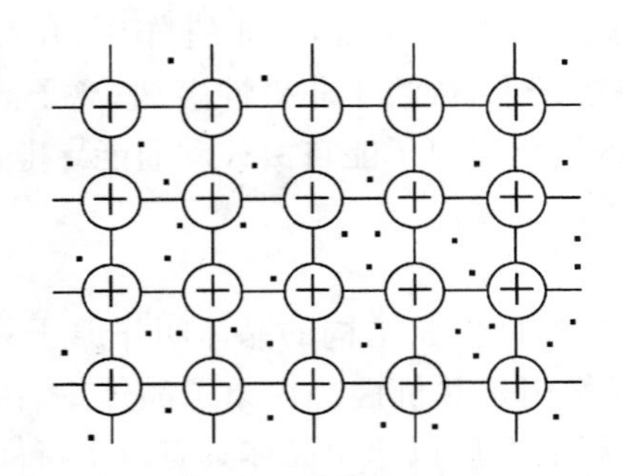

图 9-18 金属键示意图(小黑点为自由电子)

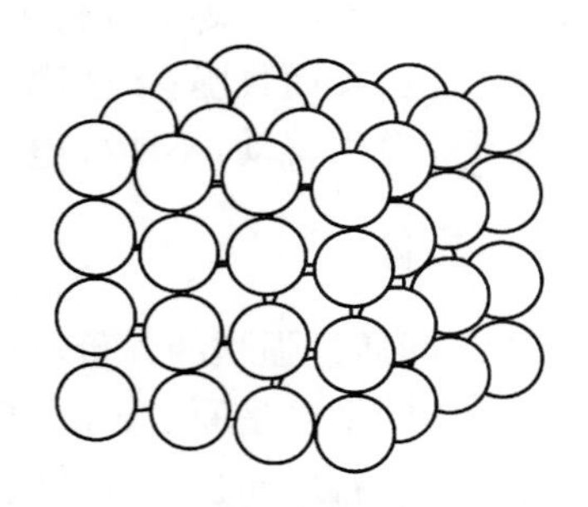

图 9-19 金属晶体内部原子结构图

金属具有共同的特性,如:呈现金属光泽,不透明,是热和电的良好导体,有良好的延展性和机械强度,对光的反射系数大,大多数金属具有较高的熔点和硬度。不同金属之间还可以形成合金,也是其主要性质之一。

金属晶体中,金属离子排列越紧密,金属离子的半径越小,离子电荷越高,金属键越强,金属的熔沸点越高。例如周期系ⅠA族金属,由上而下,随着金属离子半径的增大,熔沸点递减。第3周期金属,按Na、Mg、Al顺序,熔沸点递增。

习 题

9.1 下列共价键中,属于非极性键的是(　　)。

A. C—H　　B. C—Cl　　C. C═O　　D. N≡N

9.2 当两个原子形成共价键时,原子的能量将(　　)。

A. 升高　　B. 降低

C. 保持不变　　D. 一个升高,一个降低

9.3 下列分子中存在 π 键的是(　　)。

A. H_2O　　B. CH_4　　C. Cl_2　　D. CO_2

9.4 下列化合物中,既有离子键,又有共价键的是(　　)。

A. NaOH　　B. NH_3　　C. $CaCl_2$　　D. HCl

9.5 关于键长、键能和键角,下列说法不正确的是(　　)。

A. 键角是描述分子立体结构的重要参数

B. 键长与成键原子的半径和成键数目有关

C. 键能越大,键长越长,共价化合物越稳定

D. 键角的大小与键长、键能的大小无关

9.6 用电子式表示下列化合物的结构:

KCl; Na_2O; CaF_2; $MgCl_2$; CaO; $ZnCl_2$。

9.7 什么叫原子杂化轨道?杂化轨道有几种类型?用杂化轨道理论说明 CCl_4 的分子结构。

9.8 试用电负性值估计下列键的极性顺序:

H—Cl; Be—Cl; Li—Cl; Al—Cl; Si—Cl; C—Cl; N—Cl; O—Cl 。

9.9 下列物质中存在哪些分子间作用力:

(1)液态水;(2)氨水;(3)液氢;(4)酒精水溶液;(5)碘的四氯化碳溶液。

9.9 常温下卤素单质中,F_2 和 Cl_2 为气体,Br_2 为液体,I_2 为固体,这是为什么?

9.10 试解释 I_2 不易溶于水,而易溶于 CCl_4。

9.11　试举三例现象说明石蜡是非晶体。

9.12　金属键与离子键和共价键比较，在哪些方面有异同点？

9.13　比较下列各组物质，哪个熔点高？

(1)SiC 和 I_2；(2)干冰(CO_2)与冰；(3)KI 和 $CuCl_2$。

第10章 配位化合物

知识要点

(1) 掌握配位化合物的基本概念。
(2) 理解配位化合物的价键理论。
(3) 会利用配位化合物的稳定常数进行相关的计算。

配位化合物简称配合物,是一类组成复杂、用途极为广泛的化合物。最早的配合物研究始于1798年,法国化学家塔萨厄尔(B. M. Tassert)合成了第1个配位化合物$[Co(NH_3)_6]Cl_3$。1893年,瑞士化学家维尔纳(A. Werner)提出了配合物的配位理论,自此配位化学得到了空前的发展。配位化合物存在非常普遍,很多无机化合物都具有配合物的结构,还有许多配合物是由金属离子与有机物形成的。配合物在分析化学、配位催化、冶金工业、生物医药、临床检验、环境检测等领域有广泛而重要的应用。

10.1 配合物的基本概念

10.1.1 配合物的定义

在前面章节中涉及到的一些酸、碱、盐都是简单化合物,如HCl、NH_3、NaOH、$CuSO_4$等。它们的形成都符合经典化合价理论。配合物与这些简单的化合物不同,在配合物的形成过程中,既没有电子得失而形成的离子键,也没有由两个原子相互提供单电子配对而形成的共价键。为了说明什么是配合物,先看一下向$CuSO_4$溶液中滴加过量氨水的实验现象。

在$CuSO_4$溶液中加少量氨水,有浅蓝色$Cu(OH)_2$沉淀生成;继续滴加氨水,则沉淀消失,溶液转变成深蓝色。加入稀氢氧化钠溶液检测,无$Cu(OH)_2$沉淀生成,亦无气态氨逸出,说明溶液中并无明显的游离Cu^{2+}离子和NH_3分子存在。加入$BaCl_2$溶液,可析出白色$BaSO_4$沉淀,说明溶液中存在游离的SO_4^{2-}离子。

实验说明,溶液中SO_4^{2-}独立存在,而Cu^{2+}和NH_3分子进行了结合。经X射线结构分析,Cu^{2+}和NH_3形成了复杂离子$[Cu(NH_3)_4]^{2+}$,它是由一个Cu^{2+}和四个NH_3分子组成的独立基团。这个复杂基团既无氧化态的变化,也没有提供电子配对而形成共价键,不符合经典的化学键理论。这类化合物就是配合物。

因此,对配合物可做如下定义:

由中心离子(或原子)和一定数目的离子或分子,通过形成配位化学键相结合而形成的复杂结构单元,称为配位单元(或配离子);凡是含有配位单元的化合物都称作配位化合物,简称配合物。配位单元中,中心离子(或原子)都有空的价电子轨道,配体离子或分子都可以提供孤对电子。

$[Co(NH_3)_6]^{3+}$、$[Cr(CN)_6]^{3-}$、$Ni(CO)_4$都是配位单元,分别称作配阳离子、配阴离子、配分子。$[Co(NH_3)_6]Cl_3$、$K_3[Cr(CN)_6]$、$Ni(CO)_4$都是配位化合物。判断配位化合物的关键在于是否含有配位单元。

10.1.2 配合物的组成

一般的配合物在组成上包括两大部分——配位单元和其他部分。常把配位单元称为内界,其他部分称为外界。内界为配合物的特征部分,由中心离子(或原子)和配体以配位键成键,在配合物的化学式中以方括号标明。方括号以外的离子构成配合物的外界。内界与外界之间以离子键结合。内界与外界离子所带电荷的总量相等,符号相反。这里以$[Cu(NH_3)_4]SO_4$为例,来说明配合物的组成。

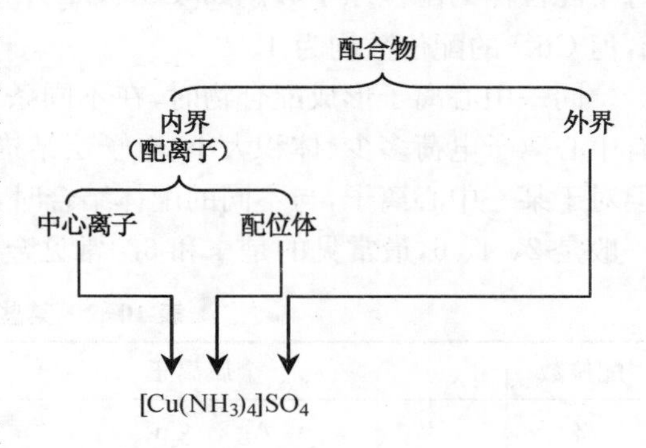

10.1.2.1 中心离子(或原子)

中心离子(或原子)是配合物的形成体,位于配离子的中心,又称中心体,它具有空的价电子轨道,可以接受配体所给予的孤对电子。常见的配合物的形成体大多是一些过渡金属元素,如镍、铜、铬、铁、金、锌、汞等。它们的半径小,电荷多,吸引孤对电子的能力强,是较强的配合物的形成体。非过渡元素的高氧化态的离子也可以作为中心离子,如$Na_3[AlF_6]$中的Al^{3+}和$[SiF_6]^{2-}$中的Si^{4+}等。少数配合物的形成体不是离子而是电中性的原子,如$[Ni(CO)_4]$和$[Fe(CO)_5]$中的Ni和Fe等。

10.1.2.2 配体和配位原子

在配合物中与中心离子(或原子)以配位键结合的阴离子或中性分子叫作配位体,简称配体。能提供配体的化合物称为配位剂。配体中具有孤对电子直接与中心离子形成配位键的原子称为配位原子。如$[Cu(NH_3)_4]^{2+}$中的NH_3是配体,NH_3中的N原子是配位原子。又如,$[HgI_4]^{2-}$中的I^-是配体,I是配位原子。配体的种类虽然很多,但能作为配位原子的元素主要是氮、氧、碳、硫及卤素等。

按照配位体中所含配位原子数目的不同,可将配位体分为单齿配体和多齿配体。只含有1个配位原子的配位体叫作单齿配位体,如NH_3、H_2O、X^-、CN^-;含有2个或2个以上配位原子的配位体叫作多齿配位体,如乙二胺$H_2N—CH_2—CH_2—NH_2$(表示为en)中2个氮原子同时与1个中心离子配位,而乙二胺四乙酸(EDTA)中2个N和4个—OH中的O均可配位。一些常见配体列于表10-1中。

表 10-1 一些常见配体

单齿配体	多齿配体
F^-、Cl^-、Br^-、I^-、NH_3、H_2O、CO(羰基)、CN^-(氰根)、SCN^-(硫氰酸根)、NCS^-(异硫氰酸根)、NO_2^-(硝基)、ONO^-(亚硝酸根)、$P_2O_7^{4-}$(焦磷酸根)、$S_2O_3^{2-}$(硫代硫酸根)、C_5H_5N(吡啶)	$H_2NCH_2CH_2NH_2$(乙二胺)、—OOC—COO—(草酸根)、$H_2NCH_2COO^-$(甘氨酸根)、$(HOOCH_2C)_2NCH_2CH_2N(CH_2COOH)_2$(乙二胺四乙酸,EDTA)

10.1.2.3 配位数

配位体中直接与中心离子(或原子)相结合的配位原子的数目,称为配位数。对于单齿配体的配合物,配位数等于配体数;对多齿配体,配位数不等于配体数,而是等于配体数乘以每个配位体的配位原子数。如$[Cu(NH_3)_4]^{2+}$和$[Cu(en)_2]^{2+}$配离子中,配体数分别为 4 和 2,但Cu^{2+}的配位数均为 4。

同一中心离子形成配合物时,在不同条件下可以有不同的配位数。影响配位数的因素有中心离子电荷多少、体积大小、电子层结构以及配合物形成时的条件,特别是浓度和温度。但对于某一中心离子,与不同的配体结合时,常具有一定的特征配位数。中心离子的配位数一般是 2、4、6,最常见的是 4 和 6。常见金属离子的特征配位数见表 10-2。

表 10-2 某些常见离子的配位数

配位数	金属离子	实例
2	Ag^+、Cu^+	$[Ag(NH_3)_2]^+$、$[Cu(CN)_2]^-$
4	Ni^{2+}、Cu^{2+}、	$[Ni(CN)_4]^{2-}$、$[Cu(NH_3)_4]^{2+}$
	Zn^{2+}、Hg^{2+}、Co^{2+}	$[ZnCl_4]^{2-}$、$[HgI_4]^{2-}$、$[CoCl_4]^{2-}$
6	Fe^{2+}、Fe^{3+}、Co^{3+}	$[Fe(CN)_6]^{4-}$、$[FeF_6]^{3-}$、$[Co(NH_3)_6]^{3+}$
	Al^{3+}、Pt^{4+}、Cr^{3+}	$[AlF_6]^{3-}$、$[Pt(NH_3)_6]^{4+}$、$[Cr(NH_3)_6]^{3+}$

10.1.3 配合物的命名

配合物的命名遵循下列原则:

10.1.3.1 内界与外界

配位化合物的命名服从一般无机化合物的命名原则。如果外界是一个简单阴离子,则称为某化某。例如$[Co(NH_3)_6]Cl_3$,称为三氯化六氨合钴(Ⅲ)。如果外界酸根是一个复杂的阴离子,则称为某酸某。例如$[Cu(NH_3)_4]SO_4$,称为硫酸四氨合铜(Ⅱ)。如果外界是氢氧根离子,则称为氢氧化某。例如$[Ag(NH_3)_2]OH$,称为氢氧化二氨合银(Ⅰ)。

10.1.3.2 内界

配合物的内界本身有一套命名方法。将配体与中心体之间用介词“合”连起来,配体数用中文数字做前缀,中心体的氧化态用罗马数字括在圆括号内做后缀,不同配体名称之间以中圆点“·”分开,格式如下:

配体数—配体名称—合—中心体(中心原子氧化态数)

若配离子中的配体不止一种,在命名时,配体列出的顺序应按如下规定:

(1) 配位单元中如果既有无机配体又有有机配体,则无机配体排列在前、有机配体排列在后,即“先无机后有机”。

(2) 若无机配体中既有离子又有分子,则阴离子配体在前、中性分子在后,即“先离子后分子”。

(3) 同类配体,按配位原子元素符号的英文字母顺序排列。

(4) 同类配体,配位原子相同,则原子数少的配体排在前面,即“先简单后复杂”。

(5) 同类配体,配位原子和原子数都相同,按结构式中与配位原子相连的原子的元素符号的英文字母顺序排列。

例如:

$[PtCl_6]^{2-}$	六氯合铂(Ⅳ)离子
$H_2[CuCl_4]$	四氯合铜(Ⅱ)酸
$K_4[Fe(CN)_6]$	六氰合铁(Ⅱ)酸钾
$[Ag(NH_3)_2]OH$	氢氧化二氨合银(I)
$[Co(NH_3)_5(H_2O)]_2(SO_4)_3$	硫酸五氨・水合钴(Ⅲ)
$[Co(NH_3)_2(en)_2]Cl_3$	三氯化二氨・二(乙二胺)合钴(Ⅲ)
$NH_4[Co(NO_2)_4(NH_3)_2]$	四硝基・二氨合钴(Ⅲ)酸铵
$[Fe(CO)_5]$	五羰基合铁

除系统命名法外,有些配合物还有习惯名称,如:$K_4[Fe(CN)_6]$的习惯名称为亚铁氰化钾,俗称黄血盐;$K_3[Fe(CN)_6]$习惯称为铁氰化钾,俗称赤血盐。

10.2 配合物的化学键理论

通常,配合物的化学键是指中心原子与配体之间的化学键。为了解释中心原子与配体之间结合力的本性及配合物的性质,科学家们曾提出多种理论,主要有价键理论、晶体场理论和配位场理论。本节只介绍价键理论。

10.2.1 配合物的价键理论

1931 年,美国化学家 L. Pauling 把杂化轨道理论应用到配合物上,提出了配合物的价键理论。其基本要点如下:

(1) 中心体与配体中的配位原子之间以配位键结合,即配位原子提供孤对电子,中心原子提供空轨道。

(2) 中心原子提供的空轨道必须进行杂化,形成杂化轨道。

(3) 中心原子杂化轨道类型决定配离子的空间构型。

10.2.2 配合物的空间构型

中心原子能量相近的价层空轨道经杂化后,形成特征空间构型的简并轨道,每一个空的杂化轨道,能够接受配位原子的一对孤对电子形成配键。因此,形成有一定空间构型的配合物。

对过渡金属离子来说,内层的$(n-1)$d 轨道尚未填满,而外层的 ns、np、nd 是空轨道。中心离子利用哪些空轨道杂化,既与中心离子的电子层结构有关,又与配体中配位原子的电负性有关。根据杂化方式的不同,可分为外轨型配合物和内轨型配合物。

10.2.2.1 配位数为 2 的配合物

配位数为 2 的配离子有$[Ag(NH_3)_2]^+$、$[Ag(CN)_2]^-$、$[AgCl_2]^-$等。以$[Ag(NH_3)_2]^+$配离子为例:Ag^+离子的价电子层结构为$4d^{10}5s^05p^0$,当Ag^+与NH_3配位形成配离子时,Ag^+原有的电子层结构不变,用 1 个 5s、1 个 5p 轨道组合成 2 个 sp 杂化轨道,接受 2 个NH_3分子所提供的孤对电子,形成 2 个配位键,杂化类型为 sp 杂化,故空间构型为直线型。这种只能用外层空轨道 ns、np、nd 进行杂化,生成数目相同、能量相等的杂化轨道与配体结合的这类配合物,称为外轨型配合物。

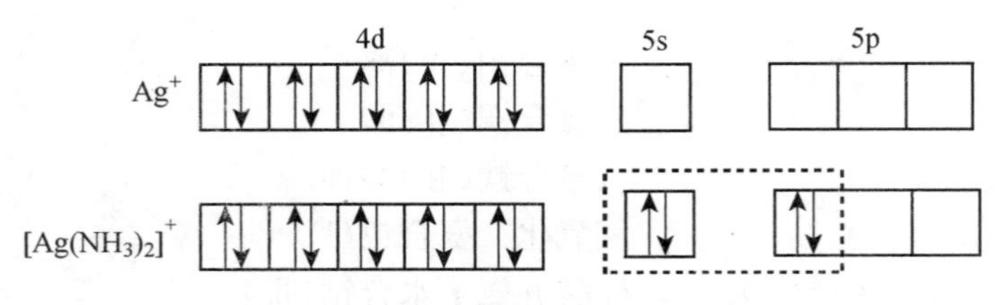

图 10-1 中心金属离子的 sp 杂化

10.2.2.2 配位数为 4 的配合物

(1) 正四面体结构的配离子有$[ZnCl_4]^{2+}$、$[HgI_4]^{2-}$、$[Ni(NH_3)_4]^{2+}$等。

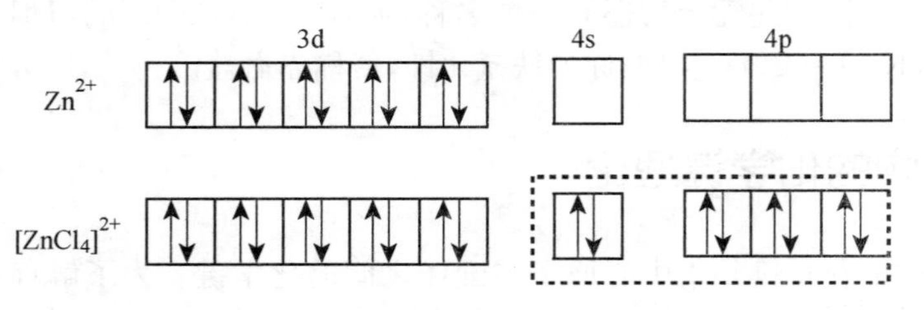

图 10-2 中心金属离子的 sp^3 杂化

以$[ZnCl_4]^{2+}$配离子为例:在Cl^-作用下,Zn^{2+}采取sp^3杂化,形成正四面体型的杂化空轨道,与配体中 Cl 原子的 4 对孤对电子形成 4 个配位键,故空间构型为正四面体。

(2) 平面正方形的配离子有$[Ni(CN)_4]^{2-}$、$[Cu(NH_3)_4]^{2+}$、$[PtCl_4]^{2-}$等。

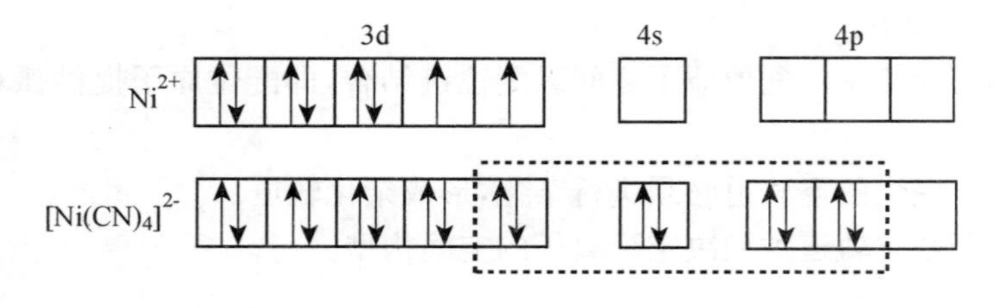

图 10-3 中心离子的 dsp^2 杂化

以$[Ni(CN)_4]^{2-}$配离子为例:Ni^{2+}在CN^-作用下,3d 轨道电子重排,空出 1 个 d 轨道,这个 3d 轨道与 1 个 4s 轨道和 2 个 4p 轨道参加杂化,形成 4 个dsp^2杂化轨道,空间构型为平面正方形,然后接受CN^-中 C 提供的 4 对孤对电子,形成 4 个配位建,配离子构型为平面正方形。这种内层能量较低的$(n-1)$d 轨道与 n 层的 s、p 轨道杂化,形成数目相同、能量相等的杂化轨道与配体结合的这类配合物,称为内轨型配合物。

10.2.2.3 配位数为6的配合物

配位数为6的配离子有$[FeF_6]^{3-}$、$[CoF_6]^{3-}$、$[Fe(CN)_6]^{3-}$等。

(1) sp^3d^2杂化。

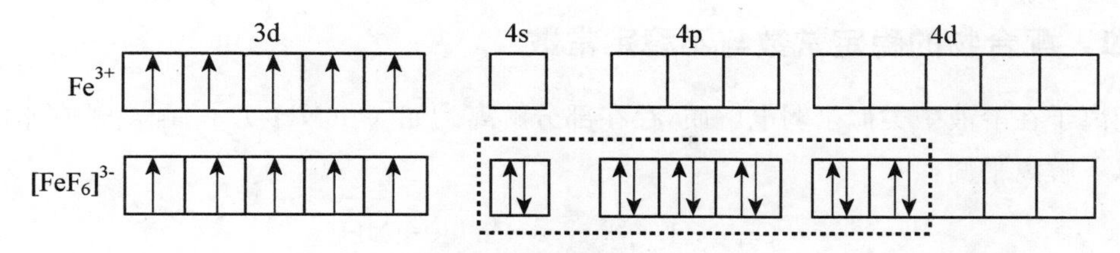

图10-4 中心金属离子的sp^3d^2杂化

以$[FeF_6]^{3-}$配离子为例：Fe^{3+}与F^-形成配合物时，Fe^{3+}采取sp^3d^2杂化，产生6个呈八面体构型的sp^3d^2杂化轨道，接受6个F^-提供的6对孤对电子，形成6个配位键。配离子构型为正八面体。

(2) d^2sp^3杂化。

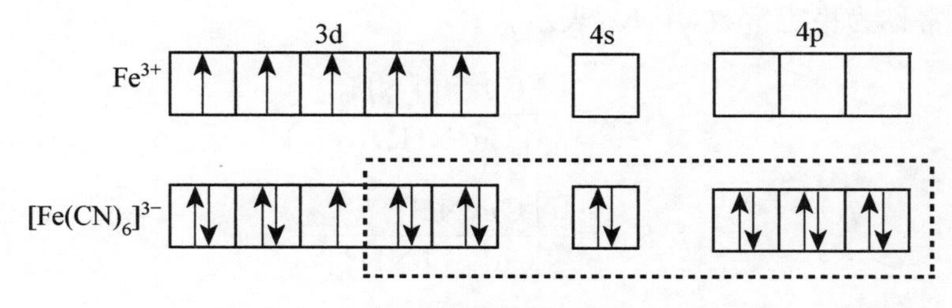

图10-5 中心金属离子的d^2sp^3杂化

以$[Fe(CN)_6]^{3-}$配离子为例：Fe^{3+}与CN^-配位时，Fe^{3+}内层d轨道电子重排，空出2个d轨道，采取的是d^2sp^3杂化。

常见杂化轨道类型与配离子空间构型的关系见表10-3。

表10-3 杂化轨道类型与配离子空间构型的关系

配位数	杂化类型	空间构型	实例
2	sp	直线形	$[Ag(NH_3)_2]^+$，$[Ag(CN)_2]^-$
3	sp^2	平面三角形	$[CuCl_3]^-$，$[HgI_3]^-$
4	sp^3	正四面体形	$[Zn(NH_3)_4]^{2+}$，$[HgI_4]^{2-}$
	dsp^2	平面正方形	$[Ni(CN)_4]^{2-}$，$[Cu(H_2O)_4]^{2+}$
5	dsp^3	三角双锥	$[Fe(CO)_5]$，$[Ni(CN)_5]^{3-}$
6	d^2sp^3	正八面体	$[Fe(CN)_6]^{3-}$，$[Co(CN)_6]^{3-}$
	sp^3d^2	正八面体	$[FeF_6]^{3-}$，$[CoF_6]^{3-}$

10.3 配位反应

在水溶液中，含有配离子的可溶性配合物的解离有两种情况：一是发生在内界与外界之

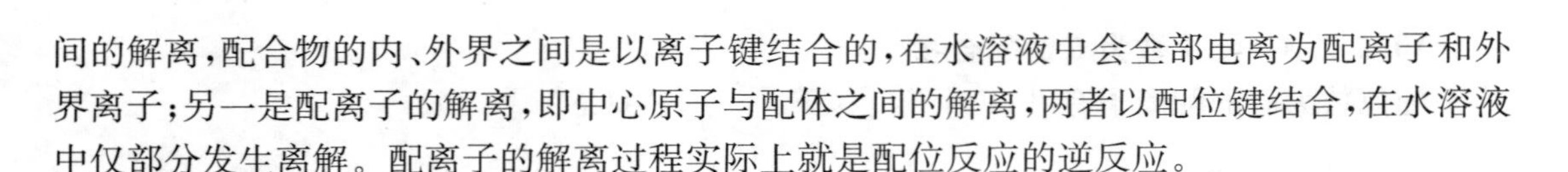

间的解离,配合物的内、外界之间是以离子键结合的,在水溶液中会全部电离为配离子和外界离子;另一是配离子的解离,即中心原子与配体之间的解离,两者以配位键结合,在水溶液中仅部分发生离解。配离子的解离过程实际上就是配位反应的逆反应。

10.3.1　配合物的稳定常数与不稳定常数

配离子在溶液中类似于弱电解质,存在部分解离。如$[Cu(NH_3)_4]^{2+}$配离子在水溶液中存在以下解离平衡:

$$[Cu(NH_3)_4]^{2+} \rightleftharpoons Cu^{2+} + 4NH_3$$

$$Cu^{2+} + 4NH_3 \rightleftharpoons [Cu(NH_3)_4]^{2+}$$

前者是配离子的解离反应,后者则是配离子的生成反应,与之相应的标准平衡常数分别叫作配离子的解离常数和生成常数。解离常数是配离子不稳定性的量度,对相同配位数的配离子来说,解离常数越大,表示配离子越易解离,故解离常数通常也称为不稳定常数,用$K^{\ominus}_{不稳}$表示;生成常数是配离子稳定性的量度,生成常数值越大,表示该配离子在水中越稳定,故生成常数通常称为稳定常数,用$K^{\ominus}_{稳}$表示。

$$K^{\ominus}_{不稳} = \frac{[Cu^{2+}][NH_3]^4}{[[Cu(NH_3)_4]^{2+}]} \tag{10-1}$$

$$K^{\ominus}_{稳} = \frac{[[Cu(NH_3)_4]^{2+}]}{[Cu^{2+}][NH_3]^4} \tag{10-2}$$

显然,同一配离子的$K^{\ominus}_{稳}$与$K^{\ominus}_{不稳}$具有倒数关系:

$$K^{\ominus}_{稳} = \frac{1}{K^{\ominus}_{不稳}} \tag{10-3}$$

应该注意的是,配位体数目不同的配合物,它们的$K^{\ominus}_{稳}$表达式中浓度的方次不同,不能直接用以比较它们的稳定性。如$[Ag(NH_3)_2]^+$的$K^{\ominus}_{稳} = 1.7 \times 10^7$,小于$[Cu(NH_3)_4]^{2+}$的$K^{\ominus}_{稳} = 1.07 \times 10^{12}$,但绝不能认为$[Cu(NH_3)_4]^{2+}$比$[Ag(NH_3)_2]^+$稳定。

实际上,配离子在水溶液中的配合(或解离)过程都是分步进行的,每一步都有对应的稳定常数,称为逐级稳定常数或分步稳定常数。

$$Cu^{2+} + NH_3 \rightleftharpoons [Cu(NH_3)]^{2+}$$

$$K^{\ominus}_{稳1} = \frac{[[Cu(NH_3)]^{2+}]}{[Cu^{2+}][NH_3]} = 10^{4.31}$$

$$[Cu(NH_3)]^{2+} + NH_3 \rightleftharpoons [Cu(NH_3)_2]^{2+}$$

$$K^{\ominus}_{稳2} = \frac{[[Cu(NH_3)_2]^{2+}]}{[[Cu(NH_3)]^{2+}][NH_3]} = 10^{3.67}$$

$$[Cu(NH_3)_2]^{2+} + NH_3 \rightleftharpoons [Cu(NH_3)_3]^{2+}$$

$$K^{\ominus}_{稳3} = \frac{[[Cu(NH_3)_3]^{2+}]}{[[Cu(NH_3)_2]^{2+}][NH_3]} = 10^{3.04}$$

$$[Cu(NH_3)_3]^{2+} + NH_3 \rightleftharpoons [Cu(NH_3)_4]^{2+}$$

$$K^{\ominus}_{稳4} = \frac{[Cu(NH_3)_4^{2+}]}{[Cu(NH_3)_3^{2+}][NH_3]} = 10^{2.30}$$

$K^{\ominus}_{稳1}$、$K^{\ominus}_{稳2}$……称为配离子的逐级稳定常数。配离子的逐级稳定常数之间一般差别不大，通常是比较均匀地逐级减小，因为后面配合的配体受到前面已经配合的配体的排斥。以上$K^{\ominus}_{稳}$表达式表示的是总稳定常数或累积稳定常数，等于逐级稳定常数的乘积。在实际工作中，一般总是加入过量配位剂，这时金属离子绝大部分处在最高配位数的状态，故其他较低级配离子可忽略不计。

$$Cu^{2+} + 4NH_3 \rightleftharpoons [Cu(NH_3)_4]^{2+}$$

$$K^{\ominus}_{稳} = K^{\ominus}_{稳1} \cdot K^{\ominus}_{稳2} \cdot K^{\ominus}_{稳3} \cdot K^{\ominus}_{稳4} = 10^{13.32}$$

10.3.2 稳定常数的应用

利用配合物的稳定常数或不稳定常数，可以进行有关配位解离平衡的计算。由于两者互为倒数关系，知道$K^{\ominus}_{稳}$就可知$K^{\ominus}_{不稳}$，因此可以根据反应进行的方向或计算的方便来选择。这里以稳定常数为例来进行说明。利用$K^{\ominus}_{稳}$可以计算配合物体系中各组分的浓度，判断配合物与沉淀之间、配合物与配合物之间转化的可能性等。

10.3.2.1 计算配合物体系中各组分的浓度

溶液中的金属离子与配位体形成配离子时，游离金属离子的浓度降低，其降低的程度由配离子的稳定常数及配位体的浓度所决定。因此，可以用稳定常数对溶液中各组分的浓度进行计算。

【例 10-1】 计算溶液中与 1.0×10^{-3} mol·L^{-1} $[Cu(NH_3)_4]^{2+}$溶液和 1.0 mol·L^{-1} NH_3处于平衡状态时游离 Cu^{2+}离子的浓度。已知$K^{\ominus}_{稳}([Cu(NH_3)_4]^{2+}) = 2.09\times10^{13}$。

解：设平衡时 $c(Cu^{2+}) = x$ mol·L^{-1}，溶液中存在平衡

$$Cu^{2+} + 4NH_3 \rightleftharpoons [Cu(NH_3)_4]^{2+}$$

平衡浓度/mol·L^{-1}　x　1.0　1.0×10^{-3}

$$K^{\ominus}_{稳} = \frac{[[Cu(NH_3)_4]^{2+}]}{[Cu^{2+}][NH_3]^4} = \frac{1.0\times10^{-3}}{x\times(1.0)^4} = 2.09\times10^{13}$$

解得 $x = 4.8\times10^{-17}$，即游离 Cu^{2+}离子的浓度为 4.8×10^{-17} mol·L^{-1}。

10.3.2.2 判断配合物与沉淀之间转化的可能性

若在 AgCl 沉淀中加入大量氨水，可使白色 AgCl 沉淀溶解生成无色透明的配离子$[Ag(NH_3)_2]^+$；若再向该溶液中加入 KBr 溶液，可观察到淡黄色 AgBr 沉淀。反应式如下：

$$AgCl(s) + 2NH_3 \rightleftharpoons [Ag(NH_3)_2]^+ + Cl^-$$

$$[Ag(NH_3)_2]^+ + Br^- \rightleftharpoons AgBr\downarrow + 2NH_3$$

上述反应的平衡常数分别为：

$$K_1^{\ominus}=\frac{[[Ag(NH_3)_2]^+][Cl^-]}{[NH_3]^2}$$

$$K_2^{\ominus}=\frac{[NH_3]^2}{[[Ag(NH_3)_2]^+][Br^-]}$$

上式中分子、分母均乘以$[Ag^+]$，则：

$$K_1^{\ominus}=\frac{[[Ag(NH_3)_2]^+][Cl^-][Ag^+]}{[NH_3]^2[Ag^+]}=K_{稳}^{\ominus}([Ag(NH_3)_2]^+)K_{sp}^{\ominus}(AgCl)=2.0\times10^{-3}$$

$$K_2^{\ominus}=\frac{[NH_3]^2[Ag^+]}{[[Ag(NH_3)_2]^+][Br^-][Ag^+]}=\frac{1}{K_{稳}^{\ominus}([Ag(NH_3)_2]^+)K_{sp}^{\ominus}(AgBr)}=1.7\times10^5$$

前者因加入配位剂NH_3而使沉淀平衡转化为配位平衡，从$K_1^{\ominus}$值可以看出，前者反应进行的程度不大，故欲使AgCl沉淀溶解应加入浓氨水，以促进反应的进行。后者因加入较强的沉淀剂而使配位平衡转化为沉淀平衡，从$K_2^{\ominus}$值来看，该反应的平衡常数较大，沉淀反应可以进行。由此可见，配位反应取代沉淀反应的趋势取决于反应的$K^{\ominus}$值，$K^{\ominus}=K_{稳}^{\ominus}K_{sp}^{\ominus}$，形成的配合物越稳定，沉淀的溶解度越大，正向反应进行越完全；同样，沉淀反应取代配位反应的程度也取决于配合物的稳定性和所生成的难溶化合物的溶解度，配合物越稳定，沉淀的溶解度越大，正向反应的倾向越小。

【例10-2】 在1 L【例10-1】所述的溶液中，加入0.001 mol NaOH，问有无$Cu(OH)_2$沉淀生成？若加入0.001 mol Na_2S，有无CuS沉淀生成？（设溶液体积基本不变）

解：已知$Cu(OH)_2$的$K_{sp}^{\ominus}=2.2\times10^{-20}$；CuS的$K_{sp}^{\ominus}=6.3\times10^{-36}$

当加入0.001 mol NaOH后，溶液中各有关离子的浓度为：

$$c(OH^-)=0.001\ mol\cdot L^{-1};\quad c(Cu^{2+})=4.8\times10^{-17}\ mol\cdot L^{-1}$$

离子积为：

$$Q_i=c(Cu^{2+})\times c(OH^-)^2=4.8\times10^{-23}<K_{sp}^{\ominus}[Cu(OH)_2]=2.2\times10^{-20}$$

溶液处于未饱和状态，无沉淀析出，故加入0.001 mol NaOH后无$Cu(OH)_2$沉淀生成。

当加入0.001 mol Na_2S后，溶液中各有关离子的浓度为：

$$c(S^{2-})=0.001\ mol\cdot L^{-1};\quad c(Cu^{2+})=4.8\times10^{-17}\ mol\cdot L^{-1}$$

离子积为：

$$Q_i=c(Cu^{2+})\times c(S^{2-})=4.8\times10^{-20}>K_{sp}^{\ominus}(CuS)=6.3\times10^{-36}$$

溶液处于过饱和状态，有沉淀析出，故加入0.001 mol Na_2S后有CuS沉淀生成。

【例10-3】 在298.15 K时，1 L 6 mol·L^{-1}氨水溶液可溶解多少摩尔AgCl？

解：设1 L 6 mol·L^{-1}氨水可溶解AgCl的量为x mol，则

$$AgCl(s)+2NH_3 \rightleftharpoons [Ag(NH_3)_2]^+ + Cl^-$$

平衡时浓度　　$6-2x$　　x　　x

由前文可知该反应的$K^{\ominus}=2.0\times10^{-3}$，即：

$$K^{\ominus}=\frac{[[Ag(NH_3)_2]^+][Cl^-]}{[NH_3]^2}=\frac{x\cdot x}{(6-2x)^2}=2.0\times10^{-3}$$

解得 $x=0.245$ mol

以上计算结果表明 1 L 6 $mol\cdot L^{-1}$ 氨水中仅有 0.245 mol AgCl 溶解，故欲提高 AgCl 沉淀的溶解，通常需要加大氨水的浓度。

10.3.2.3 判断配合物之间转化的可能性

配合物之间的转化，与配合物与沉淀之间的转化类似，反应向生成更稳定的配合物的方向进行。两种配离子的稳定常数相差越大，反应就越彻底，转化也越完全。

【例 10-4】 在 $FeCl_3$ 溶液中加入 KSCN 液，溶液立即变成血红色；如果在此溶液中再加入一些固体 NaF，则红色立即褪去。为什么？

解：在 $FeCl_3$ 溶液中加入 KSCN 溶液，生成配离子 $[Fe(NCS)_6]^{3-}$，溶液变成血红色。在 $[Fe(NCS)_6]^{3-}$ 溶液中，存在如下离解平衡：

$$[Fe(NCS)_6]^{3-} \rightleftharpoons Fe^{3+}+6NCS^-$$

当加入 NaF 时，由于 Fe^{3+} 与 F^- 结合为更稳定的 $[FeF_6]^{3-}$，破坏了 $[Fe(NCS)_6]^{3-}$ 的离解平衡，使 $[Fe(NCS)_6]^{3-}$ 不断转化为 $[FeF_6]^{3-}$，所以原溶液颜色逐渐褪去。

$$[Fe(NCS)_6]^{3-}+6F^- \rightleftharpoons [FeF_6]^{3-}+6NCS^-$$

查表知：$K^{\ominus}_{稳}([Fe(NCS)_6]^{3-})=1.48\times10^3$；$K^{\ominus}_{稳}([FeF_6]^{3-})=1.00\times10^{16}$

由于 $[FeF_6]^{3-}$ 比 $[Fe(NCS)_6]^{3-}$ 稳定得多，$[Fe(NCS)_6]^{3-}$ 转化为 $[FeF_6]^{3-}$ 的反应接近完全。

可见，当两种配离子的稳定性相差很大时，配位反应总是向着生成更稳定的配合物方向进行，即稳定性较差的配离子总能转化为稳定性较强的配离子，相反的转化则难以进行。

10.3.3 配合物形成时性质的变化

配合物的形成过程伴随着溶液颜色、溶解度、氧化还原反应方向、酸碱性等的改变。根据这些性质的变化，可以帮助确定是否有配合物生成。在科研和生产中，可以利用金属离子形成配合物后性质的变化来进行物质的分析和分离。

10.3.3.1 颜色的改变

部分金属离子在形成配合物时会发生明显的颜色变化。例如：Fe^{3+} 的稀溶液几乎无色；而加入 KSCN 时，因形成配离子 $[Fe(NCS)_n]^{3-n}$，溶液呈血红色。这一反应的灵敏度很高，当溶液中的 Fe^{3+} 的浓度很小时，所形成的配离子仍能呈现出肉眼可观察到的红色。该反应可用于检测溶液中是否含有 Fe^{3+}。

10.3.3.2 溶解度的改变

一些难溶于水的金属氯化物、溴化物、碘化物、氰化物等，可以与适当的配合剂反应，因形成配合物而溶解。例如，难溶的 AgCl 可溶于过量的浓盐酸及氨水中。金和铂之所以能溶于王水中，也是与生成配离子的反应有关。

$$Au+HNO_3+4HCl = H[AuCl_4]+NO+2H_2O$$

$$3Pt+4HNO_3+18HCl = 3H_2[PtCl_6]+4NO+8H_2O$$

又如,AgBr 能溶解在过量的 $Na_2S_2O_3$ 溶液中,形成$[Ag(S_2O_3)_2]^{3-}$。此反应可用于溶解照相底片上未感光的 AgBr。

10.3.3.3 氧化还原能力的改变

在适当的配位剂存在的溶液中,金属失去电子的能力会增强,而相应的金属离子因形成配合物而使得电子的能力减弱。如 Hg 与 Hg^{2+} 及某些配离子的 $E^{\ominus}$ 值如下:

$$Hg^{2+} + 2e^- \rightleftharpoons Hg \qquad E^{\ominus} = 0.851\ V$$

$$[Hg(CN)_4]^{2-} + 2e^- \rightleftharpoons Hg + 4CN^- \qquad E^{\ominus} = -0.37\ V$$

可以看出,Hg 在含有 CN^- 的溶液中比在水溶液中更易失去电子,而且形成的配合物越稳定,Hg 的还原能力越强。

10.3.3.4 酸碱性的改变

一些较弱的酸,如 HF、HCN 等,在它们形成配合物后,酸性往往变强。例如,HF 与 BF_3 反应生成配合物 $H[BF_4]$,而四氟合硼酸的碱金属盐溶在水中呈中性,这说明 $H[BF_4]$ 应为强酸。又如弱酸 HCN 与 AgCN 形成的配合物 $H[Ag(CN)_2]$ 也是强酸。这是由于中心离子与弱酸的酸根离子形成较强的配位键,迫使 H^+ 移到配合物的外界,因而变得容易电离,所以酸性增强。

10.3.4 螯合物

在配合物中,还有一些配体同时以 2 个或 2 个以上的配位原子与 1 个中心离子成键形成了环状结构的配合物。人们把这类环状的配合物称为螯合物。例如 Cu^{2+} 与乙二胺(en)结合时,每个乙二胺分子中的 2 个 N 原子各提供一对孤对电子与 Cu^{2+} 形成配位键。每个乙二胺分子与 Cu^{2+} 形成 1 个五原子环。乙二胺分子中的 2 个 N 原子好像螃蟹的两只螯,把中心离子钳起来,故称为螯合物。螯合物中的配体为多齿配体,也称为螯合剂,即 1 个配体含有 2 个或 2 个以上参与配位的配位原子。螯合物的配位数不等于配体数,应为配体数乘以每个配位体的配位原子数。

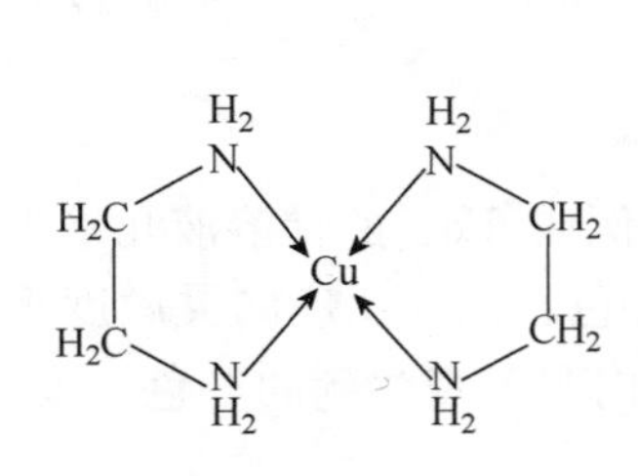

图 10-6 二乙二胺合铜(Ⅱ)离子

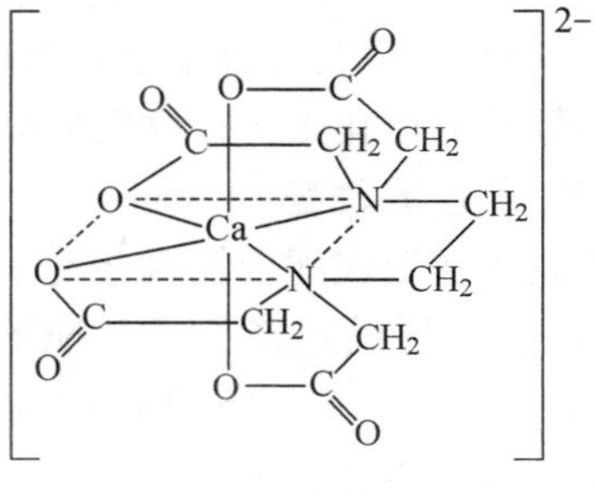

图 10-7 EDTA-Ca^{2+} 螯合物的结构

螯合物一般是有机物。最常见的螯合剂是一些胺、羧酸类的化合物。如乙二胺四乙酸,简称 EDTA,用符号 H_4Y 表示,是难溶于水的四元酸。它的二钠盐 Na_2H_2Y 较易溶于水。通常使用这种二钠盐作为螯合剂。它的分子中有 6 个配位原子,2 个 N 原子,4 个 O 原子。乙二胺四乙酸可以与绝大多数金属离子形成螯合物。如与 Ca^{2+} 可以形成非常稳定的螯合物,其中 Ca^{2+} 的配位数为 6,Ca^{2+} 与 EDTA 形成 5 个五原子环,因而具有特殊的稳定性。

EDTA具有广泛的应用，是最常用的配位滴定剂、掩蔽剂和水的软化剂，可以测定硬水中Ca^{2+}、Mg^{2+}的含量；在医学上也有多种用途，如可用于医治重金属和放射性元素的中毒。

10.3.5 配位反应的应用

配位化学是当代化学发展最迅速的领域之一，它的发展打破了传统无机化学和有机化学的界限。配位化学与有机化学、分析化学、生物化学、药物化学及化学工业都有着密切关联。配合物的种类繁多、形式多样、性质奇特，使其在生产实践中具有广泛和重要的应用。下面从几个方面简要介绍：

10.3.5.1 在分析化学方面的应用

利用生成的配合物具有的特征颜色，作为检验这些离子的特征反应。例如在溶液中NH_3与Cu^{2+}能形成深蓝色的$[Cu(NH_3)_4]^{2+}$，借此可鉴定Cu^{2+}的存在。又如，丁二肟在弱碱性介质中与Ni^{2+}反应生成鲜红色的难溶二丁二肟合镍(Ⅱ)沉淀，用来检验Ni^{2+}的存在。形成配合物时所产生的特征颜色是鉴定这些离子存在的依据，在定量分析中，配位滴定(即络合滴定)是重要的一种分析方法。

配位反应还可用于金属离子的掩蔽。当多种金属离子共同存在时，要测定其中某一金属离子，其他金属离子往往会与试剂发生同类反应而干扰测定。例如Co^{2+}和Fe^{3+}都可以与KSCN反应，分别生成宝石蓝色的$[Co(NCS)_4]^{2-}$和血红色的$[Fe(NCS)]^{2+}$，溶液中的Fe^{3+}会产生干扰；如果加入足量的F^-离子，使其形成更为稳定的无色配离子$[FeF_6]^{3-}$，就可以排除Fe^{3+}对鉴定Co^{2+}的干扰作用。

10.3.5.2 在医药学方面的应用

配合物可作为药物来医治某些疾病，且疗效更好或毒副作用更小。例如EDTA可以作为重金属离子的解毒剂，以排除在某特定环境下进入人体的有剧毒的离子(如Hg、Pd、Pb)及一些放射性元素(如铀、钍、钚)。这是因为$[CaY]^{2-}$离解出来的Y^{4-}能和Pb(Ⅱ)形成稳定性的$[PbY]^{2-}$，并随尿排出人体。另外，治疗糖尿病的胰岛素，治疗血吸虫病的酒石酸锑钾，以及抗癌药——顺式$[Pt(NH_3)_2Cl_2]$、二氯茂钛等，都属于配合物。

10.3.5.3 在生物方面的应用

生物体内各种各样起特殊催化作用的酶，几乎都与有机金属配合物密切相关。在已知的1 000多种生物酶中，约1/3是复杂的金属离子配合物，这些金属离子(Cu^{2+}、Fe^{2+}等)起着催化剂的作用。生物体中的能量转换、传递或电荷转移、化学键的形成或断裂，以及伴随这些过程出现的能量变化和分配等，常与金属离子和有机体生成复杂的配合物所起的作用有关。例如：植物进行光合作用所必需的叶绿素，是以Mg^{2+}为中心的复杂配合物；植物固氮酶是铁、钼的蛋白质配合物。

10.3.5.4 在配位催化方面的应用

在催化体系中，由反应物和催化剂形成配合物所引起的催化作用，称为配位催化作用。配位催化在有机合成(包括有机高分子的合成)中具有重要作用，一些反应已广泛应用于工业化生产。例如，乙烯(C_2H_4)经$PdCl_2$催化氧化成为乙醛(CH_3CHO)，在常温常压下即可进行，它就是利用催化剂Pd^{2+}与乙烯形成配合物来实现的。

配位反应还在其他许多方面有重要应用。如冶金工业中金属的提取与分离中，利用王水与金、铂能形成配合物来回收电解铜阳极泥中Au、Pt等贵金属，利用羰基金属配合物来分离

Fe、Co、Ni 等。配位反应在电镀、染色、化妆品、环境工程、造纸工业等领域也有十分重要的应用。

习　题

10.1　解释下列名称,并举例说明。

(1)配合物形成体;(2)配位体;(3)配位原子;(4)配位数;(5)配合物的内界、外界;(6)外轨配合物;(7)内轨配合物;(8)螯合剂。

10.2　下列物质中不能作为配合物配体的是(　　)。

A. NH_3　　B. NH_4^+　　C. CH_3NH_2　　D. $C_2H_4(NH_2)_2$

10.3　$[Co(en)_2Cl_2]Cl$ 的名称是(　　)。

A. 氯化二氯・二乙二胺合钴(Ⅲ)　　B. 氯化二氯・二乙二胺合钴

C. 氯化二乙二胺・二氯合钴(Ⅲ)　　D. 氯化二氯・二乙二胺合钴(Ⅱ)

10.4　在$[Co(en)(C_2O_4)_2]^-$中,Co^{3+}的配位数是(　　)。

A. 3　　B. 4　　C. 5　　D. 6

10.5　下列关于用价键理论说明配合物结构的叙述中,错误的是(　　)。

A. 并非所有形成体都能形成内轨型配合物

B. 以 CN^- 为配体的配合物都是内轨型配合物

C. 中心离子(或原子)用于形成配位键的轨道是杂化轨道

D. 配位原子必须具有孤对电子

10.6　价键理论认为,决定配合物空间构型主要是(　　)。

A. 配体对中心离子的影响与作用

B. 中心离子对配体的影响与作用

C. 中心离子(或原子)的原子轨道杂化

D. 配体中配位原子对中心原子的作用

10.7　在$[AlF_6]^-$中,Al^{3+}杂化轨道类型是(　　)。

A. sp^3　　B. dsp^2　　C. sp^3d^2　　D. d^2sp^3

10.8　下列配离子中,不是八面体构型的是(　　)。

A. $[Fe(CN)_6]^{3-}$　　B. $[CrCl_2(NH_3)_4]^+$　　C. $[Co(en)_2Cl_2]^+$　　D. $[Zn(CN)_4]^{2-}$

10.9　在 $FeCl_3$ 与 KSCN 的混合液中加入过量 NaF,其现象是(　　)。

A. 产生沉淀　　B. 变为无色　　C. 颜色加深　　D. 无变化

10.10　组分为 $CrCl_3 \cdot 6H_2O$ 的配合物,其溶液中加入 $AgNO_3$ 后有 2/3 的 Cl^- 沉淀析出,则该配合物的结构式为(　　)。

A. $[Cr(H_2O)_5Cl]Cl_2 \cdot H_2O$　　B. $[Cr(H_2O)_4Cl_2]Cl \cdot 2H_2O$

C. $[Cr(H_2O)_3Cl_2]Cl \cdot 3H_2O$　　D. $[Cr(H_2O)_3Cl_2]Cl_2 \cdot 3H_2O$

10.11　下列试剂中,能溶解 $Zn(OH)_2$、AgBr、$Cr(OH)_3$ 和 $Fe(OH)_3$ 四种沉淀的是(　　)。

A. 氨水　　B. 氰化钾溶液　　C. 硝酸　　D. 盐酸

10.12　在室温下将 0.01 mol 的 $AgNO_3$ 溶在 1.0 L 氨水中,由实验测得,Ag^+ 的浓度为 1.21×10^{-8} $mol \cdot L^{-1}$。求氨水的最初浓度是多少?(已知 $K_{稳}^{\ominus}([Ag(NH_3)_2]^+)=1.1\times10^7$)

10.13　在 1 L 6.0 $mol \cdot L^{-1}$ 氨水中,溶解 0.10 mol AgCl 固体,试求溶液中 Ag^+、NH_3、$[Ag(NH_3)_2]^+$、Cl^- 离子的浓度。如果在上述溶液中加入 0.20 mol KCl 固体(忽略体积变化),问能否产生 AgCl 沉淀?(已知 $K_{稳}^{\ominus}([Ag(NH_3)_2]^+)=1.1\times10^7$,$K_{sp}(AgCl)=1.8\times10^{-10}$)

元素及其化合物模块

第11章 主族元素

知识要点

(1) 了解s区元素的特点、共性和递变规律。
(2) 了解p区元素的特点、共性和递变规律。
(3) 了解氢气的性质、制备和用途。
(4) 掌握碱金属、碱土金属单质及化合物的重要性质和用途。
(5) 掌握氧、硫单质及重要化合物的性质和用途。
(6) 掌握氮、磷、砷单质及重要化合物的性质和用途。
(7) 掌握碳、硅、硼单质及重要化合物的性质和用途。
(8) 掌握铝、锡、铅金属单质及其重要化合物的性质和用途。

11.1 s区元素

11.1.1 s区元素通论

s区元素的原子结构特点是:最外层有1～2个s电子,内层为稀有气体的电子层结构,包括周期表中ⅠA和ⅡA族。由于最外层电子数目少,内层的电子层稳定,原子半径较大,原子核对外层电子的吸引力弱,因此表现出很强的金属性。同族元素从上至下,金属性逐渐增强。s区元素形成化合物后,氧化态只有1种,碱金属显+1,碱土金属显+2。

ⅠA族包括氢、锂、钠、钾、铷、铯、钫,由于钠和钾的氢氧化物是典型的"碱",故本族元素除非金属——氢外有碱金属之称。锂、铷、铯是轻稀有金属,钫是放射性元素。ⅡA族由铍、镁、钙、锶、钡及镭6种元素组成。由于钙、锶、钡的氧化物性质介于"碱"族与"土"族元素之间,故有碱土金属之称。现在习惯上把铍和镁也包括在碱土金属之内。铍也属于轻稀有金属,镭是放射性元素。

s区金属单质的金属键比较弱,元素的原子容易失去电子,所以这些金属单质的化学性质非常活泼或较活泼。

碱金属和碱土金属化合物以离子键结合,但在某些情况下仍显一定程度的共价性;其中Li和Be,由于具有较小的原子半径,电离能高于同族其他元素,形成共价键的倾向比较显著,常表现出与同族元素不同的化学性质。

11.1.2 氢

11.1.2.1 氢气的存在及成键

氢是自然界所有元素中含量最丰富的元素,估计占所有原子总数的90%以上。自然界中，氢主要以化合态存在。空气中氢的含量极微，但在星际空间，它的含量却很丰富，水、碳氢化合物及所有生物的组织中都含有氢。

氢是周期表中第1号元素，氢原子的结构是最简单的，它的电子层结构为$1s^1$。已知氢有3种同位素，其中：${}_1^1H$（氕，符号H）占其总量的99.98%，${}_1^2H$（氘，符号D）占0.016%，${}_1^3H$（氚，符号T）占总量的0.004%。由于它们的质子数相同而中子数不同，因而它们的单质和化合物的化学性质基本相同，物理性质和生物性质则有所不同。但考虑氢原子失去1个电子后变成H^+，与碱金属类似，所以把它归为ⅠA族。

氢能与除稀有气体外的所有元素化合。它的成键方式主要有以下几种情况：

①氢原子失去1s电子就成为H^+质子。质子具有很强的电场，能使邻近的原子或分子产生强烈的变形。H^+在水溶液中与H_2O结合，以水合氢离子（H_3O^+）存在。②结合1个电子后，氢原子变为H^-，与活泼金属相化合形成离子型氢化物。③氢原子很容易和其他非金属通过共用电子对相结合，形成共价型氢化物。

此外，在化合物中氢原子还能形成一些特殊的键型，如氢键、氢桥键（B_2H_6）等。

11.1.2.2 性质和用途

氢气是无色、无臭、无味、易燃的气体，也是所有气体中最轻的。因此，可用于填充气球，氢气球可以携带仪器做高空探测。在农业上，使用氢气球携带干冰、碘化银等试剂在云层中喷洒，进行人工降雨。

氢在水中的溶解度很小，0 ℃时每升水中可溶解19.9 mL氢，但它能大量地被过渡金属（镍、钯、铂等）所吸收。若在真空中把吸有氢气的金属加热，氢气即可放出。利用这种性质可以获得极纯的氢气。氢的扩散性好，导热性强。由于氢分子之间引力小，致使H_2的熔点、沸点极低，很难液化。通常是将氢压缩在钢瓶中供使用。

氢气的一些重要化学性质如下：

(1) 氢气与非金属作用生成共价型氢化物。氢气可在氧气或空气中燃烧，得到的氢氧焰温度可高达300 ℃，适用于金属切割或焊接。

$$2H_2 + O_2 \xlongequal{\text{点燃}} 2H_2O$$

(2) 氢气可与许多金属或非金属反应，形成各类氢化物。

$$H_2 + 2Li \xlongequal{} 2LiH$$

(3) 氢气可以还原金属氧化物，置换出金属。这些反应也是化工冶金工业的重要反应之一。

$$WO_3 + 3H_2 \xlongequal{\triangle} W + 3H_2O$$

$$CuO + H_2 \xlongequal{\triangle} Cu + H_2O$$

(4) 氢气可与有机化合物中的碳碳双键和叁键化合物，在催化剂作用下进行加氢反应。

$$H_2C = CH_2 + H_2 \xlongequal{\text{催化剂}} H_3C—CH_3$$

因此，氢气是化学和其他工业的重要原料，广泛地应用于石油、化工、食品、电子、建材和航天等工业。

11.1.2.3 氢气的工业制备

实验室中通常用锌与盐酸或稀硫酸作用制取氢气。工业上制备氢气的方法很多,主要有水煤气法和电解水两种。

(1) 水煤气法。天然气(主要成分为 CH_4)或焦炭与水蒸气作用,可以得到 CO 和 H_2 的混合物,称为水煤气。

$$CH_4 + H_2O \xrightarrow[\text{催化剂}]{700 \sim 870\ ℃} CO + 3H_2$$

$$C + H_2O \xrightarrow{1\,000\ ℃} CO + H_2$$

将水煤气再与水蒸气反应,在铁铬催化剂的存在下,变成二氧化碳和氢的混合物,分离得到 H_2。这是目前工业上氢气的主要来源。

$$CO + H_2O \xrightarrow{\text{催化剂}} CO_2 + H_2$$

(2) 电解法。电解 15%～20%氢氧化钠溶液,在阴极上放出氢气,在阳极上放出氧气:

阴极:$2H^+ + 2e^- \rightleftharpoons H_2$

阳极:$4OH^- - 4e^- \rightleftharpoons 2H_2O + O_2$

此法虽然原料便宜,但电耗大,生产 1 kg 氢气需要耗电 50～60 $kW \cdot h^{-1}$。另外,电解食盐溶液制备氢氧化钠时,氢气是重要的副产品,制得的氢气比较纯净,所以工业上用的氢常用电解法制取。

由于以上方法耗能大,近年来开发利用太阳能在催化剂作用下光解水、光电池分解水等方法制取氢气。

11.1.3 碱金属和碱土金属

11.1.3.1 单质的主要性质

碱金属包括ⅠA 族金属锂、钠、钾、铷、铯和钫 6 种金属,碱土金属包括ⅡA 族金属铍、镁、钙、锶、钡及镭 6 种金属。它们的一些基本性质,分别列于表 11-1 和表 11-2 中。

表 11-1 碱金属的基本性质

性质	锂 Li	钠 Na	钾 K	铷 Rb	铯 Cs
价电子构型	$2s^1$	$3s^1$	$4s^1$	$5s^1$	$6s^1$
金属半径/pm	152	186	227	248	265
沸点/℃	1342	882.9	760	686	669.3
熔点/℃	180.5	97.82	63.25	38.89	28.40
密度/$(g \cdot cm^{-3})$	0.53	0.97	0.86	1.53	1.90
硬度	0.6	0.4	0.5	0.3	0.2
第 1 电离能/$(kJ \cdot mol^{-1})$	520	496	419	403	376
第 2 电离能/$(kJ \cdot mol^{-1})$	7 298	4 562	3 051	2 633	2 230
电负性	0.98	0.93	0.82	0.82	0.79

表 11-2 碱土金属的基本性质

性质	铍 Be	镁 Mg	钙 Ca	锶 Sr	钡 Ba
价电子构型	$2s^2$	$3s^2$	$4s^2$	$5s^2$	$6s^2$
金属半径/pm	111	160	197	215	217
沸点/℃	2 970	1 107	1 484	1 384	1 640
熔点/℃	1 278	648.8	839	769	725
密度/($g\cdot cm^{-3}$)	1.85	1.74	1.54	2.63	3.51
硬度	4.0	2.0	1.5	1.8	—
第1电离能/($kJ\cdot mol^{-1}$)	899	738	590	549	503
第2电离能/($kJ\cdot mol^{-1}$)	1 757	1 451	1 145	1 064	965
第3电离能/($kJ\cdot mol^{-1}$)	14 849	7 733	4 912	4 138	—
电负性	1.57	1.31	1.00	0.95	0.89

这些原子具有较大的原子半径和较少的核电荷，所以单质的熔沸点较低，硬度较小。由于碱土金属比碱金属的原子半径小、核电荷多，因此碱土金属的熔点和沸点都比碱金属高，密度和硬度也比碱金属大。其中，钾、钠的熔点低于 100 ℃；锂、钠、钾的密度小于水；Li 的密度为 $0.53\ g\cdot cm^{-3}$，是最轻的金属。碱金属和 Ca、Sr、Ba 均可用刀切割，其中最软的是 Cs。碱金属和碱土金属表面都具有银白色光泽。在同周期中，碱金属是金属性最强的元素，碱土金属逊色于碱金属。

碱金属和碱土金属的化学性质活泼，可与空气中氧、水及许多非金属直接反应，而且碱金属的化学活泼性比碱土金属更强。碱金属和碱土金属的一些重要反应见表 11-3。

表 11-3 碱金属和碱土金属的一些重要反应

金属	直接与金属反应的物质	反应方程式
碱金属 碱土金属	H_2	$2M+H_2 = 2MH$ $M+H_2 = MH_2$
碱金属 Ca、Sr、Ba Mg	H_2O	$2M+2H_2O = 2MOH+H_2$ $M+2H_2O = M(OH)_2+H_2$ $M+H_2O(g) = MO+H_2$
碱金属 碱土金属	卤素	$2M+X_2 = 2MX$ $M+X_2 = MX_2$
Li Mg、Ca、Sr、Ba	N_2	$6M+N_2 = 2M_3N$ $3M+N_2 = M_3N_2$
碱金属 Mg、Ca、Sr、Ba	S	$2M+S = M_2S$ $M+S = MS$
Li Na K、Rb、Cs 碱土金属 Ca、Sr、Ba	O_2	$4M+O_2 = 2M_2O$ $2M+O_2 = M_2O_2$ $M+O_2 = MO_2$ $2M+O_2 = 2MO$ $M+O_2 = MO_2$

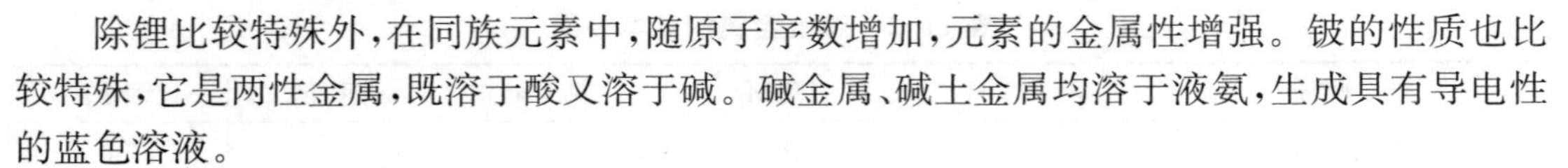

除锂比较特殊外,在同族元素中,随原子序数增加,元素的金属性增强。铍的性质也比较特殊,它是两性金属,既溶于酸又溶于碱。碱金属、碱土金属均溶于液氨,生成具有导电性的蓝色溶液。

碱金属 $M + (x+y)NH_3 \xlongequal{} M(NH_3)_x^+ + e(NH_3)_y^-$

碱土金属 $M + (x+2y)NH_3 \xlongequal{} M(NH_3)_x^{2+} + 2e(NH_3)_y^-$

11.1.3.2 碱金属和碱土金属重要的盐

碱金属和碱土金属的盐类很多,常见的有卤化物、硫化物、硫酸盐、硝酸盐、碳酸盐、磷酸盐等。这里主要介绍它们的通性和几种重要的盐类。

(1) 通性。

① 晶体类型。碱金属和碱土金属的电负性较小,它们的化合物多以离子键结合,绝大多数为离子晶体;只有 Be^{2+} 与 Cl^-、Br^-、I^- 是共价键结合。它们在常温下是固体,熔化时能导电,具有较高的熔点。

② 颜色。碱金属和碱土金属,只要阴离子是无色的,它们的盐类都为无色或白色;若阴离子是有色的,则它们的化合物常显阴离子的颜色。

③ 热稳定性。碱金属盐一般具有较高的热稳定性。只有硝酸盐的热稳定性较差,加热到一定温度即可分解:

$$4LiNO_3 \xlongequal{650\ ℃} 2Li_2O + 4NO_2\uparrow + O_2\uparrow$$

$$2NaNO_3 \xlongequal{830\ ℃} 2NaNO_2 + O_2\uparrow$$

$$2KNO_3 \xlongequal{630\ ℃} 2KNO_2 + O_2\uparrow$$

与碱金属相比较,碱土金属的含氧酸盐的热稳定性较差。碱土金属的碳酸盐在常温下是稳定的($BeCO_3$除外),只有在强热的情况下,才能分解为相应的 MO 和 CO_2。

④ 溶解度。碱金属的盐类,除 $NaHCO_3$微溶,LiF、Li_2CO_3、Li_3PO_4难溶外,一般都溶于水。碱土金属的氯化物和硝酸盐易溶于水,大多数盐难溶于水。

(2) 碳酸钠和碳酸氢钠。碳酸钠(Na_2CO_3)又称为纯碱、苏打或碱面,是基本化工产品之一,用作化工原料外,还用于玻璃、造纸、肥皂、洗涤剂的生产及水处理等。碳酸钠有无水和一水、七水、十水结晶化合物,常见的工业品不含结晶水。

碳酸钠常用索尔维(E. Solvay)法生产。该法采用饱和食盐水吸收氨气和二氧化碳,制得溶解度较小的 $NaHCO_3$:

$$NaCl + NH_3 + CO_2 + H_2O \xlongequal{} NaHCO_3\downarrow + NH_4Cl$$

再将 $NaHCO_3$锻烧,即生成 Na_2CO_3:

$$2NaHCO_3 \xlongequal{200\ ℃} Na_2CO_3 + CO_2\uparrow + H_2O$$

析出 $NaHCO_3$后,母液中的 NH_4Cl 用消石灰回收氨,供循环使用:

$$2NH_4Cl + Ca(OH)_2 \xlongequal{} 2NH_3\uparrow + CaCl_2 + 2H_2O$$

最后弃去溶液中余下的 $CaCl_2$和少量的 NaCl。

这种制碱法具有原料来源丰富、价廉等优点,但食盐利用率低,氨损失大,$CaCl_2$废渣造成环境污染。1942 年我国杰出的化学工程家侯德榜对氨碱法做了重大改革，发明了“侯氏联合制碱法”，又称氨碱法。在沉淀 $NaHCO_3$ 后的母液中，加入 NaCl 并冷却至 15 ℃以下，析出 NH_4Cl，溶液可再用作原料循环使用，食盐利用率升高到 96%。

碳酸氢钠（$NaHCO_3$）又称为小苏打、重碳酸钠或焙碱。其水溶液呈弱碱性，常用于食品、医疗等工业。若要制取纯度较高的 $NaHCO_3$，可在 Na_2CO_3 溶液中通入 CO_2 使其析出：

$$Na_2CO_3 + CO_2 + H_2O = 2NaHCO_3$$

(3) 氯化钠和氯化钙。氯化钠（NaCl）为无色立方结晶或白色结晶，溶于水、甘油，微溶于乙醇、液氨，不溶于浓盐酸，在空气中微有潮解性，是日常生活和工业生产中不可缺少的物质。除了供食用外，它是制造几乎所有钠、氯化合物的常用原料。在医学上它是维持体液渗透压力的重要成分，用于调节体内水分与电解质的平衡。

NaCl 的提取法根据盐的用途不同而异，可直接以盐水形式供化工应用，也可以由海水晒制而得。海水晒得的食盐含有硫酸钙、硫酸镁等杂质，又称为粗盐。把粗盐溶于水，加入适量 $BaCl_2$ 或 $Ba(OH)_2$、Na_2CO_3、NaOH，使杂质沉淀析出，经过滤、蒸发、浓缩，即可得到精盐。

氯化钙（$CaCl_2$）有无水物和二水合物两种。无水物有强的吸水性，它的最大用途是作为干燥剂，用于 O_2、N_2、CO_2、HCl 等气体及醛、酮、醚等有机试剂的干燥；但不能用于氨、乙醇的干燥，因为它能和氨、乙醇形成加合物。$CaCl_2 \cdot 2H_2O$ 可做制冷剂，将它和冰混合，用来融化公路上的积雪。

实验室用石灰石与盐酸反应制备，所含有的 Fe^{2+} 和 Mg^{2+} 等杂质，可加入石灰乳以沉淀除去：

$$2Fe^{3+} + 3Ca(OH)_2 = 2Fe(OH)_3 + 3Ca^{2+}$$

$$Mg^{2+} + Ca(OH)_2 = Mg(OH)_2 + Ca^{2+}$$

(4) 硫酸钠。硫酸钠有无水和含 10 个结晶水的两种形态，为白色、无臭、有苦味的结晶或粉末，有吸湿性。无水硫酸钠俗称元明粉，十水合硫酸钠又名芒硝。它主要用于制造玻璃、瓷釉、纸浆、致冷混合剂、洗涤剂、干燥剂、染料稀释剂、分析化学试剂、医药品等。

(5) 硫酸钙。二水硫酸钙（$CaSO_4 \cdot 2H_2O$）称为石膏，又称生石膏，为白色粉末，微溶于水。半水硫酸钙 $\left(CaSO_4 \cdot \frac{1}{2}H_2O\right)$ 又称熟石膏，也为白色粉末，有吸潮性。熟石膏粉末与水混合可逐渐硬化并膨胀，故可用来制造模型、塑像、粉笔和石膏绷带等。

11.1.3.3 硬水及其软化

(1) 硬水。天然水长期与空气、岩石和土壤等接触，溶解了许多含有钙和镁的酸式碳酸盐、碳酸盐、氯化物、硫酸盐、硝酸盐等。根据水中溶有的钙镁离子量的多少，可以将水分为：硬水和软水。含有较多 Ca^{2+}、Mg^{2+} 离子的水，称为硬水，如天然水等。含有较少 Ca^{2+}、Mg^{2+} 离子的水，称为软水，如雨水、蒸馏水等。由钙和镁的碳酸氢盐所引起的硬水称为暂时硬水；由钙和镁的硫酸盐、氯化物等引起的硬水称为永久硬水。我国规定水的硬度标准为：1 L 水中含有 10 mg CaO 称为 1 度，一般 8 度的水为硬水。水的硬度是水的一项重要的指标，通常分为五类，见表 11-4。

表 11-4 水的硬度分类

分类	很软的水	软水	中硬水	硬水	最硬水
硬度/度	0～4	4～8	8～16	16～30	30 以上

在工业上，长期使用硬水，锅炉的内壁会形成厚厚的积垢，不利于热量的传输，降低了热量的利用率，而且还会引发锅炉爆炸，所以使用前必须经过软化。

(2) 硬水的软化。降低水中钙、镁离子的含量，就叫作硬水的软化。常用的方法为以下三种：

① 加热煮沸法。水中的 $Ca(HCO_3)_2$ 和 $Mg(HCO_3)_2$ 经过煮沸，会发生下列反应：

$$Ca(HCO_3)_2 \xlongequal{\triangle} CaCO_3\downarrow + CO_2\uparrow + H_2O$$

$$Mg(HCO_3)_2 \xlongequal{\triangle} MgCO_3\downarrow + CO_2\uparrow + H_2O$$

沉淀析出后，水的硬度降低。这种方法只能降低水的暂时硬度，不能降低永久硬度。

② 加药法。根据钙、镁的含量向水中加入专用的沉淀剂，如石灰(CaO)和纯碱(Na_2CO_3)处理软化生活用水，将 Ca^{2+}、Mg^{2+} 以沉淀的形式而除去：

$$Ca^{2+} + CO_3^{2-} \xlongequal{\quad} CaCO_3\downarrow$$

$$2Mg^{2+} + 2OH^- + CO_3^{2-} \xlongequal{\quad} Mg_2(OH)_2CO_3\downarrow$$

③ 离子交换法。离子交换的过程就是离子交换剂或离子交换树脂从电解质溶液中吸收某种阳离子或阴离子，从而把自身所含的另外一种带相同电荷的离子等量释放到溶液中。例如离子交换剂——人造沸石的主要成分为 $Na_2O \cdot Al_2O_3 \cdot 2SiO_2 \cdot nH_2O$，简化为 Na_2Z。这种交换剂是一种多孔性、不溶于水的固体，其中 Na^+ 可与水中的 Ca^{2+}、Mg^{2+} 进行交换：

$$Na_2Z + M^{2+} \rightleftharpoons MZ + 2Na^+ (M = Ca^{2+}、Mg^{2+})$$

当硬水通过 Na_2Z 时，Ca^{2+}、Mg^{2+} 留在交换剂上，而 Na^+ 则进入水中，从而达到软化水的目的。

由于钠盐的溶解度很高，所以避免了随温度升高而造成水垢生成的情况。这种方法是目前最常用的标准方式，主要优点是：效果稳定准确，工艺成熟。采用这种方式的软化水设备一般也叫作“离子交换器”(由于采用的多为钠离子交换树脂，所以也多称为“钠离子交换器”)。

离子交换树脂是一类具有离子交换功能的高分子材料。在溶液中，它能将本身的离子与溶液中的同号离子进行交换。按交换基团性质的不同，离子交换树脂可分为阳离子交换树脂和阴离子交换树脂两类。阳离子交换树脂大多含有—SO_3H、—COOH 或—C_6H_4OH 等酸性基团，其中的氢离子能与溶液中的金属离子或其他阳离子进行交换。例如苯乙烯和二乙烯苯的高聚物，经磺化处理可得到强酸性阳离子交换树脂：

$$2R—SO_3H + Ca^{2+} \rightleftharpoons (R—SO_3)_2Ca + 2H^+$$

阴离子交换树脂含有碱性基团，如—NH_3OH、—$N(CH_3)_3OH$、—NH_2 等。它们在水中能生成 OH^- 离子，可与各种阴离子起交换作用，其交换原理为：

$$nROH + X^{n-} \rightleftharpoons R_nX + nOH^-$$

离子交换树脂的用途很广，主要用于分离和提纯。例如用于硬水软化和制取去离子水、回收工业废水中的金属、分离稀有金属和贵金属、分离和提纯抗生素等。

11.2 p区元素

11.2.1 p区元素通论

p区元素包括周期系中的ⅢA～ⅧA族。该区元素沿B—Si—As—Te—At对角线将其分为两部分，对角线右上角为非金属元素（含对角线上的元素），对角线左下方为10种金属元素。除氢元素外，所有非金属元素全部集中在该区。

p区价电子构型为ns^2np^x（x=1～6）。除氟元素外，p区元素可形成多种氧化态，其最高氧化态等于该元素原子最外层电子数。随着价层电子np电子的增多，失电子倾向减弱，逐渐变为共用电子，以致得到电子。所以p区非金属元素除正氧化态外，还有负氧化态。p区同族元素自上而下原子半径逐渐增大，元素的金属性逐渐增强，非金属性逐渐减弱。除ⅦA族元素外，都是由典型的非金属元素经准金属过渡到典型的金属元素。

p区元素性质具有以下特点：

（1）p区元素的熔点一般较低。周期表中p区金属（表11-5）与ⅡB族的Zn、Cd、Hg合称为低熔点元素区。这些金属彼此可形成低熔合金。

表11-5 p区部分金属的熔点

金属	Al	Ca	In	Ti	Ge	Sn	Pb	Sb	Bi
t_m/℃	660.37	29.78	156.6	303.5	973.4	231.88	327.5	630.5	271.3

（2）p区的某些金属具有半导体性质，为制造半导体的重要原料，如超纯锗、砷化镓、锑化镓等。

（3）p区元素的金属性较弱，Al、Ga、In、Ge、Sn和Pb的单质、氧化物及其水合物均表现为两性，其化合物表现出明显的共价性。

（4）p区金属元素在自然界都以化合态形式存在，除铝以氧化物存在外，大部分为硫化物存在。

本节选取部分重要的元素进行介绍。

11.2.2 卤素

卤族元素是元素周期系第ⅦA族元素，包括氟(F)、氯(Cl)、溴(Br)、碘(I)、砹(Ar)5种元素。它们均易成盐，故称为卤族元素，简称卤素。在自然界中，氟元素主要以萤石(CaF)和冰晶石(Na_3AIF_6)等矿物存在；氯、溴、碘主要以钠、钾、钙、镁的无机盐形式存在于海水中，海藻等海洋生物是碘的重要来源；砹为放射性元素，仅微量且短暂地存在于铀和钍的蜕变产物中，大多由人工合成。

卤素原子的价层电子构型为ns^2np^5，最外层有7个电子，核电荷是同周期元素中最多的（稀有气体除外），原子半径是同周期元素中最小的，故它们最容易得电子。卤素原子在化学变化中要失去电子成为阳离子是困难的。事实上，卤素中只有半径最大、电离能最小的碘有

这种可能,如可以形成碘盐 $I(CH_3COO)_3$、$I(ClO_4)_3$ 等。卤素和同周期元素相比较,其非金属是最强的。同一族内,从氟到碘,原子半径逐渐增大,电负性逐渐减小,因而非金属性依次减弱。但由于氟的原子半径太小,电子云密度大,因此,氟的电子亲和能反而低于氯和溴,单质氟的解离能低于单质氯和溴。

卤素在化合物中最常见的氧化数为−1,由于氟的电负性最大,所以不可能表现出正氧化态。其他卤族元素与电负性较大的元素化合,可以表现出正氧化态:+1、+3、+5 和+7。

氟与有多种氧化态的元素化合时,该元素往往可以呈现最高氧化态,如 AsF_5、SF_6 和 IF_7 等。这是由于氟原子的半径小,空间位阻不大,因此中心原子的周围可以容纳较多的氟原子,而氯、溴、碘原子则较为困难。

11.2.2.1 卤素单质

(1) 物理性质。卤素单质皆为双原子分子,固态时为分子(非极性)晶体,因此熔点、沸点都比较低。随着卤素原子半径的增大和核外电子数目的增多,卤素分子之间的色散力逐渐增大,因而卤素单质的熔点、沸点、密度等物理性质按 F—Cl—Br—I 的顺序依次增大。在常温下,氟、氯分别为浅黄和黄绿色气体,溴是易挥发的红棕色液体,碘是紫黑色固体。

卤素在水中的溶解度不大。其中氟与水剧烈反应生成 HF,并使水分解,放出氧气。因此,氟不能存在于水中,而氯、溴、碘在水中的溶解度(g/100 g H_2O, 293 K)分别为 0.732、3.58、0.029。卤素单质在有机溶剂中的溶解度比在水中的溶解度大得多,可溶于乙醇、乙醚、氯仿、四氯化碳、二硫化碳等溶剂中。根据这一差别,可以用四氯化碳等有机溶剂将卤素单质从水溶液中萃取出来。

溴在有机溶剂中呈现一定的颜色,且随着浓度增大,颜色逐渐加深。碘溶液的颜色随溶剂不同而有所差异。碘难溶于水,但易溶于碘化物溶液(如 KI 溶液),这主要是由于形成了 I_3^-。碘化物溶液的浓度愈大,能溶解的碘愈多,溶液颜色愈深。

卤素的单质均有刺激性气味,强烈刺激眼、鼻、气管的黏膜,吸入较多卤素单质的蒸气会引起严重中毒(其毒性从氟到碘依次减弱),甚至会造成死亡。少量的氯气具有杀菌作用,可用于自来水消毒,但液溴可灼伤皮肤,不能直接接触。

(2) 化学性质。卤素原子都有取得 1 个电子而形成卤素阴离子的强烈趋势,所以卤素元素的氧化能力强,除 I_2 外,它们均为强氧化剂。

① 与卤素间的置换。由标准电极电势可知,卤素单质的氧化能力顺序为 $F_2 > Cl_2 > Br_2 > I_2$,卤素阴离子的还原能力顺序为 $I^- > Br^- > Cl^- > F^-$。因此,F_2 能氧化 Cl^-、Br^-、I^-,置换出 Cl_2、Br_2、I_2;Cl_2 能置换出 Br_2 和 I_2;而 Br_2 只能置换出 I_2。

② 与金属和非金属反应。F_2 能与所有金属直接反应生成离子型化合物,还能和除 He、Ne、Ar、Kr、O_2、N_2 以外,非金属单质直接化合,且反应非常剧烈,常伴随着燃烧和爆炸。Cl_2 也能发生类似的反应,但反应比氟平稳得多。Cl_2 在干燥的情况下不与铁作用,因此 Cl_2 可以储存于铁制的容器中。Br_2 和 I_2 只能与较活泼的金属直接反应生成相应的化合物,与其他金属的反应需在加热情况下进行。

③ 与水和碱的反应。卤素与水可发生两类反应。第 1 类是卤素对水的氧化作用:

$$2X_2 + 2H_2O \xlongequal{\quad} 4HX + O_2$$

第 2 类是卤素的水解作用,即卤素的歧化反应:

$$X_2 + H_2O \rightleftharpoons HX + HXO$$

对于第1类反应，从 $F_2 \rightarrow I_2$ 迅速减弱。F_2 的氧化性强，只能与水发生第1类反应；碘非但不能置换水中的氧，相反，氧可作用于 HI 溶液使 I_2 析出：

$$2I^- + 2H^+ + \frac{1}{2}O_2 = I_2 + H_2O$$

Cl_2、Br_2、I_2 与水主要发生第2类反应，此类歧化反应是可逆的，25 ℃时反应的平衡常数依次减弱，而且都小于 10^{-4}，说明 Cl_2、Br_2、I_2 在水中大部分以 X_2 存在。Br_2 和 I_2 与纯水的反应不明显，只有在碱性溶液中才能显著发生类似第2类反应：

$$Br_2 + 2KOH \rightleftharpoons KBr + KBrO + H_2O$$
$$3I_2 + 6NaOH \rightleftharpoons 5NaI + NaIO_3 + 3H_2O$$

(3) 制备。卤素在自然界中以化合物的形式存在。对 F_2 来说，用一般的氧化剂是不能使其氧化的。因此，制取 F_2 一直采用电解法，通常是电解氟氢化钾(KHF_2)和无水氟化氢的熔融混合物：

$$2KHF_2 \xlongequal{电解} 2KF + H_2\uparrow + F_2\uparrow$$

工业上的氯气采用电解饱和食盐水溶液。其他卤素，除了氟气以外，可用氧化剂与氢卤酸或卤化物反应制得。例如：

$$2KClO_3 + 12HCl = 2KCl + 6Cl_2\uparrow + 6H_2O$$

11.2.2.2 卤化氢和氢卤酸

(1) 物理性质。常温常压下，卤化氢均为无色且具有强烈刺激性的气体，易与空气中水蒸气结合而形成白色酸雾。它们的熔点、沸点，除 HF 因氢键的存在发生缔合而特别高外，HCl、HBr、HI 依次升高。卤化氢的水溶液称为氢卤酸，所以把 HF、HCl、HBr 和 HI 分别称为氢氟酸、氢氯酸、氢溴酸和氢碘酸。液态卤化氢不导电，这表明它们是共价型化合物而非离子型化合物。纯的氢卤酸为无色液体，具有挥发性。

(2) 化学性质。

① 氢卤酸的酸性。氢卤酸中，氢氯酸、氢溴酸和氢碘酸都是强酸，且酸性依次增强。氢氟酸是一种弱酸，在高浓度的 HF 溶液中，由于 F^- 能与 HF 分子以氢键缔合，生成稳定的 HF_2^-，所以 HF 的解离度增大，溶液的酸性增强。氢卤酸(18 ℃，0.1 $mol \cdot L^{-1}$)的表观解离度见表11-6。

表11-6　18 ℃时0.1 $mol \cdot L^{-1}$ 氢卤酸的表观解离度

HX	HF	HCl	HBr	HI
解离度/%	10	93	93	95

③ 氢卤酸的还原性。根据标准电极电势值，卤化氢和氢卤酸的还原性按 HF、HCl、HBr、HI 的顺序依次增强，HF 不能被一般氧化剂所氧化，HCl 需用强氧化剂(F_2、MnO_2、$KMnO_4$、PbO_2等)才能氧化：

$$16HCl + 2KMnO_4 \xlongequal{} 5Cl_2\uparrow + 2MnCl_2 + 8H_2O + 2KCl$$

HBr 和 HI 的还原性较强，空气中的氧就可以把它们氧化为单质：

$$4HI + O_2 \xlongequal{} 2I_2 + 2H_2O$$

HBr 溶液在日光、空气中的氧作用下即可变为棕色；而 HI 溶液即使在暗处，也会逐渐变为棕色。

③ 氢氟酸的特殊性。氢氟酸（或 HF 气体）都能和玻璃（SiO_2）反应：

$$SiO_2 + 4HF \xlongequal{} SiF_4\uparrow + 2H_2O$$

这一反应广泛用于分析化学中，用以测定矿物或钢样 SiO_2的含量，还用在玻璃器皿上刻蚀标记和花纹，毛玻璃和灯泡的“磨砂”也是用氢氟酸腐蚀的。通常，氢氟酸储存在塑料或内涂石蜡的容器里。氟化氢有氟源之称，利用它制取单质氟和许多氟化物。氟化氢会对皮肤造成痛苦的难以治疗的灼伤，使用时要注意安全。

11.2.2.3 卤化物

(1) 键型。严格地说，卤素与电负性较小的元素所形成的化合物才称为卤化物，如卤素与ⅠA、ⅡA 族的绝大多数金属形成离子型卤化物。这些卤化物具有高的熔点、沸点和低挥发性，熔融时能导电。卤素与非金属则形成共价型卤化物，其熔沸点低，熔融时不导电，并具有挥发性，能溶于非极性溶剂。其他金属的卤化物则为过渡键型。但离子型卤化物与共价型卤化物之间没有严格的界限。

同周期卤化物的键型，由左向右，从离子型逐渐过渡到共价型，其熔沸点降低，熔融态的导电性减弱。表 11-7 为第 3 周期元素氟化物的性质和键型。

表 11-7 第 3 周期元素氟化物的性质和键型

氟化物	NaF	MgF_2	AlF_3	SiF_4	PF_5	SF_6
熔点/℃	993	1 250	1 040	−90	−83	−51
沸点/℃	1 695	2 260	1 260	−86	−75	−64(升华)
熔融态的导电性	易	易	易	不能	不能	不能
键型	离子型	离子型	离子型	共价型	共价型	共价型

同一金属的不同卤化物，从氟化物到碘化物，由离子键过渡到共价键，晶体类型由离子晶体过渡为共价晶体，熔点、沸点依次降低。表 11-8 为 AlX_3的性质和键型。

表 11-8 AlX_3的性质和键型

氟化物	AlF_3	$AlCl_3$	$AlBr_3$	AlI_3
熔点/℃	1 010	190(加压)	97.5	191
沸点/℃	1 260	178(升华)	263.3	360
熔融态的导电性	易	难	难	易
键型	离子型	过渡型	共价型	共价型

(2) 溶解性和水解性。大多数氯、溴、碘的卤化物易溶于水，它们的银盐（AgX）、铅盐

(PbX_2)、亚汞盐(Hg_2X_2)、亚铜盐(CuX)则都难溶。由于 F^- 的半径和 Cl^- 有明显差异,而 Cl^-、Br^-、I^- 的半径差异小,所以氟化物和其他卤化物的溶解性有明显的差别,见表 11-9。一般来说,如果氯化物可溶,则溴、碘的卤化物也可溶,且溶得更多;如氯化物难溶,则碘化物更难溶。

表 11-9 卤化物的溶解度

溶解程度	卤化物都可溶	氟化物难溶,氯化物可溶	氟化物可溶,氯化物不溶	卤化物都不溶
离子	Na^+、K^+、NH_4^+	Mg^{2+}、Ca^{2+}、Ba^{2+}、Sr^{2+}	Ag^+	Pb^{2+}

不同元素的卤化物,在溶解的同时发生水解的情况也有所不同。活泼金属卤化物是不水解的。随金属离子的碱性减弱,其水解程度增强。共价型卤化物溶解在水中都会水解,水解时一般是生成两种酸(该元素的含氧酸及氢卤酸)或生成该元素的氢化物的水合物及氢卤酸。例如:

$$PCl_3 + 3H_2O \longrightarrow H_3PO_3 + 3HCl$$
$$SiCl_4 + 3H_2O \longrightarrow H_2SiO_3 + 4HCl$$

(3) 热稳定性。卤化物的热稳定性差别很大。一般来说,金属卤化物的热稳定性比非金属卤化物明显高很多。同一周期的卤化物,它们的热稳定性按照 F、Cl、Br、I 的顺序依次降低。例如,PF_5 稳定而难分解,PCl_5 加热到 300 ℃可分解为 PCl_3 和 Cl_2,PBr_5 熔融状态时已经开始分解,PI_5 还未制得。

(4) 配位作用。卤素离子 X^- 可以和大多数金属离子形成配合物,如 $[AlF_6]^{3-}$、$[FeF_6]^{3-}$、$[HgI_4]^{2-}$,在化学中常用于难溶盐的溶解和离子的分离、掩蔽和检出。如:

$$PbCl_2 + 2Cl^- \rightleftharpoons [PbCl_4]^{2-}$$
$$Fe^{3+} + 6F^- \rightleftharpoons [FeF_6]^{3-}$$

11.2.2.4 氯的含氧酸及其盐

除氟外,氯、溴和碘均可生成氧化态为+1、+3、+5 和+7 的含氧酸及其盐。其含氧酸的形式有 HXO(次卤酸)、HXO_2(亚卤酸)、HXO_3(卤酸)和 HXO_4(高卤酸)等。表 11-10 列出了已知的卤素含氧酸。

表 11-10 卤素的含氧酸

名称	卤素氧化数	氯	溴	碘
次卤酸	+1	HClO	HBrO	HIO
亚卤酸	+3	$HClO_2$	$HBrO_2$	—
卤酸	+5	$HClO_3$	$HBrO_3$	HIO_3
高卤酸	+7	$HClO_4$	$HBrO_4$	HIO_4、H_5IO_6

卤素的含氧酸不稳定,除了碘酸和高碘酸能得到稳定的固体晶体,其余大多只有在水溶液中稳定存在。卤素含氧酸及其盐最突出的性质是氧化性,其较大的电极电势表明卤素含氧酸都是强氧化剂。此外,歧化反应也很常见。

(1) 次氯酸及其盐。卤素溶于水发生歧化反应,生成 HX 和 HXO:

$$X_2 + H_2O \rightleftharpoons HX + HXO$$

生成的 HClO 是弱酸,$K_a^{\ominus} = 2.95 \times 10^{-8}$,且不稳定,仅存在于稀溶液中,其分解有以下三种方式:

$$2HClO \xlongequal{光照} 2HCl + O_2 \uparrow$$

$$2HClO \xlongequal{脱水剂} Cl_2O + H_2O$$

$$3HClO \xlongequal{>75\ ℃} 2HCl + HClO_3$$

HClO 的氧化性很强,而次氯酸盐比次卤酸的稳定性高,所以经常用次氯酸盐在酸性介质中做氧化剂。

氯气和水作用可得次氯酸:

$$Cl_2 + H_2O \rightleftharpoons HCl + HClO$$

上述反应为可逆反应,且反应程度较小,如在氯水中加入能和 HCl 作用的物质(HgO、Ag_2O、$CaCO_3$等),则可使平衡右移,得到浓度较大的次氯酸溶液。例如:

$$2Cl_2 + 2HgO + H_2O \xlongequal{} HgO \cdot HgCl_2 \downarrow + 2HClO$$

把氯气通入冷碱溶液,可生成次氯酸盐:

$$Cl_2 + 2NaOH \xlongequal{} NaClO + NaCl + H_2O$$

漂白粉是次氯酸钙和碱式氯化钙的混合物,有效成分是其中的次氯酸钙 $Ca(ClO)_2$。次氯酸盐(或漂白粉)的漂白作用主要是基于次氯酸的氧化性,使用时必须加酸,使之转变成 HClO 后才能有强氧化性,发挥其漂白、消毒作用。所以漂白粉在空气中长期存放时会吸收 CO_2和 H_2O,二氧化碳从漂白粉中将弱酸 HClO 置换出来,因分解而失效。例如,棉织物的漂白是先将其浸入漂白粉液,然后用稀酸溶液处理;或者将浸泡过漂白粉的织物直接在空气中晾硒,也能产生漂白作用,因为二氧化碳可从漂白粉中将弱酸 HClO 置换出来:

$$\underbrace{Ca(ClO)_2 + CaCl_2 \cdot Ca(OH)_2 \cdot H_2O}_{漂白粉} + 2CO_2 \xlongequal{} 2CaCO_3 + CaCl_2 + 2HClO + H_2O$$

(2) 亚氯酸及其盐。亚卤酸中仅存在 $HClO_2$,酸性大于 HClO。$HClO_2$不稳定,其分解反应为:

$$8HClO_2 \xlongequal{} 6ClO_2 + Cl_2 + 4H_2O$$

亚氯酸盐在溶液中较为稳定,但加热、撞击时可爆炸分解,在溶液中也可受热分解。例如:

$$3NaClO_2 \xlongequal{\triangle} 2NaClO_3 + NaCl$$

工业级的 $NaClO_2$为白色晶体,加热至 350 ℃仍不分解;但含有水分的 $NaClO_2$在 130~140 ℃就开始分解。它也是一种高效漂白剂和氧化剂,与有机物混合能发生爆炸,应密闭保存在阴凉处。

(3) 氯酸及其盐。氯酸是强酸,其强度接近于盐酸。氯酸也是强氧化剂,但氧化能力不如 HClO 和 $HClO_2$。氯酸仅存在于溶液中，若将其含量提高到 40%即分解，含量再高会迅速分解并发生爆炸：

$$8HClO_3 \xlongequal{} 3O_2\uparrow + 2Cl_2\uparrow + 4HClO_4 + 2H_2O$$

氯酸钾是最重要的氯酸盐，它是无色透明晶体。在催化剂存在时，200 ℃下，$KClO_3$ 即可分解为氯化钾和氧气：

$$2KClO_3 \xlongequal{MnO_2} 2KCl + 3O_2\uparrow$$

如果没有催化剂，400 ℃左右，主要分解成高氯酸钾和氯化钾：

$$4KClO_3 \xlongequal{} 3KClO_4 + KCl$$

固体 $KClO_3$ 是强氧化剂，与易燃物质（如硫、磷、碳）混合后，经摩擦或撞击就会爆炸，因此可用来制造炸药、火柴及烟火等。

工业上制备氯酸钾采用无隔膜槽电解饱和食盐水溶液。如氯碱工业的电解，阳极区产生 Cl_2（不放出），阴极区产生 H_2（放出）和 NaOH。

(4) 高氯酸及其盐。高氯酸是无机酸中最强的酸，在水中完全解离成 H^+、ClO_4^-，在冰醋酸、硫酸或硝酸溶液中仍能给出质子。无水高氯酸是无色、黏稠状液体，工业级含量在 60%以上，试剂级为 70%～72%。冷稀溶液比较稳定，浓高氯酸不稳定，受热分解：

$$4HClO_4 \xlongequal{} 7O_2\uparrow + 2Cl_2\uparrow + 2H_2O$$

浓 $HClO_4$（>60%）与易燃物相遇会发生猛烈爆炸，但冷的稀酸没有明显的氧化性。

高氯酸盐则比较稳定，$KClO_4$ 的热分解温度高于 $KClO_3$，因此过去曾把用 $KClO_4$ 制成的炸药叫作"安全炸药"。高氯酸盐一般是可溶的，但 K^+、Rb^+、Cs^+ 的高氯酸盐的溶解度却很小。基于此性质，分析化学中可定量地测定 K^+、Rb^+、Cs^+。

综上所述，氯的含氧酸及其盐的主要性质可归纳如下：

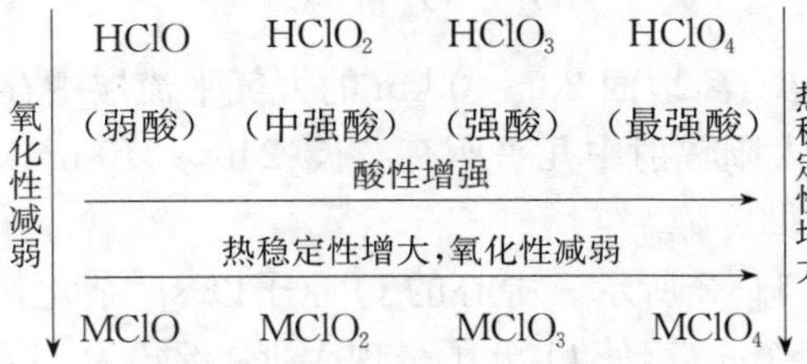

氧化性减弱 ↓	HClO	$HClO_2$	$HClO_3$	$HClO_4$	热稳定性增大 ↓
	（弱酸）	（中强酸）	（强酸）	（最强酸）	
	酸性增强 →				
	热稳定性增大，氧化性减弱 →				
	MClO	$MClO_2$	$MClO_3$	$MClO_4$	

11.2.3 氧和硫

11.2.3.1 氧及其化合物

(1) 氧单质。氧在地壳中的质量分数为 48.60%，在大气中的体积分数为 21%，在海水中的质量分数为 89%。氧在自然界中存在 3 种同位素：^{16}O、^{17}O、^{18}O。^{16}O 的相对丰度是 99.76%，^{17}O的相对丰度是 0.04%，^{18}O 的相对丰度是 0.2%。氧单质有 2 种同素异形体，即氧气和臭氧。

氧气是无色、无味的气体，在−183℃凝结为淡蓝色液体，常以 15 MPa 压力把氧气装入钢瓶内储存。氧气不易溶于极性溶剂（如水），而易溶于有机溶剂（如乙醚）。在 273 K 和 100 kPa时，1 L 水中只能溶解 0.03 L 氧气。氧气在水中的溶解度虽然很小，但这是水中各种生物赖以生存的重要条件。

O 原子的价电子构型为 $2s^2 2p^4$。2 个氧原子结合成有磁性的 O_2。根据价键理论的电子配对法，O_2分子应该有双键存在。但从氧的分子光谱得知，它有 2 个自旋平行的未成对电子，所以 O_2的价电子轨道表示为：

$$(\sigma_{1s})^2(\sigma_{1s}^*)^2(\sigma_{2s})^2(\sigma_{2s}^*)^2(\sigma_{2p})^2(\pi_{2p})^2(\pi_{2p})^2(\pi_{2p}^*)^1(\pi_{2p}^*)^1$$

其中有 2 对电子相互抵消，不能成键；实际有贡献的轨道为 $(\sigma_{2p})^2(\pi_{2p})^2(\pi_{2p})^2(\pi_{2p}^*)^1(\pi_{2p}^*)^1$。$(\sigma_{2p})^2$ 构成 O_2分子的 σ 键，2 个 $(\pi_{2p})^2(\pi_{2p}^*)^1$ 即形成 2 个 3 电子 π 键。其结构如图 11-1 所示。

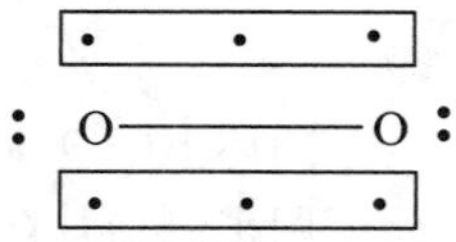

图 11-1　O_2分子结构

O_2分子的键能相当于双键，键能较大，在常温下反应活性较差，仅能把强还原剂（如 $SnCl_2$、H_2SO_3、KI）氧化；但在高温下，不仅能与许多金属和非金属的单质直接化合，而且还能氧化一些具有还原性的化合物，如 H_2S、CH_4、CO 等。液态氧的化学活性相当高，可与许多金属、非金属反应，特别是和有机物接触时，易发生爆炸性反应。因此，储存、运输和使用液氧时须格外小心。

氧是生命元素，在自然界是循环的。氧气有广泛的用途，富氧空气或纯氧用于医疗和高空飞行，大量的纯氧用于炼钢，氢氧焰和氧炔焰用来切割和焊接金属，液氧常用作制冷剂和火箭发动机的助燃剂。

臭氧是氧气的同素异形体。氧分子通过电子流、质子流或短波辐射的作用，以及在原子氧的产生过程（如 H_2O_2的分解）中，都可能有臭氧生成。如高空中 O_2受阳光中的紫外线照射会形成 O_3：

$$O_2 \xlongequal{\text{光照}} 2O$$

$$O_2 + O \xlongequal{\quad} O_3$$

臭氧在地表的含量很少，离地面 20～40 km 的大气平流层中存在浓度稀薄的臭氧层，厚度约为 20 km。它能吸收太阳辐射中几乎所有波长（240～310 nm）的紫外辐射，从而为地球生物提供了一道重要的防御屏障。

臭氧的分子结构如图 11-2 所示。中心的 O 原子以 sp^2杂化，与两旁的配位 O 原子键合成 2 个 σ 键，使 O_3分子呈现 V 形，键角为 117°，在 3 个 O 原子之间还存在 1 个 3 中心 4 电子的离域大 π_3^4 键，它是唯一的极性单质。

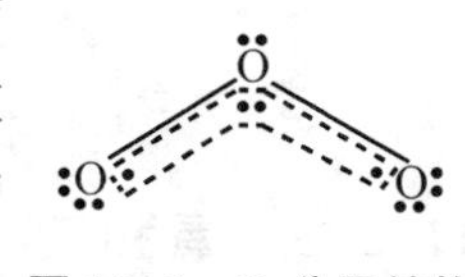

图 11-2　O_3分子结构

臭氧是蓝色气体，具有特殊的鱼腥臭味，故称为臭氧，比氧气易液化，液态时呈蓝紫色。但它较难固化，在 80 K 时凝结成黑色晶体，在常温下缓慢分解，200 ℃以上分解较快，分解时放热。

O_3的氧化性比 O_2强，能氧化许多不活泼单质（如 Hg、Ag、S 等），可从溶液中将碘析出。此反应常作为 O_3的鉴定反应：

$$O_3 + 2I^- + H_2O \xlongequal{\quad} I_2 + O_2\uparrow + 2OH^-$$

利用臭氧的强氧化性和不易导致二次污染的优点，常将其用作消毒杀菌剂、空气净化剂、漂白剂等。在工业废气的处理中，臭氧可把其中的二氧化硫氧化并制得硫酸。在工业废水的处理中，臭氧可把有害的有机物氧化，使其转变成无害物质。臭氧还可用作棉、麻、纸张的漂白剂和皮毛的脱臭剂。在空气中，存在少许臭氧对人体有益，因为它既能消毒杀菌，又能刺激中枢和加速血液循环；若每立方米中的含量超过 1 mg，则会对人体及其他生物造成危害。

(2) 过氧化氢。过氧化氢俗称双氧水。纯的过氧化氢是一种淡蓝色的黏稠液体，分子间有较强的氢键，液态和固态时存在缔合分子，具有较高的沸点和熔点。它能以任意比例与水互溶，常用的是质量分数为 3% 和 35% 的两种溶液，前者在医药上用作消毒杀菌剂。

H_2O_2 的成键作用和 H_2O 相似，分子中有 1 个过氧键—O—O—，每个氧原子各连接 1 个氢原子。其分子构型像一本半开的书，2 个氢原子位于半展开的“书本”的 2 页纸上，而过氧键在书的夹缝上。

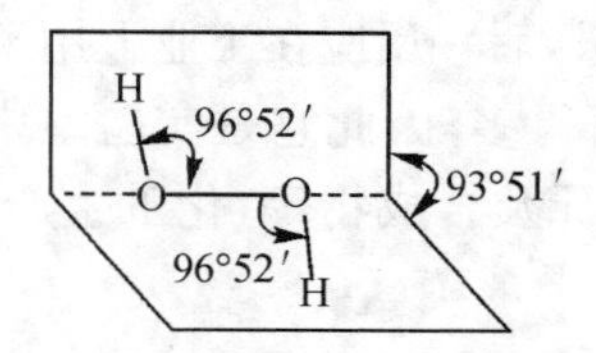

图 11-3 H_2O_2 分子结构

过氧化氢的化学性质主要表现在不稳定性、弱酸性、具有氧化性和还原性这三个方面。

① 不稳定性。由于过氧键—O—O—的键能较小，因此过氧化氢分子不稳定，易分解：

$$2H_2O_2(l) = 2H_2O(l) + O_2(g) \quad \Delta_r H_m^\ominus = -196.5\ kJ \cdot mol^{-1}$$

H_2O_2 在碱性介质中的分解速率远比在酸性介质中快，微量杂质或重金属离子（Fe^{3+}、Mn^{2+}、Cu^{2+}、Cr^{3+} 等）能大大加速其分解。光也可促进 H_2O_2 分解。因此，一般常把 H_2O_2 装在棕色玻璃瓶中并置于阴凉处，有时加入一些稳定剂，如微量的锡酸钠、焦磷酸钠等。

② 弱酸性。H_2O_2 在水中有微弱的解离作用：

$$H_2O_2 \rightleftharpoons HO_2^- + H^+ \quad K_1^\ominus = 2.2 \times 10^{-12}(298\ K)$$

H_2O_2 的二级解离常数更小，其数量级约为 10^{-25}。

H_2O_2 可与碱反应，如：

$$H_2O_2 + Ba(OH)_2 = BaO_2 + 2H_2O$$

③ 氧化性和还原性。H_2O_2 中氧的氧化态为 −1，处于 0 和 −2 之间的中间氧化态，因此，它既有氧化性又有还原性，在不同介质中的标准电极电势如下：

$$H_2O_2 + 2H^+ + 2e^- \rightleftharpoons 2H_2O \quad E_A^\ominus = +1.776\ V$$

$$2H^+ + O_2 + 2e^- \rightleftharpoons H_2O_2 \quad E_A^\ominus = +0.695\ V$$

$$HO_2^- + H_2O + 2e^- \rightleftharpoons 3OH^- \quad E_A^\ominus = +0.878\ V$$

$$O_2 + H_2O + 2e^- \rightleftharpoons HO_2^- + OH^- \quad E_A^\ominus = -0.076\ V$$

由电极电势可知，H_2O_2在酸性和碱性介质中均有氧化性，在酸性介质中的氧化性更为突出。例如，H_2O_2 在酸性溶液中可把 I^- 氧化成 I_2：

$$H_2O_2 + 2I^- + 2H^+ \xlongequal{} I_2 + 2H_2O$$

过氧化氢可使黑色的PbS氧化为白色的$PbSO_4$。例如油画和壁画中含有Pb，长期和空气中的H_2S作用生成黑色的PbS而变暗，用H_2O_2涂刷能使黑色的PbS氧化成白色$PbSO_4$。因此，H_2O_2常用于油画和壁画的漂白：

$$PbS + 4H_2O_2 \xlongequal{} PbSO_4\downarrow + 4H_2O$$

过氧化氢的还原性较弱，只有遇到比它更强的氧化剂时才表现出。例如：

$$2MnO_4^- + 5H_2O_2 + 6H^+ \xlongequal{} 2Mn^{2+} + 5O_2\uparrow + 8H_2O$$

$$Cl_2 + H_2O_2 \xlongequal{} 2HCl + O_2\uparrow$$

第一个反应用来测定H_2O_2的含量，后一反应在工业上用于除去残存的氯。

H_2O_2的氧化性比还原性显著得多，因此它是实验室常用的氧化剂和医用消毒剂，还用于漂白纸浆、织物、皮革、油脂、象牙及合成物等，化工生产中用于制备过氧化物、环氧化物、氢醌和药物（如头孢菌素）等。

11.2.3.2　硫及其化合物

硫在自然界中的分布很广，主要以单质硫、硫化物和硫酸盐3种形态存在。单质硫蕴藏在火山地区的矿床里。化合态的硫主要是天然硫矿，包括金属硫化物矿和硫酸盐矿两大类，如黄铁矿（FeS_2）、黄铜矿（$CuFeS_2$）、方铅矿（PbS）、辉锑矿（SbS_3）、闪锌矿（ZnS）、芒硝（$Na_2SO_4\cdot 10H_2O$）、重晶石（$BaSO_4$）、石膏（$CaSO_4\cdot 2H_2O$）、天青石（$SrSO_4$）等。

（1）硫单质。硫单质有多种同素异形体，常见的为斜方硫和单斜硫2种。天然硫即斜方硫，又叫α-硫，为黄色，其熔点为385.8 K，密度为2.06 g·cm^{-1}；单斜硫又叫β-硫，为浅黄色，其熔点为392 K，密度为1.99 g·cm^{-1}。斜方硫和单斜硫在369 K时可相互转变：

$$\text{斜方硫} \underset{\text{室温}}{\overset{>369\ \text{K}}{\rightleftharpoons}} \text{单斜硫}$$

把加热到约200 ℃的熔硫迅速倒入冷水便得到弹性硫。弹性硫在室温下转变为斜方硫的速度很慢，完全转变需1年以上的时间。

斜方硫和单斜硫都是由S_8环状分子组成的，都是分子晶体，分子之间存在微弱的范德华力，所以都不溶于水，可溶于非极性溶剂（如CS_2、CCl_4）或弱极性溶剂（如CH_3Cl、C_2H_5OH）。

硫的化学性质活泼，能与许多金属和非金属反应：

$$Fe + S \xlongequal{\triangle} FeS$$

$$C + 2S \xlongequal{\triangle} CS_2$$

硫还能和氧化性酸反应，例如：

$$S + 6HNO_3 \xlongequal{\triangle} H_2SO_4 + 6NO_2\uparrow + 2H_2O$$

硫遇碱发生歧化反应，生成硫化物和亚硫酸盐：

$$3S + 6KOH \xlongequal{\triangle} 2K_2S + K_2SO_3 + 3H_2O$$

硫的用途十分广泛，用来生产硫酸、农药、橡胶、纸张、火药、火柴、焰火，漂染工业生产中也用到硫。

(2) 硫化氢和硫化物。硫蒸气能与氢气在 873 K 下直接化合生成硫化氢。实验室中常用硫化亚铁与稀盐酸作用来制备硫化氢气体：

$$FeS + 2HCl = FeCl_2 + H_2S\uparrow$$

硫化氢是一种无色有腐蛋臭味的气体，在 213 K 时凝聚成液体，187 K 时凝固。H_2S 是极性分子，但极性比水弱，由于分子间形成氢键的倾向很小，因此熔点(−86 ℃)、沸点(−71 ℃)比水低得多。H_2S 有毒，长期与硫化氢接触，会引起嗅觉迟钝、消瘦、头痛等慢性中毒。

H_2S 能溶于水，通常情况下，1 L 水能溶解 2.6 L H_2S 气体，浓度约为 0.1 $mol \cdot L^{-1}$。H_2S 的水溶液叫氢硫酸，是一种二元弱酸，在水中的解离作用如下：

$$H_2S \rightleftharpoons H^+ + HS^- \qquad K_1^{\ominus} = 5.7\times10^{-8}$$
$$HS^- \rightleftharpoons H^+ + S^{2-} \qquad K_2^{\ominus} = 1.2\times10^{-15}$$

空气中的 O_2 能把 H_2S 氧化成 S，因此，氢硫酸溶液在空气中放置一段时间后变浑浊。Br_2、I_2 和 H_2S 的反应被用于制备少量 HBr、HI 水溶液。

金属硫化物一般是难溶于水的固体，只有碱金属硫化物、硫化铵溶于水和少数碱土金属微溶于水。根据硫化物在酸中的溶解情况，将其分为 5 类：

① 溶于水的硫化物。碱金属硫化物和 $(NH_4)_2S$、CaS、SrS、BaS 等硫化物，在水中水解成溶于水的酸式硫化物：

$$2CaS + 2H_2O \rightleftharpoons Ca(HS)_2 + Ca(OH)_2$$

② 完全水解的硫化物，如 Al_2S_3、Cr_2S_3：

$$Al_2S_3 + 6H_2O = 2Al(OH)_3 + 3H_2S$$

③ 不溶于水但溶于稀酸的硫化物，如 FeS、NiS、ZnS 等：

$$FeS + 2H^+ = Fe^{2+} + H_2S\uparrow$$

④ 既不溶于水又不溶于稀酸，但溶于 HNO_3 和王水的硫化物，如 CuS、SnS、PbS 等：

$$3CuS + 8HNO_3 = 3Cu(NO_3)_2 + 3S\downarrow + 2NO\uparrow + 4H_2O$$

⑤ 只溶于王水的硫化物，如 HgS：

$$3HgS + 2HNO_3 + 12HCl = 3[HgCl_4]^{2-} + 6H^+ + 3S\downarrow + 2NO\uparrow + 4H_2O$$

大多数金属硫化物都有颜色特征。在分析化学上，常利用各种硫化物在水中的溶解性差异和特征颜色来进行鉴别和分离。部分金属硫化物的颜色和溶度积见表 11-11。

表 11-11 部分金属硫化物的颜色和溶度积

溶于水的硫化物			不溶于水而溶于硫酸的硫化物			不溶于水和稀酸的硫化物		
化学式	颜色	溶度积	化学式	颜色	溶度积	化学式	颜色	溶度积
						SnS_2	深棕	2.5×10^{-27}
			MnS	肉红色	2.5×10^{-10}	CdS	黄	8.0×10^{-27}
Na_2S	白	—	FeS	黑	6.3×10^{-18}	PbS	黑	8.0×10^{-28}
K_2S	白	—	NiS(α)	黑	3.0×10^{-19}	CuS	黑	6.3×10^{-36}
BaS	白	—	CoS(α)	黑	4.0×10^{-21}	Ag_2S	黑	6.3×10^{-50}
			ZnS(α)	白	1.6×10^{-24}	HgS	黑	1.6×10^{-52}

碱金属或碱土金属的硫化物的水溶液能溶解单质硫,生成多硫化物 M_2S_x($x=2\sim6$)。例如 Na_2S_x的溶液一般呈黄色,随着 x 值的增大逐渐呈现黄色、橙色至红色,反应式为:

$$Na_2S+(x-1)S = Na_2S_x$$

多硫化物在分析化学中是常用的试剂,在制革工业中 Na_2S_2用作原皮的脱毛剂,农业上 CaS_4用作杀虫剂。

(3) 硫的氧化物。

① 二氧化硫。SO_2是具有刺激性和恶臭的无色气体,易溶于水,通常情况下,1 L 水能溶解 40 L 的 SO_2。SO_2易液化,273 K 时 202.6 kPa 的压力就能把它变为液态。液态 SO_2用作制冷剂。

SO_2中 S 的氧化态为+4,处于中间氧化态,所以,它既有氧化性又有还原性;但还原性较显著,只有在遇到强还原剂时才表现出的氧化性。

工业上 SO_2主要用于生产硫酸、亚硫酸及亚硫酸盐,在造纸、食品加工等行业可作为漂白剂、防腐剂。

SO_2有毒性,会影响人的消化系统和呼吸系统,空气中的允许含量应小于 0.02 $mg\cdot L^{-1}$。它也是一种气态污染物,燃烧煤、石油时都有 SO_2排出。大气中的 SO_2遇水蒸气形成酸雾,随雨水降落,称为酸雨,其 $pH<5$。酸雨能使树叶中的养分、土壤中的碱性养分失去,对人类的健康、自然界的生态平衡的威胁极大。

目前除去废气中 SO_2的方法很多。其一是将 SO_2氧化成 SO_3,制取 H_2SO_4;

$$2SO_2+O_2 \xlongequal{V_2O_5} 2SO_3$$

$$SO_3+H_2O = H_2SO_4$$

其二是用碱性物质吸收而生成亚硫酸盐,适用于处理 SO_2含量不太小的废气;

$$2Na_2CO_3+SO_2+H_2O = Na_2SO_3+2NaHCO_3$$

其三是在溶液中借催化剂将 SO_2氧化、吸收,使其生成 $CaSO_4$、$MgSO_4$或$(NH_4)_2SO_4$等,$CaSO_4$可做填料,$(NH_4)_2SO_4$可做肥料,$MgSO_4$经 C 还原生成 MgO 和 SO_2可以循环使用。

$$Mg(OH)_2 \xrightarrow{SO_2} MgSO_3 \xrightarrow{O_2} MgSO_4$$

$$2MgSO_4+C = 2MgO+2SO_2\uparrow+CO_2\uparrow$$

② 三氧化硫。纯净的三氧化硫是无色易挥发的固体,熔点为289.8 K,沸点为317.8 K。它极易吸水,在空气中会发烟;溶于水生成硫酸,并放出大量热,放出的热量使水蒸发,产生的水蒸气遇SO_3形成酸雾,影响吸收效果。在硫酸工业,不是用水直接吸收SO_3,而是用质量分数为98.3%的浓硫酸吸收,所得的溶液称为发烟硫酸,其中含有游离态的SO_3。

SO_3具有氧化性,能氧化磷、碘化钾及铁、锌等金属。例如:

$$5SO_3 + 2P = 5SO_2 + P_2O_5$$

$$SO_3 + 2KI = K_2SO_3 + I_2$$

(4) 硫的含氧酸及其盐。

① 亚硫酸及其盐。二氧化硫溶于水生成很不稳定的H_2SO_3。H_2SO_3是二元弱酸($K_1^{\ominus} = 1.3 \times 10^{-2}$, $K_2^{\ominus} = 6.3 \times 10^{-8}$)。亚硫酸只存在于水溶液中,主要以水合物$SO_2 \cdot xH_2O$的形式存在。

亚硫酸可以形成正盐和酸式盐。所有的酸式盐都易溶于水;亚硫酸的正盐,除碱金属正盐以外,其他都不易溶于水。两种盐遇强酸都易分解,放出SO_2:

$$SO_3^{2-} + 2H^+ = SO_2 + H_2O$$

$$HSO_3^- + H^+ = SO_2 + H_2O$$

亚硫酸盐受热时易分解,发生歧化反应:

$$4Na_2SO_3 \xlongequal{\triangle} 3Na_2SO_4 + Na_2S$$

和SO_2相同,亚硫酸及其盐也以还原性为主,只是在遇到强还原剂时才表现出氧化性:

$$2MnO_4^- + 5SO_3^{2-} + 6H^+ = 2Mn^{2-} + 5SO_4^{2-} + 3H_2O$$

$$H_2SO_3 + 2H_2S = 3S\downarrow + 3H_2O$$

② 硫酸及其盐。纯H_2SO_4是一种无色油状液体,凝固点为283 K,沸点为611 K,密度为1.854 g·cm^{-3}。通常市售硫酸的质量分数为98.3%,相当于18 mol·L^{-1}。

硫酸除了具有酸的一般性质外,浓H_2SO_4具有很强的腐蚀性、吸水性、脱水性和氧化性。利用它的吸水性可干燥许多不与硫酸反应的气体,如氮气、氢气、二氧化碳等。浓硫酸不但能吸水,而且能从一些有机化合物中按水组成比把氢和氧脱出来,使其碳化。例如:

$$C_{12}H_{22}O_{11} \xlongequal{\text{浓硫酸}} 12C + 11H_2O$$

热的浓H_2SO_4是强氧化剂,可与许多金属或非金属作用而被还原为SO_2或S,甚至H_2S。例如:

$$Cu + 2H_2SO_4(\text{浓}) = CuSO_4 + SO_2\uparrow + 2H_2O$$

$$C + 2H_2SO_4(\text{浓}) \xlongequal{\triangle} CO_2\uparrow + 2SO_2\uparrow + 2H_2O$$

Al、Fe、Cr在冷的浓H_2SO_4中发生钝化,因此在通常情况下可以用铁制品和铝制品盛放浓硫酸。

硫酸可形成正盐和酸式盐两种盐。酸式盐一般都易溶于水;正盐中,Ag_2SO_4、$CaSO_4$微溶,$PbSO_4$、$BaSO_4$、$SrSO_4$难溶,其余的硫酸盐都易溶于水。它们多含有结晶水,并且易形成复盐,如芒硝$Na_2SO_4 \cdot 10H_2O$、蓝矾$CuSO_4 \cdot 5H_2O$、皓矾$ZnSO_4 \cdot 7H_2O$、明矾$K_2SO_4 \cdot Al_2(SO_4)_3 \cdot 24H_2O$、铁明矾或莫尔盐$(NH_4)_2SO_4 \cdot FeSO_4 \cdot 6H_2O$等。

活泼金属的硫酸盐的热稳定性较好,一些重金属的硫酸盐受热会分解。例如:

$$CuSO_4 \xlongequal{\triangle} CuO + SO_3$$

许多硫酸盐具有重要用途。如:明矾是常用的净水剂、媒染剂;胆矾是消毒菌剂和农药;绿矾是农药、药物和制墨水的原料;芒硝是化工原料。

③ 焦硫酸及其盐。焦硫酸是一种无色的晶体,熔点为 308 K。冷却发烟硫酸时,就可析出焦硫酸晶体。从组成上看,焦硫酸是由 2 个硫酸分子脱去 1 个分子水的产物。焦硫酸与水作用又可生成硫酸:

$$H_2S_2O_7 + H_2O = 2H_2SO_4$$

焦硫酸具有比浓硫酸更强的氧化性、吸水性和腐蚀性,可用作染料、炸药制造中的脱水剂。它还是良好的磺化剂,用于合成有机磺酸类化合物。酸式硫酸盐受热到其熔点以上时,脱水转变为焦硫酸盐:

$$2KHSO_4 \xlongequal{\triangle} K_2S_2O_7 + H_2O$$

焦硫酸盐极易吸潮,遇水又水解成酸式硫酸盐,故需密封保存。分析化学中用硫酸氢钾或焦硫酸钾作为酸性溶矿剂,使某些不溶于水也不溶于酸的金属矿物(如Cr_2O_3、Al_2O_3等)溶解。例如:

$$Al_2O_3 + 3K_2S_2O_7 \xlongequal{\triangle} Al_2(SO_4)_3 + 3K_2SO_4$$

$$Cr_2O_3 + 3K_2S_2O_7 \xlongequal{\triangle} Cr_2(SO_4)_3 + 3K_2SO_4$$

④ 过硫酸及其盐。过硫酸是H_2O_2的衍生物,H—O—O—H 中的 H 被磺基—SO_3H 取代得 H—O—O—SO_3H,叫过一硫酸;取代 2 个 H,HO_3S—O—O—SO_3H 称为过二硫酸。过一硫酸和过二硫酸都是无色晶体,有强的吸水性和脱水性,都不稳定。例如$K_2S_2O_8$受热易分解:

$$2K_2S_2O_8 \xlongequal{\triangle} 2K_2SO_4 + 2SO_3\uparrow + O_2\uparrow$$

过硫酸盐中较为重要的是过二硫酸钾$K_2S_2O_8$和过二硫酸铵$(NH_4)_2S_2O_8$,均为强氧化剂。例如,过二硫酸盐在Ag^+的催化作用下,能将Mn^{2+}氧化成紫红色的MnO_4^-:

$$2Mn^{2+} + 5S_2O_8^{2-} + 8H_2O \xlongequal{Ag^+} 2MnO_4^- + 10SO_4^{2-} + 16H^+$$

此反应在钢铁分析中用于测定锰的含量。

⑤ 硫代硫酸钠。硫代硫酸钠俗称海波或大苏打。把硫粉溶于沸腾的亚硫酸钠的碱性溶液中,便可制得$Na_2S_2O_3$:

$$Na_2SO_3 + S \xlongequal{\triangle} Na_2S_2O_3$$

硫代硫酸钠是无色透明晶体,易溶于水,溶液呈弱碱性。它在中性、碱性溶液中很稳定,在酸性溶液中迅速分解成单质硫和二氧化硫：

$$S_2O_3^{2-} + 2H^+ = S\downarrow + SO_2\uparrow + H_2O$$

硫代硫酸钠是中强还原剂，与强氧化剂如氯、溴等作用被氧化成硫酸钠，与较弱的氧化剂（如碘）作用被氧化成连四硫酸钠：

$$Na_2S_2O_3 + 4Cl_2 + 5H_2O = 2NaCl + 2H_2SO_4 + 6HCl$$
$$2Na_2S_2O_3 + I_2 = 2NaI + Na_2S_4O_6$$

在纺织和造纸工业中，利用前一反应的 $Na_2S_2O_3$ 作用除去残氯，分析化学“碘量法”中利用后一反应来定量测定碘。

硫代硫酸钠主要用作化工生产中的还原剂，纺织、造纸工业中做漂白物的脱氯剂、照相工艺的定影剂，还用于电镀、鞋革等行业。

11.2.4 氮、磷、砷

氮、磷、砷位于周期表第VA族，其中氮和磷是典型的非金属，砷是准金属。本节分别讨论氮、磷、砷及其化合物。

11.2.4.1 氮及其化合物

(1) 氮气。氮气是无色无味的气体，熔点是 63 K，沸点是 77 K，微溶于水，难于液化。在 283 K 时，1 体积水约可溶解 0.02 体积的 N_2。

氮分子是双原子分子，2 个氮分子以叁键相结合，其中包括 1 个 σ 键和 2 个 π 键，其 N≡N 叁键的键能（$941\ kJ\cdot mol^{-1}$）相当大，所以氮气具有特殊的稳定性。在常温下氮气的化学性质很不活泼，和大多数物质难以起反应；只有在高温、高压及催化剂存在的条件下才和 H_2 化合成 NH_3，在放电的情况下和 O_2 化合成 NO，因此氮气常用作保护气体。

工业上通过分馏液态空气来得到 N_2。目前利用膜分离和吸附纯化等新技术与低温技术结合，除了能制得高纯度的 N_2 外，还能制得 H_2、O_2、He 及 CO_2 等工业用气。实验室常采用把固体亚硝酸钠放入氯化铵溶液中加热制而取 N_2：

$$NH_4Cl + NaNO_2 = NH_4NO_2 + NaCl$$

$$NH_4NO_2 \xlongequal{\triangle} N_2 + 2H_2O$$

目前，人类能够有效利用氮气的主要途径是合成氨，但要求条件很高。近年来，人们在竭力弄清植物固氮的机理，争取用化学的方法模拟生物固氮，以实现在常温条件下开发利用空气中的氮资源。

(2) 氨与铵盐。

① 氨。氨是具有刺激性臭味的无色气体，很容易被液化，因 NH_3 分子间有氢键，其熔点为−77.74 ℃，沸点为−33.42 ℃，比同族的其他元素的氢化物高。它的气化热较高，常用作冷冻机的循环制冷剂。氨分子是极性分子，由于它的极性和氢键，液氨和水具有相似的性质，是一种良好的溶剂，能发生微弱的水解：

$$NH_3 + NH_3 \rightleftharpoons NH_4^+ + NH_2^-$$

氨的化学性质主要有以下三个方面：

a. 加合反应。NH_3分子中的孤电子对倾向于和其他分子及离子形成配位键,形成多种配合物。如:

$$Ag^+ + 2NH_3 \rightleftharpoons [Ag(NH_3)_2]^+$$

氨极易溶于水,在氨的水溶液中主要形成水合氨分子。实验表明,在低温下可以从氨溶液中分离出两种水合物,即 $NH_3 \cdot H_2O$ 和 $2NH_3 \cdot H_2O$。氨溶于水后,生成水合物的同时,发生部分电离而使氨水显碱性:

$$NH_3 + H_2O \rightleftharpoons NH_3 \cdot H_2O \rightleftharpoons NH_4^+ + OH^-$$

b. 取代反应。NH_3中 3 个 H 可被某些原子或原子团取代,生成氨基—NH_2、亚氨化物=NH 和氮化物≡N 的衍生物。例如:

$$2NH_3(l) + 2Na = 2NaNH_2 + H_2\uparrow$$
$$2NH_3(l) + 2Al = 2AlN + 3H_2\uparrow$$

又如 $HgCl_2$和 NH_3反应,生成白色难溶的氨基氯化汞 $HgNH_2Cl$。这类反应是有 NH_3参与的复分解反应,叫氨解反应。

c. 氧化反应。NH_3分子中的 N 的氧化态为−3,处于最低价态,具有还原性,可被多种氧化剂氧化。

氨在纯氧中燃烧,呈黄色火焰:

$$4NH_3 + 3O_2 = 2N_2\uparrow + 6H_2O$$

在催化剂的作用下,氨被氧化成一氧化氮,该反应是工业合成硝酸的基础:

$$4NH_3 + 5O_2 \xlongequal{Pt} 4NO + 6H_2O$$

氯、溴也能在气态或溶液中把氨氧化成氮气:

$$2NH_3 + 3Cl_2 = N_2\uparrow + 6HCl$$

生成的 HCl 和剩余的 NH_3进一步反应产生 NH_4Cl 白烟,因此,可用浓氨水来检查氯气或液溴管道是否漏气。

氨在工业中应用广泛,生产量很大,除用来制造硝酸、化肥外,还用于塑料、染料、医药等工业生产中。

② 铵盐。铵盐是氨和酸作用得到的。它们一般是无色的晶体,具有热稳定性低、易溶于水的特征。

a. 热稳定性。铵盐的热稳定性差,固态铵盐受热易分解,分解产物与组成铵盐的酸根性质有关。对于挥发性酸组成的铵盐,分解生成 NH_3和相应的挥发性酸:

$$NH_4HCO_3 = NH_3\uparrow + CO_2 + H_2O$$

如果铵盐由不挥发性酸组成,则只有氨挥发逸出,而酸或酸式盐则残留容器中。例如:

$$(NH_4)_2SO_4 \xlongequal{\triangle} NH_3\uparrow + NH_4HSO_4$$

如果相应的酸有氧化性,则分解出来的 NH_3会立即被氧化。例如:

$$NH_4NO_3 \xlongequal{\triangle} N_2O + 2H_2O$$

$$NH_4NO_3 \xlongequal{> 573\ K} N_2\uparrow + 2H_2O + \frac{1}{2}O_2$$

由于这些反应产生大量热，分解产物是气体，所以，它们受热往往会发生爆炸。无论运输、制备、储存，都应格外小心，避免高温、撞击。

b. 水解性。由于氨是一种弱碱，所以铵盐在水溶液中都有一定程度的水解；若是由强酸组成的铵盐，其水溶液呈酸性。例如：

$$NH_4^+ + H_2O \rightleftharpoons NH_3 + H_3O^+$$

因此，在任何铵盐溶液中加入强碱并加热，就会释放氨。实际应用中常利用这一方法来检验 NH_4^+。

一些弱酸的铵盐，其水解作用更大。例如 $(NH_4)_2CO_3$、$(NH_4)_2S$ 在水中发生强烈的水解，水解程度高达90%以上。

铵盐中的碳酸氢铵、硫酸铵、氯化铵、硝酸铵都是优良肥料，硝酸铵又可用来制造炸药，氯化铵用于染料工业、原电池以及焊接金属时除去表面的氧化物。

(3) 硝酸及其盐。

① 硝酸。硝酸是工业中重要的三大无机酸之一。纯硝酸是无色透明油状液体，沸点为356 K，231 K以下凝结成无色晶体，属于挥发性酸，可以任何比例与水混合。市售硝酸根据浓度分为：硝酸、发烟硝酸、红色发烟硝酸。

市售浓硝酸是恒沸溶液，所含 HNO_3 的质量分数为 68%～70%，物质的量浓度约为 15 mol·L^{-1}，受热或光照时，会分解出少量的 NO_2，使硝酸溶液显浅黄色。

溶有 10%～15% NO_2，质量分数为 98%以上的浓硝酸，称为发烟硝酸。它由于含有 NO_2 而显棕黄色，具有挥发性，逸出的 HNO_3 蒸气与空气中的水分子形成的酸雾看似发烟，故称发烟硝酸。

若 100%的纯硝酸溶解了过量的 NO_2 而呈棕红色，则称为红色发烟硝酸。它比普通硝酸具有更强的氧化性，可用于军工方面作为火箭的燃料。

硝酸的重要化学性质主要表现在具有不稳定性、强氧化性、硝化作用。

浓硝酸受热或光照即分解，使溶液呈黄色：

$$4HNO_3 \xlongequal{\triangle 或 h\nu} 4NO_2\uparrow + O_2\uparrow + 2H_2O$$

硝酸中的氮呈最高氧化态(+5)，故硝酸尤其是发烟硝酸具有强氧化性。除氮、氧外，许多非金属(如碳、磷、硫、碘等)都易被氧化而变为相应的氧化物或含氧酸，而硝酸被还原为NO。例如：

$$3C + 4HNO_3 \xlongequal{\quad} 3CO_2\uparrow + 4NO\uparrow + 2H_2O$$
$$3P + 5HNO_3 + 2H_2O \xlongequal{\quad} 3H_3PO_4 + 5NO\uparrow$$

硝酸能氧化不活泼金、铂、铱、铑、钌、钛、铌、钽等外的所有金属。在这些反应中，金属有三种情况：

Fe、Cr、Al 和冷的浓 HNO_3 钝化，在金属表面形成一层不溶于冷的浓 HNO_3 的保护膜，从而阻碍反应发生作用。所以质轻价廉的金属铝制容器是运输 HNO_3 的理想材料。

Sn、As、Sb、Mo、W 等和浓 HNO_3 反应生成含水氧化物或含氧酸,如 β 锡酸 $SnO_2 \cdot xH_2O$、砷酸 H_3AsO_4。

其余金属和 HNO_3 作用均生成可溶性硝酸盐,如 $Cu(NO_3)_2$。

HNO_3 的还原产物主要取决于金属的活泼性和 HNO_3 的浓度。一般来说,浓 HNO_3 的还原产物是 NO_2,稀 HNO_3 的还原产物为 NO:

$$Cu + 4HNO_3(浓) = Cu(NO_3)_2 + 2NO_2\uparrow + 2H_2O$$
$$3Cu + 8HNO_3(稀) = 3Cu(NO_3)_2 + 2NO\uparrow + 4H_2O$$

很稀的硝酸(约 $2\ mol \cdot L^{-1}$)与活泼金属反应,主要产物可能是 N_2O 或 NH_4^+:

$$4Zn + 10HNO_3(稀) = 4Zn(NO_3)_2 + N_2O\uparrow + 5H_2O$$
$$4Zn + 10HNO_3(很稀) = 4Zn(NO_3)_2 + NH_4NO_3 + 3H_2O$$

极稀的硝酸(1%~2%)与极活泼的金属作用,会放出 H_2:

$$Mg + 2HNO_3(极稀) = Mg(NO_3)_2 + H_2\uparrow$$

浓硝酸与浓盐酸的混合液(体积比为 1∶3)称为王水,它是一种比硝酸更强的氧化剂,能够溶解不与硝酸作用的金属。例如:

$$Au + HNO_3 + 4HCl = HAuCl_4 + NO\uparrow + 2H_2O$$

硝酸的硝化作用是硝酸以硝基($-NO_2$)取代有机化合物分子中的一个或几个氢原子的作用。例如:

$$C_6H_6 + HO-NO_2 \xrightarrow[\triangle]{浓硫酸} C_6H_5-NO_2 + H_2O$$

利用硝酸的硝化作用可以制造许多含氮染料、塑料、药物,还可制造含氮炸药,如硝化甘油、硝基甲苯(TNT)、三硝基苯酚等,它们都是应用广泛的烈性炸药。

硝酸在国民经济和国防工业中有着及其重要的作用。工业制取硝酸的方法是氨的催化氧化法。将氨和过量空气的混合物通过装有铂铑合金网的催化剂,在高温下氨被氧化为 NO,NO 与 O_2 进一步反应生成 NO_2,NO_2 被水吸收得到硝酸:

$$4NH_3 + 5O_2 \xrightarrow[1\,073\ K]{Pt-Rh} 4NO + 6H_2O$$
$$2NO + O_2 = 2NO_2$$
$$3NO_2 + H_2O = 2HNO_3 + NO\uparrow$$

此法所制得的硝酸溶液质量分数约为 50%,可在稀 HNO_3 中加浓 H_2SO_4 做吸水剂,然后蒸馏,可进一步浓缩到质量分数 98%的 HNO_3。

② 硝酸盐。硝酸与金属或金属氧化物作用可制得相应的硝酸盐。几乎所有的硝酸盐都是无色、易溶于水的晶体。硝酸盐的重要性质是它的热稳定性,一般可分为以下几种情况:

电极电势顺序位于 Mg 之前的碱金属和碱土全属的硝酸盐,分解产生氧气和亚硝酸盐:

$$2NaNO_3 \xlongequal{\triangle} 2NaNO_2 + O_2\uparrow$$

电极电势顺序位于镁和铜之间的金属硝酸盐，分解生成相应的金属氧化物、NO_2和O_2：

$$2Pb(NO_3)_2 \xlongequal{\triangle} 2PbO + 4NO_2\uparrow + O_2\uparrow$$

电极电势顺序位于Cu之后的金属硝酸盐，分解为金属单质、NO_2和O_2：

$$2AgNO_3 \xlongequal{\triangle} 2Ag + 2NO_2\uparrow + O_2\uparrow$$

由于几乎所有硝酸盐在高温时容易放出氧，所以在高温下都是供氧剂。根据这种性质，硝酸盐可用来制造烟火及黑火药。

(4) 亚硝酸及其盐。亚硝酸是一种弱酸，$K_a^{\ominus} = 7.2\times10^{-4}$，很不稳定，在室温下放置易发生歧化反应，仅存在于冷的稀溶液中，浓度稍大或加热立即分解：

$$2HNO_2 \xlongequal{} NO\uparrow + NO_2\uparrow + H_2O$$

除了淡黄色的$AgNO_2$微溶于水外，亚硝酸盐一般易溶于水。大多数亚硝酸盐很稳定，尤其是碱金属、碱土金属的亚硝酸盐的稳定性更高。工业上，用NaOH或Na_2CO_3溶液吸收生产HNO_3或硝酸盐时放出的NO和NO_2尾气，可以得到亚硝酸钠。

在亚硝酸及其盐中，N的氧化态处于中间氧化态+3，因此，它既有氧化性又有还原性。亚硝酸盐在酸性溶液中是强氧化剂，例如，可以氧化Fe^{2+}和I^-等，本身被还原为NO：

$$HNO_2 + Fe^{2+} + H^+ \xlongequal{} NO\uparrow + Fe^{3+} + H_2O$$

$$2HNO_2 + 2I^- + 2H^+ \xlongequal{} I_2 + 2NO\uparrow + 2H_2O$$

亚硝酸及其盐遇到强氧化剂时，可被氧化成NO_3^-：

$$5KNO_2 + 2KMnO_4 + 3H_2SO_4 \xlongequal{} 2MnSO_4 + 5KNO_3 + K_2SO_4 + 3H_2O$$

亚硝酸盐大量用于染料、有机合成中。亚硝酸盐一般有毒，并且是致癌物质。农村制作咸菜、酸菜、泡菜的容器下层，因处于缺氧状态，利于细菌繁殖，会自行产生亚硝酸盐；鱼、肉加工制作过程中为防腐保鲜加入亚硝酸盐，如用量过多会引起中毒。

11.2.4.2 磷的重要化合物

(1) 磷的氧化物。常见的磷的氧化物有六氧化四磷（简写为P_2O_3）和十氧化四磷（P_2O_5），它们的结构与P_4四面体结构有关（图11-4）。

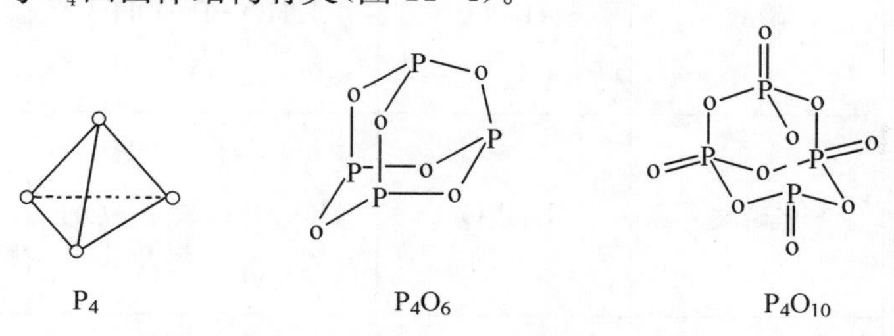

图11-4 P_4、P_4O_6、P_4O_{10}的分子结构

P_4O_6是亚磷酸的酸酐，呈白色蜡状固体，熔点为297 K，沸点为447 K，具有很强的毒性，在297 K时能熔融为易流动的无色透明液体。

P_4O_6能缓慢地溶解于冷水中而生成亚磷酸：

$$P_4O_6 + 6H_2O(冷) = 4H_3PO_3$$

P_4O_6在热水中剧烈地发生歧化反应，生成磷酸和膦：

$$P_4O_6 + 6H_2O(热) = 3H_3PO_4 + PH_3\uparrow$$

P_4O_{10}是磷酸的酸酐，呈白色粉末状固体，俗称无水磷酸，在573 K时升华，有很强的吸水性，在空气中很快潮解，是最强的一种干燥剂。

P_4O_{10}极易与水反应，放出大量的热，但反应产物常常随着水的量不同而不同，依次为：

$$P_4O_{10} \xrightarrow{+2H_2O} 4HPO_3 \xrightarrow{+2H_2O} 2H_4P_2O_7 \xrightarrow{+2H_2O} 4H_3PO_4$$

P_4O_{10}是工业中常见的原料和试剂，可用来生产生物玻璃，即一种填P_4O_{10}的苏打石灰玻璃。若把它移到体内，钙离子和磷酸根离子在玻璃和骨头间隙中溶出，并在此区域长出新生骨头，玻璃就固定在骨头上了。

(2) 磷的含氧酸及其盐。

① 磷的含氧酸。磷有多种含氧酸。按磷在含氧酸中氧化态由低到高的顺序，分为H_3PO_2(次磷酸)、H_3PO_3(亚磷酸)、H_3PO_4(磷酸)、$H_4P_2O_7$(焦磷酸)、HPO_3(偏磷酸)，列于表11-12中。

表11-12 磷的含氧酸

氧化数	名称	分子式	结构式	酸性强弱
+1	次磷酸	H_3PO_2	H 在上，HO—P—H，P→O	一元酸 $K_a^\ominus = 1.0\times10^{-2}$
+3	亚磷酸	H_3PO_3	H 在上，HO—P—OH，P→O	二元酸 $K_{a1}^\ominus = 6.3\times10^{-2}$
+5	磷酸	H_3PO_4	OH 在上，HO—P—OH，P→O	三元酸 $K_{a1}^\ominus = 7.1\times10^{-3}$
	焦磷酸	$H_4P_2O_7$	OH、OH 在上，HO—P—O—P—OH，两个 P→O	四元酸 $K_{a1}^\ominus = 3.0\times10^{-2}$
	偏磷酸	HPO_3	HO—P，P→O（两个）	一元酸 $K_a^\ominus = 1.0\times10^{-1}$

下面介绍几种重要的含氧酸：

a. 磷酸。纯磷酸 H_3PO_4 为无色晶体，熔点为 315 K，由于加热时逐渐脱水，因此，它没有固定沸点。磷酸能与水以任意比例混合，市售的磷酸为黏稠的浓溶液，质量分数为 83%，密度为 $1.6\ g\cdot cm^{-3}$。磷酸是一种无氧化性、不挥发的三元中强酸。

磷酸能与许多金属离子形成配合物。分析化学中用 H_3PO_4 掩蔽 Fe^{3+}，是由于 Fe^{3+} 与 H_3PO_4 生成无色可溶性配合物 $[Fe(HPO_4)]^+$、$[Fe(HPO_4)_2]^-$ 等。

工业上通常用质量分数为 76%左右的硫酸与磷灰石制取磷酸：

$$Ca_3(PO_4)_2 + 3H_2SO_4 = 3CaSO_4 + 2H_3PO_4$$

这种方法制得的磷酸是不纯的。纯磷酸可用磷酐(P_4O_{10})与水作用制取：

$$P_4O_{10} + 6H_2O = 4H_3PO_4$$

磷酸是重要的无机酸，大量用于生产磷肥。此外，它还用在塑料、电镀、食品加工、有机合成等方面，也是制备磷酸盐和医药的重要原料。

b. 亚磷酸。亚磷酸 H_3PO_3 为无色晶体，熔点为 334 K，易溶于水，易吸湿，易潮解。虽然分子中有 3 个 H 原子，但是其中的 1 个 H 原子直接与 P 相连，故这个 H 原子在水溶液中不能解离，所以该酸为二元中强酸。

纯的亚磷酸或浓的亚磷酸溶液加热时会发生歧化反应：

$$4H_3PO_3 \xlongequal{\triangle} 3H_3PO_4 + PH_3\uparrow$$

亚磷酸具有相当强的还原性，在保存中逐渐被氧化成 H_3PO_4，在溶液中易将不活泼金属离子还原成金属单质：

$$CuSO_4 + H_3PO_3 + H_2O = Cu\downarrow + H_3PO_4 + H_2SO_4$$
$$HgCl_2 + H_3PO_3 + H_2O = Hg\downarrow + H_3PO_4 + 2HCl$$

亚磷酸在工业上常用作还原剂、尼龙增白剂、塑料稳定剂，也是合成纤维和有机磷农药的生产原料。

② 磷酸盐。磷酸盐有三种类型，包括磷酸一氢盐、磷酸二氢盐和磷酸正盐。所有的磷酸二氢盐都溶于水，而磷酸一氢盐和磷酸正盐，除 Na^+、K^+ 和 NH_4^+ 盐外，一般都难溶于水。

磷酸正盐比较稳定，一般受热不易分解。磷酸一氢盐和磷酸二氢盐受热脱水，生成焦磷酸盐或偏磷酸盐。

磷酸正盐在水中都易水解，如 Na_3PO_4 分步水解，第一步水解最重要，水溶液呈碱性：

$$PO_4^{3-} + H_2O \rightleftharpoons HPO_4^{2-} + OH^-$$

Na_2HPO_4 中 HPO_4^{2-} 既能水解又能电离：

$$HPO_4^{2-} + H_2O \rightleftharpoons H_2PO_4^- + OH^-$$
$$HPO_4^{2-} \rightleftharpoons H^+ + PO_4^{3-}$$

其水解作用大于电离作用，故 Na_2HPO_4 溶液以水解作用为主，溶液显弱碱性。

NaH_2PO_4 中 $H_2PO_4^-$ 也有水解和电离的双重作用：

$$H_2PO_4^- + H_2O \rightleftharpoons H_3PO_4 + OH^-$$

$$H_2PO_4^- \rightleftharpoons H^+ + HPO_4^{2-}$$

由于其电离作用大于水解作用，NaH_2PO_4的水溶液呈酸性（pH＝4～5）。实验室里常利用磷酸和它的盐配制各种缓冲溶液。

磷酸盐被广泛地用于工业生产和日常生活中，可用作化肥、动物饲料的添加剂、金属防护剂、发酵剂、洗涤剂的添加剂、织物增光剂等。此外，磷酸盐在所有能量传递过程中，如新陈代谢、光合作用、神经功能和肌肉活动，也起着重要作用。

（3）磷的氯化物。磷重要的氯化物有 PCl_3 和 PCl_5 两种。Cl_2和过量的磷作用生成 PCl_3，过量 Cl_2 与磷反应则生成 PCl_5。

三氯化磷 PCl_3，无色透明液体，空气中发烟，有刺激性气味，对皮肤、黏膜有刺激腐蚀作用，可引起咽喉炎、支气管炎、肺炎等。PCl_3可以作为配体与金属形成配合物，在较高温度或有催化剂存在下，能与氧、硫反应。

PCl_3极易水解，生成亚磷酸及氯化氢：

$$PCl_3 + 3H_2O \rightleftharpoons H_3PO_3 + 3HCl$$

三氯化磷主要用作染料工业中色酚类的缩合剂，有机合成中的氯化剂和催化剂，以及医药和制造有机磷农药的原料。

五氯化磷 PCl_5，无色晶体，有刺激性气味，发烟，易潮解。PCl_5易分解为 PCl_3 和 Cl_2：

$$PCl_5 \rightleftharpoons PCl_3 + Cl_2$$

PCl_5极易水解及和醇类反应：

$$PCl_5 + H_2O = POCl_3 + 2HCl$$
$$POCl_3 + 3H_2O = H_3PO_4 + 3HCl$$
$$PCl_5 + ROH = POCl_3 + RCl + HCl$$ （式中，R 代表烷基）

PCl_5常用作氯化剂、催化剂和分析试剂等，也应用于医药、染料、化纤等行业。

11.2.4.3　砷的重要化合物

三氧化二砷是砷的重要氧化物，俗称砒霜，白色粉末状，易潮解，微溶于水，在热水中溶解度稍大，溶解后生成亚砷酸（H_3AsO_3）。它有剧毒，一旦中毒，可服用新制的 $Fe(OH)_2$ 悬浮液解毒。主要用于制造杀虫剂、除草剂及含砷药物。外用于治疗慢性皮炎、牛皮癣等，也用于慢性骨髓性白血病，多配成亚砷酸钾溶液口服。

三氧化二砷是两性偏酸性氧化物，既可与酸反应，又易与碱反应。例如：

$$As_2O_3 + 6HCl = 2AsCl_3 + 3H_2O$$
$$As_2O_3 + 6NaOH = 2Na_3AsO_3 + 3H_2O$$

砷的含氧化合物的一个重要性质就是它们的氧化还原性。例如，在酸性介质中，H_3AsO_4能把 I^- 氧化成 I_2；在碱性介质中，I_2能把 AsO_3^{3-} 氧化成 AsO_4^{3-}：

$$H_3AsO_4 + 2I^- + 2H^+ = H_3AsO_3 + I_2 + H_2O$$
$$AsO_3^{3-} + I_2 + 2OH^- = AsO_4^{3-} + 2I^- + H_2O$$

碱金属的亚砷酸盐易溶于水，碱土金属盐难溶。市售试剂是亚砷酸钠（Na_3AsO_3），为白色或灰白色粉末，有潮解性，溶液呈碱性，有毒，可用作皮革防腐剂、有机合成的催化剂等。

11.2.5 碳、硅、硼

碳(C)、硅(Si)在周期表中第ⅣA 族，硼(B)属于第ⅢA 族元素。由于硼和硅在周期表中处于对角线的位置，有相似性。本节对碳(C)、硅(Si)、硼(B)三元素进行讨论。

11.2.5.1 碳及其化合物

(1) 碳单质。碳在自然界中分布很广，不仅存在于地壳中，而且动植物体内也有碳。据估算，地壳中的碳含量为 0.027%，生物界和海洋中的含碳总量达 8×10^{16} kg，大气中的含碳量达 6×10^{14} kg。纯净的单质状态的碳有三种，即金刚石、石墨和富勒烯，这是碳元素的三种同素异形体。

金刚石透明、折光、熔点高、硬度最大，熔点达到 3 550 ℃，常以金刚石的硬度(10)作为标准来度量其他物质的硬度。金刚石是典型的原子晶体，属立方晶系。每个碳原子都以 sp^3 杂化轨道与另外 4 个碳原子形成共价键，构成四面体结构，如图 11-5 (a)所示。由于金刚石晶体中的 C—C 键很强，所以金刚石不仅硬度大，熔点也高。由于晶体中没有自由电子，所以不导电。金刚石俗称钻石，除可作装饰品外，在工业上主要用作钻头、刀具及精密轴承等。金刚石薄膜因其优异的力学、热传导和光学等物性，分别用于制作手术刀、集成电路、散热芯片及各种敏感器件。

石墨为六方晶系，层状结构，碳原子以 sp^2 杂化轨道与邻近的 3 个碳原子形成共价单键，构成六角平面的网状结构，这些网状结构又连成互相平行的片层结构，如图 11-5(b)所示。石墨的片层之间靠分子间作用力结合，容易沿着与层平行的方向滑动、裂开，因此，石墨质软，具有润滑性。它主要用来制作电极、坩埚、电刷、润滑剂、铅笔等。石墨比金刚石稳定。

通常所说的无定形碳如木炭、焦炭、炭黑等并不是真正的无定形，实际为石墨的微晶。用特殊法制备的多孔性炭黑叫活性炭，有较大的吸附能力，用于脱色和选择性分离中，也用作催化剂的载体。

20 世纪 80 年代中期发现的碳元素的第三种晶体形态——碳原子团簇，包括 C_{28}、C_{30}、C_{50}、C_{60}、C_{76}、C_{80}、C_{90}……由于它们具有烯烃的一些特征，所以被统称为“富勒烯”。其中 C_{60} 碳原子簇比较稳定，它由 60 个碳原子构成近似于球形的 32 面体，其中包括 12 个正五边形和 20 个正六边形，如图 11-5 (c) 所示。

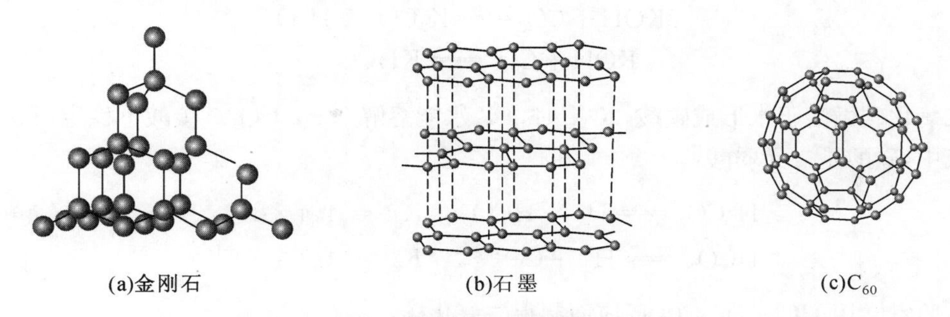

图 11-5　C 的三种同素异形体分子结构

自 20 世纪 90 年代以来，对富勒烯碳的研究已经发展成为一个新的学科分支。富勒烯不仅在化学、物理学上具有重要的研究价值，而且它在导体、半导体、超导、催化剂、润滑剂、医药

等众多领域显示出巨大的应用潜力。例如,C_{60}分子氟化形成$C_{60}F_{60}$,可以"锁住"球壳中的所有电子不与其他分子结合,使其不易黏附其他物质,可做超级耐高温润滑剂,被视为"分子滚珠"。把K、Rb、Cs等金属原子掺进C_{60}分子笼内,就具有超导性能。分子$C_{60}H_{60}$的相对分子质量很高,热值极高,可做火箭燃料。还有许多C_{60}的衍生物是具有特殊作用的新型药物。

1991年日本科学家发现了新的碳固体形态——碳纳米管。碳纳米管作为一维纳米材料,质量轻,六边形结构连接完美,具有许多异常的力学、电学和化学性能。近些年,随着碳纳米管及纳米材料研究的深入,其广阔的应用前景也不断地展现出来。

(2) 碳的氧化物。

① 一氧化碳。CO是无色、无臭、有毒的气体,难液化,难溶于水,易溶于有机溶剂。CO具有还原性和加合性。常温下,CO能还原金属离子。例如:

$$FeO + CO \xlongequal{\triangle} Fe + CO_2$$

CO作为一种配体,能与有空轨道的金属原子或离子形成配合物,如$[Fe(CO)_5]$、$[Ni(CO)_4]$。CO还能与血液中的血红素(一种铁的配合物)加合生成羟基化合物,使血液失去运输氧的功能,导致中毒。如果血液中50%的血红素与CO结合,即可引起心肌坏死。当空气中CO的体积分数为0.1%时,会使人中毒。

实验室常用甲酸通过热的浓硫酸脱水而制得一氧化碳:

$$HCOOH \xlongequal[\triangle]{浓硫酸} CO\uparrow + H_2O$$

CO是良好的气体燃料,也是重要的化工原料,在冶金工业中用作还原剂。

② 二氧化碳。CO_2是无色、无臭的气体,不助燃,易液化,大气中正常含量的体积分数约占0.03%。自由蒸发气化时,一部分气化,另一部分变成雪花状固体,俗称"干冰"。干冰为分子晶体,在常压下,194.6 K时升华,常用作制冷剂。

CO_2的性质不活泼,但在高温下能与碳或活泼金属镁、铝等反应。例如:

$$CO_2 + 2Mg \xlongequal{点燃} 2MgO + C$$

CO_2是酸性氧化物,能与碱反应生成碳酸盐和酸式碳酸盐。例如:

$$2KOH + CO_2 \xlongequal{} K_2CO_3 + H_2O$$
$$KOH + CO_2 \xlongequal{} KHCO_3$$

二氧化碳微溶于水形成碳酸,20 ℃时,1 L水能溶解0.9 g CO_2。碳酸不稳定,只存在于水溶液中,碳酸是二元弱酸:

$$H_2CO_3 \rightleftharpoons H^+ + HCO_3^- \quad K_1^\ominus = 4.4\times10^{-7}$$
$$HCO_3^- \rightleftharpoons H^+ + CO_3^{2-} \quad K_2^\ominus = 4.7\times10^{-11}$$

实验室常用HCl和$CaCO_3$反应而制得二氧化碳:

$$CaCO_3 + 2HCl \xlongequal{} CaCl_2 + CO_2\uparrow + H_2O$$

工业中则通过煅烧石灰石或发酵而得到CO_2:

$$CaCO_3 \xlongequal{高温} CaO + CO_2\uparrow$$

$$C_6H_{12}O_6 \xlongequal{发酵} 2C_2H_5OH(乙醇) + 2CO_2\uparrow$$

CO_2大量用于生产Na_2CO_3、$NaHCO_3$、NH_4HCO_3、$CO(NH_2)_2$，也用作灭火器、防腐剂和灭虫剂。

(3) 碳酸盐。碳酸能形成两种类型的盐：正盐和酸式碳酸盐。它们的溶解性、水解性和热稳定性有着明显的差异。

① 溶解性。除铵和碱金属(锂除外)的碳酸盐溶于水外，多数碳酸盐难溶于水，大多数酸式碳酸盐都易溶于水。

碳酸氢盐的溶解性有两种情况：一是难溶性碳酸盐对应的碳酸氢盐都有较大的溶解度，如$CaCO_3$难溶于水，而$Ca(HCO_3)_2$可溶于水；二是易溶的碳酸盐对应的碳酸氢盐都有较低的溶解度，如$NaHCO_3$的溶解度比Na_2CO_3小。

② 水解性。M_2CO_3(如Na_2CO_3)水溶液呈碱性，$MHCO_3$(如$NaHCO_3$)呈微碱性。由于碳酸盐的水解作用产生CO_3^{2-}、HCO_3^-、OH^-三种离子，当金属离子(碱金属离子和氨离子除外)遇到可溶性碳酸盐溶液时，会生成三种不同的沉淀：碳酸盐、碱式碳酸盐或氢氧化物。

若金属氢氧化物的溶解度小于碳酸盐，则生成氢氧化物沉淀。例如：

$$2Al^{3+} + 3CO_3^{2-} + 3H_2O = 2Al(OH)_3\downarrow + 3CO_2\uparrow$$

若金属氢氧化物的溶解度与碳酸盐的溶解度差不多，则生成碱式碳酸盐沉淀。例如：

$$2Cu^{2+} + 2CO_3^{2-} + H_2O = Cu_2(OH)_2CO_3\downarrow + CO_2\uparrow$$

若金属氢氧化物的溶解度大于相应的碳酸盐，则生成碳酸盐沉淀。例如：

$$Ba^{2+} + CO_3^{2-} = BaCO_3\downarrow$$

③ 热稳定性。多数碳酸盐的热稳定性较差，但有一定的规律性，一般可表示为：碳酸盐＞碳酸氢盐。例如：

$$2NaHCO_3 \xlongequal{423\ K} Na_2CO_3 + H_2O + CO_2\uparrow$$

$$Na_2CO_3 \xlongequal{>2\,073\ K} Na_2O + CO_2\uparrow$$

碱金属碳酸盐＞碱土金属碳酸盐＞过渡金属碳酸盐＞铵盐。例如：

$$(NH_4)_2CO_3 \xlongequal{323\ K} 2NH_3\uparrow + CO_2\uparrow + H_2O$$

$$ZnCO_3 \xlongequal{623\ K} ZnO + CO_2\uparrow$$

$$CaCO_3 \xlongequal{1\,183\ K} CaO + CO_2\uparrow$$

(4) 碳化物。碳与电负性比它小的元素形成的二元化合物称为碳化物，分为离子型、共价型和金属型。工业上比较重要的两种碳化物为碳化硅和碳化硼。

碳化硅(SiC)俗称金刚砂，工业上由石英和过量焦炭在电炉中加热制得：

$$SiO_2 + 3C \xlongequal{电炉} SiC + 2CO$$

SiC 为原子晶体，熔点高、硬度大，可做工业磨料。它的化学稳定性和热稳定性好，机械强度大，热膨胀率低，可做高温结构陶瓷材料、火箭喷嘴、热交换器等。掺入某些其他原子(如 N 或 B、Al)的碳化硅成为半导体，可做热电元件。

碳化硼(B_4C)是具有光泽的黑色晶体，工业上用焦炭和氧化硼在电炉中反应制得，反应式为：

$$2B_2O_3 + 7C \xlongequal{电炉} B_4C + 6CO$$

碳化硼也为原子晶体，难溶、易导电、硬度大，是重要的工业磨料，用于制造耐磨零件、轴承、防弹甲和中子吸收剂等，还用于航天飞机上的气浮轴承的制造。

11.2.5.2　硅及其化合物

(1) 单质硅。硅在地壳中的丰度为 27.7%，仅次于氧。硅有晶体和无定形体两种。晶体硅的结构与金刚石类似，属于原子晶体，熔点、沸点较高，硬而脆，能刻划玻璃。硅晶体又分单晶硅和多晶硅。单晶硅的纯度很高，是计算机、自动控制系统等现代技术不可缺少的基本材料。无定形硅是灰黑色粉木，性质较晶体硅活泼。

硅在常温下不活泼，不与氧、水、氢卤酸反应，但能和强碱或硝酸与氢氟酸的混合物溶液反应：

$$Si + 2NaOH + H_2O \xlongequal{} Na_2SiO_3 + 2H_2\uparrow$$
$$3Si + 4HNO_3 + 12HF \xlongequal{} 3SiF_4\uparrow + 4NO\uparrow + 8H_2O$$

单质硅在自然界不存在，由石英砂和焦炭在电弧炉中反应生成的是粗硅。粗硅氯化制得 $SiCl_4$，经蒸馏提纯，用氢气还原得到纯硅：

$$SiO_2 \xrightarrow[电炉]{焦炭} Si(粗) \xrightarrow{Cl_2} SiCl_4 \xrightarrow{精馏} SiCl_4(纯) \xrightarrow[1\,200℃]{H_2} Si(纯)$$

高纯硅是最重要的半导体材料、集成电路元件、电子计算机元件，工业自动化用的可控硅都是由半导体硅制成的。

(2) 二氧化硅。二氧化硅又称硅石。天然的二氧化硅分为晶态和无定形两大类。晶态 SiO_2 主要存在于石英矿中。无色透明的纯石英晶体称为水晶。紫水晶、玛瑙、碧玉是含有杂质的有色晶体。沙子是混有杂质的石英细粒。硅藻土是无定形二氧化硅。

石英在 1 600 ℃时熔化成黏稠液体，若急剧冷却，因黏度大，不易再结晶而形成石英玻璃。石英玻璃具有许多特殊性能，如高温不软化，容器骤冷、骤热均不易破裂，可透过可见光和紫外光，因而可用于制造高级化学器皿和光学仪器。石英玻璃的另一个重要用途是制造光导纤维，石英类光导纤维是光通讯的重要原料，它将逐步取代电缆。

SiO_2 在常温下不活泼，室温下仅能与 F_2、HF 反应：

$$SiO_2 + 2F_2 \xlongequal{} SiF_4 + O_2\uparrow$$
$$SiO_2 + 4HF \xlongequal{} SiF_4 + 2H_2O$$

加热下能与浓 NaOH 反应：

$$SiO_2 + 2NaOH \xlongequal{\triangle} Na_2SiO_3 + H_2O$$

(3) 硅烷。硅的氢化物称作硅烷。硅烷的组成可以用通式 Si_nH_{2n+2} 表示。与烷烃相比较，硅烷的数目是有限的，它包括 $n = 1 \sim 6$ 的硅烷。

硅烷在常温下大多为液体或气体，能溶于有机溶剂，性质较烷烃活泼。最简单的硅烷为甲硅烷 SiH_4，它是无色无味气体，常温下稳定，但遇到空气能自燃，放出大量的热。例如：

$$SiH_4 + 2O_2 = SiO_2 + 2H_2O$$

SiH_4 在纯水和微酸性溶液中不水解，但当水中有微量碱时（催化作用）即迅速水解：

$$SiH_4 + (n+2)H_2O \xlongequal{\text{碱}} SiO_2 \cdot nH_2O + 4H_2 \uparrow$$

硅烷的热稳定性很差，且随着相对分子质量的增大，热稳定性降低。例如：

$$SiH_4 \xlongequal{> 773\ K} Si + 2H_2$$

(4) 硅酸。硅酸是 SiO_2 的水合物，硅酸的组成比较复杂，常用通式 $xSiO_2 \cdot yH_2O$ 表示。如偏硅酸（H_2SiO_3）、正硅酸（H_4SiO_4）、焦硅酸（$H_6Si_2O_7$）等，其中偏硅酸的组成最简单，习惯上常用偏硅酸（H_2SiO_3）代表硅酸。

硅酸是一种白色固体。它是一个二元弱酸，溶液呈弱酸性，电离常数 $K_1^{\ominus} = 1.7 \times 10^{-10}$，$K_2^{\ominus} = 1.6 \times 10^{-12}$，在水中的溶解度很小，很容易被其他酸从硅酸盐中析出：

$$SiO_3^{2-} + 2H^+ = H_2SiO_3$$

虽然硅酸在水中的溶解度不大，但它刚形成时不一定立即沉淀。这是因为开始生成的是可溶于水的单硅酸，当放置一段时间后，这些单硅酸会逐步缩合成硅酸溶胶。再加入酸或其他电解质，便生成含水量较大、软而透明、有弹性的硅酸凝胶。硅酸凝胶烘干并活化，便得到硅胶。

硅胶是一种透明的白色固态物质。硅胶内有很多微小的孔隙，内表面积很大，因此硅胶有很强的吸附性能，可做吸附剂、干燥剂和催化剂的载体。例如，实验室常用变色砂胶做精密仪器的干燥剂。制备硅胶时常加入 $CoCl_2$，无水 Co^{2+} 呈蓝色，水合钴离子 $[Co(H_2O)_6]^{2+}$ 呈粉色，所以干燥的硅胶为蓝色，吸收水分后为粉红色。

(5) 硅酸盐。硅酸盐在自然界中的分布很广泛。常见的天然硅酸盐有多种，如正长石、钠长石、白云母、石棉等。硅酸盐结构复杂，将二氧化硅与不同比例的碱性氧化物共熔，可得到若干确定组成的硅酸盐，其中最简单的是偏硅酸盐和正硅酸盐。习惯上把偏硅酸盐称为硅酸盐。大多数硅酸盐难溶于水，只有碱金属盐易溶，重金属具有特征的颜色。例如：

$CuSiO_3$	$CoSiO_3$	$MnSiO_3$	$Al_2(SiO_3)_3$	$NiSiO_3$	$Fe_2(SiO_3)_3$
蓝绿色	紫色	浅红色	无色透明	翠绿色	棕红色

一种常见的应用较广泛的硅酸盐是 Na_2SiO_3，它的水溶液俗称水玻璃，工业上将石英砂和纯碱（或用硫酸钠及木炭）共熔制得。因含有铁盐杂质，常呈灰色或绿色，经水溶解成黏稠液体，即成商品水玻璃。水玻璃的用途非常广泛，是纺织、造纸、制皂、铸造等工业的重要原料，此外，还可做清洁剂、黏胶剂、耐熔抗酸的胶结及密封胶等的材料。

11.2.5.3 硼及其化合物

(1) 硼单质。地壳中含硼很少，它主要以含氧化合物的形式存在，是我国丰产的元素，如硼砂$Na_2B_4O_7 \cdot 10H_2O$、方硼石 $2Mg_3B_3O_{15} \cdot MgCl_2$等。

单质硼有两种同素异形体,即无定形硼和晶体硼。硼的熔沸点很高,晶体硼的硬度在单质中仅次于金刚石。

(2) 硼烷。硼可以形成一系列的共价氢化物,物理性质类似于烷烃,故称之为硼烷。现已合成出 20 多种硼烷,可分为两大类,通式分别为 B_nH_{n+4}、B_nH_{n+6}。这些硼烷中,最简单的是乙硼烷 B_2H_6。

B_2H_6在常温下是无色且具有难闻臭味的气体,沸点为 180.5 K,它在 373 K 以下是稳定的,高于此温度,则转变为高硼烷。

B_2H_6具有很强的还原性,在空气中易自燃,燃烧时放出大量热,且反应速率快;但它有剧毒,所以不能用作火箭或导弹的高能燃料:

$$B_2H_6 + 3O_2 \xlongequal{\text{燃烧}} B_2O_3 + 3H_2O \quad \Delta_r H_m^{\ominus} = -2\,166\ \text{kJ} \cdot \text{mol}^{-1}$$

B_2H_6遇水易水解,并放出大量热:

$$B_2H_6 + 6H_2O \xlongequal{\quad} 2H_3BO_3 + 6H_2 \quad \Delta_r H_m^{\ominus} = -509.4\ \text{kJ} \cdot \text{mol}^{-1}$$

B_2H_6与 LiH 反应,生成一种比 B_2H_6的还原性更强的还原剂——硼氢化锂:

$$B_2H_6 + 2LiH \xlongequal{\quad} 2LiBH_4$$

乙硼烷在有机合成中,用量少,操作简单,对温度无要求,副反应少,因此常被称为有机化学中的“万能还原剂”。如:乙硼烷与不饱和烃可生成烃基硼烷(即硼氢化反应),烃基硼烷是有机合成的重要中间体;乙硼烷可使单质硼均匀地涂覆在金属表面,增加金属抗腐蚀和抗磨损能力;它还广泛应用于药物、染料、精细化工产品等生产中。

(3) 三氧化二硼和硼酸。B_2O_3是白色固体,常见的有无定形、晶体两种,晶体比较稳定。B_2O_3是硼酸的酸酐,B_2O_3在热的水蒸气中形成挥发性偏硼酸,在水中形成正硼酸:

$$B_2O_3(s) + H_2O(g) \xlongequal{\quad} 2HBO_2(g)$$
$$B_2O_3(s) + 3H_2O(l) \xlongequal{\quad} 2H_3BO_3(aq)$$

除正硼酸和偏硼酸外,还有四硼酸 $H_2B_4O_7$,其中较为重要的是 H_3BO_3。H_3BO_3分子间具有对称层状结构,层与层之间借助微弱的范德华力联系在一起,可以滑动,因此硼酸晶体为鳞片状白色晶体,且具有滑腻感,可用作滑润剂。

硼酸是固体酸,微溶于冷水,在热水中的溶解度较大。硼酸是一元弱酸,$K_a^{\ominus} = 5.8 \times 10^{-10}$。它在水中之所以呈酸性,是由于硼酸 B 原子上存在空的 p 轨道,可以接受水分子中 O 的孤电子对而解离出氢离子。

硼酸大量用于玻璃和搪瓷工业。因为它是弱酸,对人体的受伤组织有缓和的防腐消毒作用,也用于医药方面及食物的防腐。

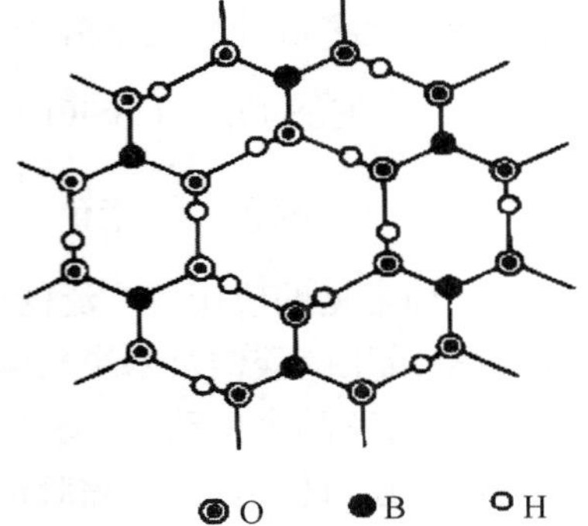

图 11-6 硼酸的晶体结构(片层)

(4) 硼砂。重要的硼酸盐是硼砂,又称四硼酸钠 $Na_2B_4O_5(OH)_4 \cdot 8H_2O$,常写为 $Na_2B_4O_7 \cdot 10H_2O$。硼砂是白色易风化的晶体,无臭,味咸,易溶于水。硼砂在水中的溶解度很大，且随温度升高而增加，所以采用重结晶的方法提纯。它在水溶液中易水解，水溶液呈碱性。硼酸盐的水解反应如下：

$$[B_4O_5(OH)_4]^{2-} + 5H_2O \rightleftharpoons 4H_3BO_3 + 2OH^- \rightleftharpoons 2H_3BO_3 + 2B(OH)_4^-$$

在 623～673 K 下，硼砂脱水生成 $Na_2B_4O_7$，可把 $Na_2B_4O_7$ 视为由 2 mol $NaBO_2$ 和 1 mol B_2O_3 组成的化合物，因为 B_2O_3 具有酸性，可以和碱性氧化物反应，生成相应的偏硼酸盐。加热到 1 151 K 时熔融为玻璃状物质，称为硼砂玻璃。熔融的 $Na_2B_4O_7$ 能熔解金属氧化物：

$$Na_2B_4O_7 + MO = 2NaBO_2 \cdot M(BO_2)_2$$

许多 $M(BO_2)_2$ 具有特征颜色，当 M 为 Ni 时呈深绿色，当 M 为 Co 时呈蓝宝石色。分析化学中利用这个反应来鉴定 M^+，叫作硼砂珠试验。

硼砂是一种用途广泛的化工原料，很多用途是基于它在高温下和金属氧化物的作用，如用于陶瓷和搪瓷工业、玻璃工业、烧焊技术等。在实验室中常用硼砂作为标定酸浓度的基准物质及配制缓冲溶液的试剂。此外，在农业上用作微量元素肥料，对小麦、棉花、麻等有增产效果。

11.2.6 p区主要金属元素

11.2.6.1 铝的重要化合物

(1) 氧化铝。Al_2O_3 是一种白色难溶于水的粉末，它有多种变体，其中，常见的是 α-型 Al_2O_3 和 γ-型 Al_2O_3。

α-型即为自然界中的刚玉，硬度高，密度大，不溶于酸和碱，化学性质稳定，可作为高硬质材料、耐磨材料和耐火材料。常因含有不同杂质而呈不同颜色：含微量 Cr^{3+} 的刚玉呈红色，称为红宝石；含 Fe^{2+}、Fe^{3+} 或 Ti^{4+} 离子的为蓝色，称为蓝宝石。α-型 Al_2O_3 可用作机器轴承、钟表轴承、抛光剂和磨料。

γ-型 Al_2O_3 硬度小，质轻，不溶于水，但溶于酸和碱，并具有很大的表面积，比同质量的活性炭的表面积大 2～4 倍，具有较高的吸附能力和催化活性，又名活性氧化铝，可作为吸附剂和催化剂：

$$Al_2O_3 + 6H^+ = 2Al^{3+} + 3H_2O$$

$$Al_2O_3 + 2OH^- + 3H_2O = 2[Al(OH)_4]^-$$

它的稳定性比 α-型 Al_2O_3 稍差，加热到 1 273 K，可转变为 α-型 Al_2O_3。

(2) 氢氧化铝。在铝盐溶液中加氨水或碱，得到白色胶状沉淀，其含水量不定，组成也不均匀，统称为水合氧化铝。习惯上把水合氧化铝也称为氢氧化铝。静置后，它可慢慢失水转化为偏氢氧化铝 AlO(OH)，温度越高，这种转变越快。

$Al(OH)_3$ 是以碱性为主的两性氢氧化物，在溶液中的解离平衡为：

$$Al^{3+} + 3OH^- \rightleftharpoons Al(OH)_3(H_3AlO_3) \underset{-H_2O}{\overset{+H_2O}{\rightleftharpoons}} H^+ + [Al(OH)_4]^-$$

$Al(OH)_3$ 与酸反应生成铝盐，与碱反应生成铝酸盐：

$$Al(OH)_3 + 3H^+ = Al^{3+} + 3H_2O$$

$$Al(OH)_3 + OH^- = [Al(OH)_4]^-$$

白色的 $Al(OH)_3$无定形粉末被广泛地应用于医药、玻璃、陶瓷工业中。

(3) 铝盐。

① $AlCl_3$。卤化铝中最重要的是 $AlCl_3$。无水 $AlCl_3$在常温下是一种白色粉末或颗粒状结晶,工业级因含有杂质铁等而呈淡黄或红棕色。

由于铝盐容易水解,所以在水溶液中不能制得无水 $AlCl_3$,即使把铝溶于浓盐酸中也只能得到组成为 $AlCl_3 \cdot 6H_2O$ 的无色晶体,$AlCl_3 \cdot 6H_2O$ 易溶于水,在水中易水解。因此,$AlCl_3$只能用干法制取:

$$2Al + 3Cl_2 \xlongequal{\triangle} 2AlCl_3$$

$$Al_2O_3 + 3C + 3Cl_2 \xlongequal{\triangle} 2AlCl_3 + 3CO$$

而无水 $AlCl_3$几乎能溶于所有的有机溶剂中,易升华,遇水会强烈水解,甚至在空气中遇到水汽也会猛烈地冒烟:

$$AlCl_3 + 3H_2O \rightleftharpoons Al(OH)_3 + 3HCl$$

无水 $AlCl_3$最重要的工业用途是作为有机合成和石油化工的催化剂。

② 硫酸铝和明矾。无水硫酸铝为白色粉末,易溶于水,从饱和溶液中得到的为无色针状晶体,化学式为$Al_2(SO_4)_3 \cdot 18H_2O$;受热时容易失去结晶水,温度达到 250 ℃失去全部结晶水,约 600 ℃时分解为 Al_2O_3。用纯的氢氧化铝溶于热的浓硫酸,或者用硫酸处理铝土矿和黏土,都可以得到无水硫酸铝:

$$2Al(OH)_3 + 3H_2SO_4 = Al_2(SO_4)_3 + 6H_2O$$

$$Al_2O_3 + 3H_2SO_4 = Al_2(SO_4)_3 + 3H_2O$$

硫酸铝与碱金属(Li 除外)及铵的硫酸盐可以形成溶解度相对较小的复盐,称为矾。广义地说,组成为 $M_2(\text{I})SO_4 \cdot M_2(\text{III})(SO_4)_3 \cdot 24H_2O$ 的化合物称为矾,其中:M(Ⅰ)是钾、钠、铵盐,M(Ⅲ)可以是 Al^{3+}、Cr^{3+} 或 Fe^{3+}。例如,明矾的化学式为 $KAl(SO_4)_2 \cdot 12H_2O$,又称为白矾、钾矾、钾铝矾、钾明矾。明矾被广泛地用于制备铝盐、水的净化、造纸业的上浆剂、印染业的媒染剂,以及医药上的防腐、收敛和止血药。

11.2.6.2 锡铅的重要化合物

(1) 氧化物和氢氧化物。在锡的氧化物中,重要的是二氧化锡,它是一种白色固体,熔点为 1 400 K,不溶于水,与 NaOH 共热,生成可溶性的锡酸盐:

$$SnO_2 + 2NaOH = Na_2SnO_3 + H_2O$$

二氧化锡的水合物称为锡酸,有 α-锡酸和 γ-锡酸两种变体。它们的组成都不固定,常用 H_2SnO_3表示,既能和酸也能和碱作用,α-锡酸放置时间越长就越难和酸反应:

$$H_2SnO_3 + 2NaOH + H_2O = Na_2[Sn(OH)_6]$$

$$H_2SnO_3 + 4HCl = SnCl_4 + 3H_2O$$

$Na_2[Sn(OH)_6]$在印染工业中用作媒染剂。

在Sn(Ⅱ)或Sn(Ⅳ)酸性溶液中加NaOH溶液,生成$Sn(OH)_2$或$Sn(OH)_4$白色胶状沉淀,它们都是两性物质,前者以碱性为主,后者以酸性为主:

$$Sn(OH)_2 + 2HCl = SnCl_2 + 2H_2O$$
$$Sn(OH)_2 + 2NaOH = Na_2[Sn(OH)_4]$$

铅的氧化物,除PbO(密陀僧)和PbO_2外,还有"混合氧化物":鲜红色的Pb_3O_4(铅丹)和橙色的Pb_2O_3。

PbO由熔融的铅在空气中氧化而制得。PbO具有两性(偏碱性),既能溶于酸,又能溶于碱:

$$PbO + 2HNO_3 = Pb(NO_3)_2 + H_2O$$
$$PbO + 2NaOH = Na_2PbO_2 + H_2O$$

PbO_2呈棕色,具有两性且偏酸性,与强碱共热生成铅酸盐:

$$PbO_2 + 2NaOH + 2H_2O = Na_2Pb(OH)_6$$

PbO_2也是强氧化剂,在酸性介质中可以把Cl^-氧化为氯气,还可以把Mn^{2+}氧化为紫色的MnO_4^-:

$$PbO_2 + 4HCl = PbCl_2 + Cl_2\uparrow + 2H_2O$$
$$2Mn^{2+} + 5PbO_2 + 4H^+ = 2MnO_4^- + 5Pb^{2+} + 2H_2O$$

PbO用于制造油漆、釉、珐琅、铅玻璃、蓄电池和火柴等。PbO_2是制造蓄电池和火柴的原料。

鲜红色的Pb_3O_4,可以看作正铅酸的铅盐$Pb_2(PbO_4)$或复合氧化物$2PbO \cdot PbO_2$。铅丹的化学性质稳定,用作实验室的氧化剂、工业颜料及医用膏药。

$Pb(OH)_2$是一种两性氢氧化物,但碱性强于酸性,故易溶于酸,微溶于碱:

$$Pb(OH)_2 + 2HNO_3 = Pb(NO_3)_2 + 2H_2O$$
$$Pb(OH)_2 + 2NaOH = Na_2PbO_2 + 2H_2O$$

(2) 重要的锡盐和铅盐。

① $SnCl_2$。$SnCl_2$由锡或氧化亚锡与盐酸反应制得,易水解生成碱式盐沉淀,所以配制时须先加入盐酸以抑制水解:

$$SnCl_2 + H_2O \rightleftharpoons Sn(OH)Cl\downarrow + HCl$$

市售氯化亚锡是二水合物$SnCl_2 \cdot 2H_2O$。$SnCl_2$是重要的还原剂,能将汞盐还原成白色的亚汞盐,还可以把Hg_2Cl_2还原成黑色的汞:

$$SnCl_2 + 2HgCl_2 = SnCl_4 + Hg_2Cl_2\downarrow\text{(白色沉淀)}$$
$$SnCl_2 + Hg_2Cl_2 = 2Hg\downarrow\text{(黑色沉淀)} + SnCl_4$$

熔融Sn通Cl_2生成$SnCl_4$。常温下$SnCl_4$是略带黄色的液体,易水解,空气中冒烟。

② $PbCl_2$和$PbCl_4$。Pb(Ⅱ)盐溶液和HCl作用得到$PbCl_2$。$PbCl_2$是难溶于冷水的白色沉淀,但易溶于热水中。$PbCl_2$的溶解度随温度升高而明显增大,冷却后析出针状晶体。在

盐酸溶液中，$PbCl_2$形成$PbCl_4^{2-}$配合离子而增大溶解度。$PbCl_4$是黄色液体，只能在低温下存在，在潮湿空气中因水解而冒烟，极不稳定，容易分解为$PbCl_2$和Cl_2。

③ SnS_2。SnS_2是黄色固体，俗称金粉。H_2S通入Sn(Ⅳ)盐溶液得SnS_2沉淀，Sn和S直接反应也生成SnS_2。

SnS_2与碱金属硫化物(或硫化铵)反应，生成硫代酸盐而溶解：

$$SnS_2 + S^{2-} = SnS_3^{2-}$$

④ PbS。Pb^{2+}与S^{2-}反应生成黑色的PbS沉淀。该反应用于检验Pb^{2+}或S^{2-}。PbS的溶解度很小，不溶于稀盐酸和碱金属硫化物，但可溶于浓盐酸和稀硝酸。反应方程式如下：

$$PbS + 4HCl(浓) = H_2PbCl_4 + H_2S\uparrow$$

$$3PbS + 2NO_3^- + 8H^+ = 3Pb^{2+} + 3S\downarrow + 2NO\uparrow + 4H_2O$$

PbS是半导体材料，晶体中若S过剩是p型，若Pb过剩则是n型。

⑤ $Pb(Ac)_2$。PbO溶于HAc得$Pb(Ac)_2 \cdot 3H_2O$晶体。它是一种无色晶体，极易溶于水，有甜味，有毒，俗称铅糖或铅霜。它是共价化合物，在水中解离度很小，这一点不同于其他的可溶性盐。

⑥ $PbCrO_4$。Pb^{2+}与CrO_4^{2-}反应生成$PbCrO_4$黄色沉淀。该反应用来鉴定Pb^{2+}和CrO_4^{2-}。$PbCrO_4$为黄色颜料，俗称铬黄。$PbCrO_4$与氢氧化钠共煮，可生成红色的碱式铬酸铅$Pb(OH)_2 \cdot PbCrO_4$。

铅盐有毒，其毒性是由于Pb^{2+}和蛋白质分子中半胱氨酸中的巯基(—SH)作用生成难溶物。若铅中毒，可注射EDTA-HAc钠盐溶液解毒。

习　题

11.1　氢有哪三种同位素？写出重水的分子式。

11.2　什么是硬水？硬水软化有哪些方法？

11.3　大气中的臭氧是怎样形成的？

11.4　磷酐为什么能做干燥剂？磷酐吸水和硅胶吸水有何不同？

11.5　金刚石和石墨的结构、性质有什么不同？如何把石墨转化为金刚石？

11.6　水晶、刚玉、红宝石、蓝宝石的化学成分是什么？

11.7　干燥氨气应选用下列哪种干燥剂？

浓H_2SO_4；$CaCl_2$；P_4O_{10}；NaOH(s)。

11.8　试解释以下现象：

(1) 浓HCl在空气中发烟。

(2) 工业盐酸呈黄色。

(3) 车间使用的氯气罐，常见到外壁结一层白霜。

(4) I_2难溶于水而易溶于KI溶液。

(5) 在常态下，氟和氯是气体，溴是液体，碘是固体。

(6) AgF、AgCl、AgBr、AgI的溶解度依次降低。

11.9　用化学反应方程式解释下列现象：

(1) 浓氨水可用来检验氯气管道是否漏气。

(2) 不用湿法制取无水$AlCl_3$。

(3) 泡沫灭火器中装的药剂为 $Al_2(SO_4)_3$ 和 $NaHCO_3$，遇水即产生泡沫。

(4) 明矾可净水。

(5) Pb 不溶于 HAc，但若通入 O_2 则可溶。

(6) 澄清的石灰水，通入 CO_2 变为白色浑浊，继续通入 CO_2 又变成澄清溶液，加热该溶液又出现白色浑浊。

11.10 如何鉴别以下物质？

(1) NaOH；Na_2CO_3；$NaHCO_3$。

(2) CaO；$CaCO_3$；$CaSO_4$。

11.11 下列各对物质在酸性溶液中能否共存，为什么？

(1) H_2S 与 H_2O_2；(2) $FeCl_3$ 与 KI；(3) KI 与 KIO_3；(4) NaBr 与 $NaBrO_3$。

11.12 完成下列反应方程式：

(1) $Na+NH_3 \longrightarrow$

(2) $Na_2O_2+H_2O \longrightarrow$

(3) $KO_2+H_2O \longrightarrow$

(4) $Na_2O_2+CO_2 \longrightarrow$

(5) $Ca(HCO_3)_2 \xrightarrow{\triangle}$

(6) $Na_2O_2+KMnO_4+H_2SO_4 \longrightarrow$

(7) $H_2O_2+KI+H_2SO_4 \longrightarrow$

(8) $H_2O_2+Cl_2 \longrightarrow$

(9) $Na_2S_2O_3+HCl \longrightarrow$

(10) $AlCl_3+K_2S_2O_7 \xrightarrow{\triangle}$

(11) $As_2S_3+NaOH \longrightarrow$

(12) $As_2S_3+Na_2S \longrightarrow$

(13) $KNO_2+KMnO_4+H_2SO_4 \longrightarrow$

(14) $NH_4HCO_3 \longrightarrow$

(15) $FeO+HNO_3 \longrightarrow$

(16) $Pb(NO_3)_3 \xrightarrow{\triangle}$

(17) $PbO_2+Mn^{2+}+H^+ \longrightarrow$

(18) $SnCl_2+Hg^{2+} \longrightarrow$

11.13 分析某水样，其中含 CaO 34 $mg \cdot L^{-1}$，含 MgO 16.0 $mg \cdot L^{-1}$。这种水的硬度是多大？

11.14 有一种白色晶体，易溶于水，焰色反应呈紫色。该白色晶体与盐酸作用放出 CO_2 气体，在所得溶液中加入 $CaCl_2$ 溶液不产生沉淀。这种白色晶体是什么物质？

11.15 有一种钠盐 A 溶于水后，加入稀盐酸，有刺激性气体 B 产生，同时有黄色沉淀 C 析出，气体 B 能够使 $KMnO_4$ 溶液褪色。若通 Cl_2 于 A 溶液中，Cl_2 即消失并得到溶液 D。D 与钡盐作用，生成不溶于稀硝酸的白色沉淀 E。试确定 A、B、C、D、E 各为何物，写出各步反应的方程式。

11.16 某化合物 A 受热后分解产生一种气体 B 和固体 C。B 可将要熄灭的火柴复燃。C 的水溶液在酸性条件下与碘离子反应，得到的溶液遇淀粉显蓝色。C 的水溶液在酸性介质中可使高锰酸钾溶液褪色。在检验时，A 和 C 都可以与 $FeSO_4$ 和 H_2SO_4 发生棕色环反应，可通过加入尿素或者氨基磺酸的方法除去 C 而单独检验 A。指出 A、B、C 各是什么，并写出有关的化学方程式。

11.17 有一红色粉末 X，加 HNO_3 得棕色沉淀物 A。在沉淀分离后的溶液 B 中加入 K_2CrO_4，得黄色沉淀 C。在 A 中加入浓 HCl 则有气体 D 放出。气体 D 通入加有适量 NaOH 的溶液 B，可得到 A。试判断 X、A、B、C、D 各为何物，写出各步反应的方程式。

第12章 副族元素

知识要点

（1）了解 d 区和 ds 区元素的特点、共性和递变规律。
（2）了解钛单质及重要化合物的性质和用途。
（3）掌握铬单质及重要化合物的性质和用途。
（4）掌握锰的重要化合物的性质和用途。
（5）掌握铁、钴、镍单质及重要化合物的性质和用途。
（6）掌握铜、银、金单质及重要化合物的性质和用途。
（7）掌握锌、汞单质及重要化合物的性质和用途。

12.1 副族元素通论

副族元素可分为 d 区元素和 ds 区元素。d 区元素是指第ⅢB～ⅧB 族元素，ds 区元素是指第ⅠB、ⅡB 族元素。d 区元素的外围电子构型是 $(n-1)d^{1\sim10}ns^{0\sim2}$，ds 区元素的外围电子构型是 $(n-1)d^{10}ns^{1\sim2}$。它们分布在第 4、5、6 周期之中。

表 12-1 第 4 周期 d 区、ds 区元素的某些性质

性质	Sc $3d^14s^2$	Ti $3d^24s^2$	V $3d^34s^2$	Cr $3d^54s^1$	Mn $3d^54s^2$	Fe $3d^64s^2$	Co $3d^74s^2$	Ni $3d^84s^2$	Cu $3d^{10}4s^1$	Zn $3d^{10}4s^2$
熔点/℃	1 539	1 675	1 890	1 890	1 204	1 535	1 495	1 453	1 083	419
沸点/℃	2 727	3 260	3 380	2 482	2 077	3 000	2 900	2 732	2 595	907
原子半径/pm	161	145	132	125	124	124	125	125	128	133
M^{2+}半径/pm	—	90	88	84	80	76	74	69	72	74
第 1 电离能/($kJ \cdot mol^{-1}$)	631	658	650	652.8	717.4	759.4	758	736.7	745.5	906.4
室温下密度/($g \cdot cm^{-3}$)	2.99	4.50	5.96	7.20	7.20	7.86	8.90	8.90	8.92	7.14
氧化态	3	−1, 0, 2 3, 4	−1, 0, 2, 3, 4, 5	−2, −1, 0 2, 3, 4 5, 6	−1, 0, 1 2, 3, 4 5, 6, 7	0, 2, 3 4, 5, 6	0, 2 3, 4	0, 2 3, (4) *	1, 2 3	(1) 2

*（ ）内为不稳定氧化态。

同一周期的 d 区或 ds 区元素有许多相似性。如金属性递变不明显，原子半径、电离势等随原子序数增加虽有变化，但不显著，都反映出 d 区或 ds 区元素从左至右的水平相似性。

d 区和 ds 区元素有许多共同的性质：

(1) 它们都是金属，因为它们最外层都只有 1～2 个电子(Pd 除外)。它们的硬度大，熔沸点较高。第 4 周期 d 区元素都是比较活泼的金属，都能置换酸中的氢；而第 5、6 周期的 d 区元素较不活泼，它们很难和酸作用。

(2) 除少数例外，它们都存在多种氧化态，且相邻两个氧化态的差值为 1 或 2，如 Mn，它有：－1，0，1，2，3，4，5，6，7。而 p 区元素相邻两个氧化态间的差值常是 2，如 Cl，它有：－1，0，1，3，5，7 等氧化态。最高氧化态和族号相等，但Ⅷ族除外。第 4 周期 d 区元素最高氧化态的化合物一般不稳定；而第 5、6 周期 d 区元素最高氧化态的化合物则比较稳定，且最高氧化态化合物主要以氧化物、含氧酸或氟化物的形式存在，如 WO_3、WF_6、MnO_4^-、FeO_4^{2-}、CrO_4^{2-} 等，最低氧化态的化合物主要以配合物形式存在，如$[Cr(CO)_5]^{2-}$。

(3) 它们的水合离子和酸根离子常呈现一定的颜色。这些离子的颜色同它们的离子存在未成对的 d 电子发生跃迁有关。常见酸根离子的颜色有：CrO_4^{2-}(黄色)、$Cr_2O_7^{2-}$(橙色)、MnO_4^{2-}(绿色)、MnO_4^-(紫红色)。

表 12-2　某些 d 区元素水合离子的颜色

电子构型	未成对电子数	阳离子	水合离子颜色
$3d^0$	0 0	Sc^{3+} Ti^{4+}	无色 无色
$3d^1$	1 1	Ti^{3+} V^{4+}	紫色 蓝色
$3d^2$	2	V^{3+}	绿色
$3d^3$	3 3	V^{2+} Cr^{3+}	紫色 紫色
$3d^4$	4 4	Mn^{3+} Cr^{2+}	紫色 蓝色
$3d^5$	5 5	Mn^{2+} Fe^{3+}	肉色 浅紫色
$3d^6$	4	Fe^{2+}	绿色
$3d^7$	3	Co^{2+}	粉红色
$3d^8$	2	Ni^{2+}	绿色
$3d^9$	1	Cu^{2+}	蓝色
$3d^{10}$	0	Zn^{2+}	无色

(4) 它们的原子或离子形成配合物的倾向都较大，因为它们的电子构型具有接受配体孤电子对的条件。

以上这些性质都和它们的电子层结构有关。

12.2　d区元素

12.2.1　钛及其化合物(选学)

12.2.1.1　金属钛

钛是周期系第ⅣB族的第1个元素。它在地壳中的质量百分含量为0.45%,仅次于镁而居第10位。虽然它在地壳中的含量比较丰富,但由于它的存在极为分散,而且从矿石中提炼较为困难,所以过去人们一直认为钛是一种稀有金属。钛的矿物很多,主要的有钛铁矿(主要成分为$FeTiO_3$)和金红石(主要成分为TiO_2),其次还有钒钛铁矿等。

目前工业上常用钛铁矿和金红石为原料制备金属钛。以钛铁矿为原料制备金属钛时,首先用浓硫酸处理钛铁矿矿粉,反应如下:

$$FeTiO_3 + 2H_2SO_4 = TiOSO_4 + FeSO_4 + 2H_2O$$

用水浸取固相物得钛盐水溶液,加热使其水解即得偏钛酸沉淀:

$$TiOSO_4 + 2H_2O = H_2TiO_3\downarrow + H_2SO_4$$

煅烧偏钛酸即得TiO_2:

$$H_2TiO_3 \xlongequal{\triangle} TiO_2 + H_2O$$

将TiO_2与碳按一定比例混合,加热到1 000～1 100 K通入氯气,使TiO_2转变为$TiCl_4$后,再用镁还原而制得海绵状的金属钛:

$$TiO_2 + 2C + 2Cl_2 \xlongequal{\triangle} TiCl_4\uparrow + 2CO\uparrow$$

$$TiCl_4 + 2Mg \xlongequal{\triangle} Ti + 2MgCl_2$$

为防止钛在高温下与空气中的氧气或氮气作用,反应需在氩气中进行。所得海绵状钛用一定浓度的盐酸浸洗,以除去金属镁和氯化镁,再通过电弧熔融制得钛锭。

钛是银白色金属,熔点较高,机械强度与钢相近,但其密度只有同体积钢的一半。钛是一种较活泼的金属,但其表面易形成一层致密的氧化物保护膜,使它具有很强的抗腐蚀性能,特别是能抗海水的侵蚀,所以钛广泛应用于化学工业、航海工业和航天工业等。

钛在室温下与水和稀酸不发生反应,但可溶于浓盐酸或热稀盐酸中,生成三氯化钛:

$$2Ti + 6HCl = 2TiCl_3 + 3H_2\uparrow$$

钛溶于氢氟酸,生成配合物:

$$Ti + 6HF = [TiF_6]^{2-} + 2H^+ + 2H_2\uparrow$$

钛还能与熔碱反应,生成偏钛酸盐:

$$Ti + 2NaOH + H_2O = Na_2TiO_3 + 2H_2\uparrow$$

12.2.1.2 钛的重要化合物

(1) 二氧化钛。二氧化钛在自然界中有三种晶型，即金红石、锐钛矿和板钛矿；其中最重要的是金红石，由于含有少量杂质而呈现红色或桃红色。

纯净的二氧化钛是白色粉末，俗称“钛白”。它是目前最好的白色颜料，其覆盖性优于铅白($PbCO_3$)，耐久性胜过锌白(ZnO)，而且无毒性。

二氧化钛难溶于水和稀酸，但可以和热浓硫酸、浓碱及熔融 Na_2CO_3 发生反应：

$$TiO_2 + H_2SO_4(\text{浓}) = TiOSO_4 + H_2O$$

$$TiO_2 + 2NaOH(\text{浓}) = Na_2TiO_3 + H_2O$$

$$TiO_2 + Na_2CO_3 = Na_2TiO_3 + CO_2\uparrow$$

二氧化钛与氢氟酸作用生成配合物：

$$TiO_2 + 6HF = H_2[TiF_6] + 2H_2O$$

(2) 四氯化钛。四氯化钛是钛最重要的卤化物，通常由 TiO_2、氯气和碳在高温下反应而制得：

$$TiO_2 + 2C + 2Cl_2 \xlongequal{\triangle} TiCl_4\uparrow + 2CO\uparrow$$

四氯化钛在常温下是一种有刺激性臭味的液体，易挥发，易溶于有机溶剂，熔点为 250 K，沸点为 409 K，说明它是一种共价化合物。

四氯化钛极易水解，因而在潮湿空气中会冒白烟：

$$TiCl_4 + 3H_2O = H_2TiO_3\downarrow + 4HCl\uparrow$$

利用这一性质，可以制造烟幕。

四氯化钛具有一定的氧化性，在强还原剂作用下可将其还原成三氯化钛。例如用金属锌处理四氯化钛的盐酸溶液，从溶液中可析出紫色的六水合三氯化钛 $TiCl_3 \cdot 6H_2O$ 晶体：

$$2TiCl_4 + Zn = 2TiCl_3 + ZnCl_2$$

过量的氢气和干燥的气态四氯化钛在灼热的管式电炉中反应，可得到紫色粉末状的三氯化钛：

$$2TiCl_4 + H_2 = 2TiCl_3 + 2HCl$$

四氯化钛是钛的一种重要卤化物，以它为原料可以制备一系列钛的化合物和金属钛。此外，四氯化钛在某些有机合成反应中用作催化剂。

12.2.2 铬及其化合物

12.2.2.1 金属铬

铬在地壳中的质量百分含量为 0.01%。铬的主要矿物是铬铁矿，主要成分为 $Fe(CrO_2)_2$。

铬为银白色金属，由于铬的原子可提供 6 个价电子参与形成金属键，所以它的熔点和沸点很高，硬度是金属中最大的。

铬是一种较为活泼的金属，但其表面易形成一层致密的氧化物保护膜，所以在常温下铬对空气和水很稳定。铬难溶于硝酸和王水，因为铬在硝酸和王水中呈现钝态。

由于铬在空气中很稳定，硬度大、光泽度好，因此广泛用于电镀工业。大量的铬用于制造合金，在钢中加入铬可以提高钢的抗腐蚀性能。含铬12%以上的钢叫作不锈钢，它具有很强的抗腐蚀性能，可以用来制造化工设备。

12.2.2.2　铬的重要化合物

(1) 三氧化二铬及其水合物。将重铬酸铵加热分解，或用硫还原重铬酸钠，均可制得三氧化二铬：

$$(NH_4)_2Cr_2O_7 \xlongequal{\triangle} Cr_2O_3 + 4H_2O + N_2\uparrow$$
$$Na_2Cr_2O_7 + S \xlongequal{} Cr_2O_3 + Na_2SO_4$$

Cr_2O_3是绿色固体物质，微溶于水，熔点为2 263 K。Cr_2O_3具有两性，不但能溶于酸，而且能溶于浓的强碱中。例如：

$$Cr_2O_3 + 3H_2SO_4 \xlongequal{} Cr_2(SO_4)_3 + 3H_2O$$
$$Cr_2O_3 + 2NaOH + 3H_2O \xlongequal{} 2Na[Cr(OH)_4]$$

经过高温灼烧的Cr_2O_3在酸碱液中均呈现惰性，但与酸性熔剂共熔，可使其转变为可溶性铬(Ⅲ)盐：

$$Cr_2O_3 + 3K_2S_2O_7 \xlongequal{共熔} Cr_2(SO_4)_3 + 3K_2SO_4$$

Cr_2O_3是冶炼金属铬的原料；在玻璃工业、陶瓷工业和油漆工业中用作绿色颜料，称为铬绿；在某些有机合成中用作催化剂。

在铬(Ⅲ)盐中加入碱，可析出灰蓝色的胶状水合三氧化二铬沉淀($Cr_2O_3 \cdot nH_2O$)，其含水量是可变的，通常称之为氢氧化铬，习惯上用$Cr(OH)_3$表示。

$Cr(OH)_3$难溶于水，具有两性，既溶于酸也溶于碱：

$$Cr(OH)_3 + 3H^+ \xlongequal{} Cr^{3+} + 3H_2O$$
$$Cr(OH)_3 + OH^- \xlongequal{} [Cr(OH)_4]^-$$

(2) 铬(Ⅲ)盐和亚铬酸盐。重要的铬(Ⅲ)盐有$CrCl_3 \cdot 6H_2O$、$Cr_2(SO_4)_3 \cdot 18H_2O$、$KCr(SO_4)_2 \cdot 12H_2O$，它们皆易溶于水。

铬(Ⅲ)盐在水溶液中可发生水解作用：

$$[Cr(H_2O)_6]^{3+} + H_2O \rightleftharpoons [Cr(OH)(H_2O)_5]^{2+} + H_3O^+$$

降低酸度，水解程度增大，并可发生一系列的缩合反应，生成多核配合物：

$$[Cr(H_2O)_6]^{3+} + [Cr(OH)(H_2O)_5]^{2+} \rightleftharpoons [(H_2O)_5Cr{-}\overset{\displaystyle H}{O}{-}Cr(H_2O)_5]^{5+} + H_2O$$

$$2[Cr(OH)(H_2O)_5]^{2+} \rightleftharpoons \left[(H_2O)_4Cr\begin{matrix}\overset{\displaystyle H}{O}\\ \diagup\quad\diagdown\\ \diagdown\quad\diagup\\ \underset{\displaystyle H}{O}\end{matrix}Cr(H_2O)_4\right]^{4+} + 2H_2O$$

继续加碱，最后可析出灰蓝色的$Cr(OH)_3$胶状沉淀。

在酸性介质中，Cr^{3+}是铬的最稳定氧化态，只有用很强的氧化剂才能把它氧化成Cr(Ⅵ)。例如：

$$10Cr^{3+} + 6MnO_4^- + 11H_2O = 5Cr_2O_7^{2-} + 6Mn^{2+} + 22H^+$$

三氧化二铬或氢氧化铬溶于强碱可得深绿色的亚铬酸盐$[Cr(OH)_4]^-$。

在碱性介质中，亚铬酸盐具有较强的还原性，可被过氧化氢氧化成铬酸盐：

$$2[Cr(OH)_4]^- + 3H_2O_2 + 2OH^- = 2CrO_4^- + 8H_2O$$

亚铬酸盐易水解，在沸水中可完全水解，生成灰蓝色的水合三氧化二铬沉淀：

$$2[Cr(OH)_4]^- + (n-3)H_2O \rightleftharpoons Cr_2O_3 \cdot nH_2O \downarrow + 2OH^-$$

(3) 铬(Ⅵ)的化合物。

① CrO_3。CrO_3俗称“铬酐”。在$Na_2Cr_2O_7$的饱和溶液中加入过量的浓硫酸，即可析出暗红色的CrO_3晶体：

$$Na_2Cr_2O_7 + 2H_2SO_4(浓) = 2CrO_3 \downarrow + 2NaHSO_4 + H_2O$$

CrO_3易溶于水，在288 K时溶解度为166 g/100 g H_2O。CrO_3溶于水生成铬酸H_2CrO_4。铬酸是强酸，其酸度接近于硫酸，但不稳定，只能存在于溶液中。

CrO_3有毒，对热不稳定，加热超过其熔点(470 K)时，会逐步分解，最后得到Cr_2O_3：

$$4CrO_3 \xrightarrow{\triangle} 2Cr_2O_3 + 3O_2 \uparrow$$

CrO_3具有强氧化性，遇有机物质即发生猛烈反应，甚至着火、爆炸。例如CrO_3与酒精接触时即发生猛烈反应以致着火：

$$4CrO_3 + C_2H_5OH = 2Cr_2O_3 + 2CO_2 \uparrow + 3H_2O$$

② 铬酸盐和重铬酸盐。重要的铬酸盐有K_2CrO_4和Na_2CrO_4，它们是黄色晶体。重要的重铬酸盐有$K_2Cr_2O_7$和$Na_2Cr_2O_7$，它们是橙红色晶体。$K_2Cr_2O_7$俗称红矾钾，$Na_2Cr_2O_7$俗称红矾钠。

CrO_4^{2-}离子中的Cr—O键较弱，在酸性溶液中可以缩合成简单的多铬酸根：

$$\underset{(黄色)}{2CrO_4^{2-}} + 2H^+ \rightleftharpoons \underset{(橙红色)}{Cr_2O_7^{2-}} + H_2O$$

酸度对平衡的影响很大，加酸时，平衡向右移动，溶液中$Cr_2O_7^{2-}$占优势；加碱时，平衡向左移动，CrO_4^{2-}占优势。

在铬酸盐的溶液中加入可溶性钡盐、铅盐和银盐时，得到相应的铬酸盐沉淀：

$$Ba^{2+} + CrO_4^{2-} = BaCrO_4 \downarrow (黄色)$$

$$Pb^{2+} + CrO_4^{2-} = PbCrO_4 \downarrow (黄色)$$

$$2Ag^{2+} + CrO_4^{2-} = Ag_2CrO_4 \downarrow (砖红色)$$

$BaCrO_4$俗称柠檬黄，$PbCrO_4$俗称铬黄，都可用作黄色颜料。

在重铬酸盐的溶液中加入可溶性钡盐、铅盐和银盐时，得到的不是相应的重铬酸盐，而是相应的铬酸盐沉淀：

$$2Ba^{2+} + Cr_2O_7^{2-} + H_2O = 2BaCrO_4 \downarrow + 2H^+$$

$$2Pb^{2+} + Cr_2O_7^{2-} + H_2O = 2PbCrO_4 \downarrow + 2H^+$$

$$4Ag^{2+} + Cr_2O_7^{2-} + H_2O = 2Ag_2CrO_4 \downarrow + 2H^+$$

重铬酸盐在酸性溶液中具有强氧化性，可以氧化 $FeSO_4$、H_2S、KI、K_2SO_3、HCl 等许多物质，而本身被还原成 Cr^{3+}：

$$K_2Cr_2O_7 + 6FeSO_4 + 7H_2SO_4 = 3Fe_2(SO_4)_3 + Cr_2(SO_4)_3 + K_2SO_4 + 7H_2O$$

$$K_2Cr_2O_7 + 3K_2SO_3 + 4H_2SO_4 = Cr_2(SO_4)_3 + 4K_2SO_4 + 4H_2O$$

$$K_2Cr_2O_7 + 3H_2S + 4H_2SO_4 = Cr_2(SO_4)_3 + 3S\downarrow + K_2SO_4 + 7H_2O$$

$$K_2Cr_2O_7 + 6KI + 7H_2SO_4 = Cr_2(SO_4)_3 + 3I_2 + 4K_2SO_4 + 7H_2O$$

$$K_2Cr_2O_7 + 14HCl = 2CrCl_3 + 3Cl_2\uparrow + 7H_2O + 2KCl$$

$K_2Cr_2O_7$是最重要的重铬酸盐。在工业上是以铬铁矿为原料制得的，反应式为：

$$4Fe(CrO_2)_2 + 8Na_2CO_3 + 7O_2 = 8Na_2CrO_4 + 2Fe_2O_3 + 8CO_2\uparrow$$

$$2Na_2CrO_4 + H_2SO_4 = Na_2Cr_2O_7 + Na_2SO_4 + H_2O$$

$$Na_2Cr_2O_7 + 2KCl = K_2Cr_2O_7 + 2NaCl$$

$K_2Cr_2O_7$是重要和常用的氧化剂。由于它的性质较为稳定，不含结晶水，容易制纯，所以在分析化学中常用它作为基准物质。饱和重铬酸钾溶液和浓硫酸的混合物叫作铬酸洗液，有极强的氧化性，在实验室中常用来洗涤玻璃器皿。

12.2.3 锰及其化合物

锰是第ⅦB族的第1个元素。纯锰的用途不大，常用来制造各种合金钢。在锰的各种化合物中，常见和重要的是氧化态为+2、+4、+6和+7的化合物。

12.2.3.1 锰(Ⅱ)的化合物

锰(Ⅱ)的化合物有锰(Ⅱ)盐和氢氧化锰(Ⅱ)。在锰(Ⅱ)盐中，强酸盐如 $MnSO_4$、$MnCl_2$、$Mn(NO_3)_2$、$Mn(ClO_4)_2$ 等易溶于水，而弱酸盐如 MnS、$MnCO_3$、MnC_2O_4、$Mn_3(PO_4)_2$等一般难溶于水。

Mn^{2+}的价电子构型为 $3d^5$，d 轨道半充满，所以 Mn^{2+} 比较稳定，只有在强酸性的热溶液中用强氧化剂才能将其氧化。例如：

$$2Mn^{2+} + 5S_2O_8^{2-} + 8H_2O \xlongequal{\triangle} 2MnO_4^- + 10SO_4^{2-} + 16H^+$$

$$2Mn^{2+} + 5NaBiO_3 + 14H^+ \xlongequal{\triangle} 2MnO_4^- + 5Na^+ + 5Bi^{3+} + 7H_2O$$

上述反应是 Mn^{2+} 的特征反应，由于生成 MnO_4^- 而使溶液呈紫红色，因此在分析中常用这两个反应来检验 Mn^{2+} 离子。

硫酸锰 $MnSO_4$是重要的锰(Ⅱ)盐，无水硫酸锰是白色固体，热稳定性很高，强热时不易分解。

在可溶性锰(Ⅱ)盐溶液中加入强碱溶液，可析出白色胶状的 $Mn(OH)_2$ 沉淀。$Mn(OH)_2$ 不稳定，与空气接触即被氧化成棕色的 $MnO(OH)_2$：

$$Mn^{2+} + 2OH^- \longrightarrow Mn(OH)_2\downarrow$$
$$2Mn(OH)_2 + O_2 \longrightarrow 2MnO(OH)_2\downarrow$$

以上事实说明，Mn(Ⅱ)在碱性溶液中不如在酸性溶液中稳定，易被氧化成 Mn(Ⅳ)。

12.2.3.2 二氧化锰

MnO_2 是一种黑色粉末状物质，难溶于水。它在中性溶液中较为稳定，在酸性或碱性介质中易发生氧化还原反应。

在酸性溶液中，MnO_2 是强氧化剂，能与许多还原性物质发生氧化还原反应。例如：

$$MnO_2 + H_2O_2 + 2H^+ \longrightarrow Mn^{2+} + O_2\uparrow + 2H_2O$$
$$MnO_2 + SO_3^{2-} + 2H^+ \longrightarrow Mn^{2+} + SO_4^{2-} + H_2O$$
$$MnO_2 + 4HCl(\text{浓}) \longrightarrow MnCl_2 + Cl_2\uparrow + 2H_2O$$

最后一个反应是实验室中制备氯气的反应。

MnO_2 还可与浓硫酸反应放出氧气：

$$2MnO_2 + 2H_2SO_4(\text{浓}) \longrightarrow 2MnSO_4 + O_2\uparrow + 2H_2O$$

在碱性介质中，MnO_2 具有较弱的还原性。例如 MnO_2 和 KOH 或 K_2CO_3 的混合物在空气中加热熔融，可以得绿色的锰酸钾 K_2MnO_4：

$$2MnO_2 + 4KOH + O_2 \longrightarrow 2K_2MnO_4 + 2H_2O$$
$$2MnO_2 + 2K_2CO_3 + O_2 \longrightarrow 2K_2MnO_4 + 2CO_2\uparrow$$

如果用氧化剂代替空气中的氧，则反应进行得更快：

$$3MnO_2 + 6KOH + KClO_3 \longrightarrow 3K_2MnO_4 + KCl + 3H_2O$$

二氧化锰是常用的氧化剂，也是制备锰(Ⅱ)盐的基本原料。二氧化锰能够催化油类的氧化作用，把它加入油漆中，能够加速油漆的干燥速度。在玻璃工业中，加入二氧化锰能够清除玻璃的绿色。二氧化锰也大量用在干电池中。

12.2.3.3 锰酸盐

比较常见的锰酸盐有 K_2MnO_4 和 Na_2MnO_4。锰酸盐不太稳定，只能存在于强碱性介质中，在中性溶液中易歧化为 MnO_4^- 和 MnO_2：

$$3MnO_4^{2-} + 2H_2O \longrightarrow 2MnO_4^- + MnO_2 + 4OH^-$$

在上述平衡体系中加酸，平衡向右移动，绿色的 MnO_4^{2-} 瞬间转变成 MnO_4^-。即使很弱的酸，如向溶液中通入 CO_2，歧化反应也能进行得很完全：

$$3MnO_4^{2-} + 4H^+ \longrightarrow 2MnO_4^- + MnO_2 + 2H_2O$$
$$3MnO_4^{2-} + 2CO_2 \longrightarrow 2MnO_4^- + MnO_2 + 2CO_3^{2-}$$

锰酸盐是一种强氧化剂，但由于它不稳定，所以一般不用作氧化剂。

12.2.3.4 高锰酸盐

最重要的 Mn(Ⅶ)化合物是高锰酸钾($KMnO_4$)。工业上一般采用电解法或 Cl_2 氧化锰酸钾(K_2MnO_4)来制备 $KMnO_4$。锰酸钾是制备高锰酸钾的中间体：

$$2MnO_4^{2-} + 2H_2O \xlongequal{\text{电解}} 2MnO_4^- + 2OH^- + H_2\uparrow$$
$$2MnO_4^{2-} + Cl_2 \xlongequal{} 2MnO_4^- + 2Cl^-$$

$KMnO_4$是深紫色晶体，是强氧化剂，它和还原剂反应所得产物因溶液酸度不同而异。例如它和 SO_3^{2-} 反应：

酸性 $2MnO_4^- + 5SO_3^{2-} + 6H^+ \xlongequal{} 2Mn^{2+} + 5SO_4^{2-} + 3H_2O$

近中性 $2MnO_4^- + 3SO_3^{2-} + H_2O \xlongequal{} 2MnO_2 + 3SO_4^{2-} + 2OH^-$

碱性： $2MnO_4^- + SO_3^{2-} + 2OH^- \xlongequal{} 2MnO_4^{2-} + SO_4^{2-} + H_2O$

$KMnO_4$在水溶液中不稳定，常温下会缓慢分解：

$$4MnO_4^- + 4H^+ \xlongequal{} 4MnO_2\downarrow + 3O_2\uparrow + 2H_2O$$

$KMnO_4$晶体和冷浓 H_2SO_4作用，生成绿褐色油状 Mn_2O_7，它遇有机物即燃烧，受热会爆炸分解：

$$2KMnO_4 + H_2SO_4(\text{浓}) \xlongequal{} Mn_2O_7 + K_2SO_4 + H_2O$$
$$2Mn_2O_7 \xlongequal{} 3O_2\uparrow + 4MnO_2$$

12.2.4 铁、钴、镍

位于第4周期、第1过渡系列的3个第ⅧB族元素——铁、钴、镍，性质很相似，称为铁系元素。铁、钴、镍这三个元素原子的价电子层结构分别是 $3d^64s^2$、$3d^74s^2$、$3d^84s^2$，它们的原子半径十分相近，最外层都有2个电子，只是次外层的3d电子数不同，所以它们的性质很相似。铁的最高氧化态为+6。在一般条件下，铁的常见氧化态是+2、+3，只有与很强的氧化剂作用时才生成不稳定的+6氧化态的化合物。钴和镍的最高氧化态为+4。在一般条件下，钴和镍的常见氧化态都是+2。钴的+3氧化态在一般化合物中是不稳定的，而镍的+3氧化态更少见。

12.2.4.1 铁的化合物

(1) 铁的氧化物和氢氧化物。铁的氧化物颜色不同，FeO、Fe_3O_4 为黑色，Fe_2O_3 为砖红色。

向 Fe^{2+} 溶液中加碱生成白色 $Fe(OH)_2$，立即被空气中的 O_2氧化为棕红色的 $Fe(OH)_3$。$Fe(OH)_3$显两性，以碱性为主。新制备的 $Fe(OH)_3$能溶于强碱。

(2) 铁盐。Fe(Ⅱ)盐有两个显著的特性，即还原性和形成较稳定的配离子。Fe(Ⅱ)化合物中，$(NH_4)_2SO_4 \cdot FeSO_4 \cdot 6H_2O$(摩尔盐)比较稳定，用以配制 Fe(Ⅱ)溶液。向 Fe(Ⅱ)溶液中缓慢加入过量 CN^-，生成浅黄色的$[Fe(CN)_6]^{4-}$；其钾盐 $K_4[Fe(CN)_6] \cdot 3H_2O$ 是黄色晶体，俗称黄血盐。若向 Fe^{3+} 溶液中加入少量$[Fe(CN)_6]^{4-}$ 溶液，生成难溶的蓝色沉淀 $KFe[Fe(CN)_6]$，俗称普鲁士蓝：

$$Fe^{3+} + K^+ + [Fe(CN)_6]^{4-} = KFe[Fe(CN)_6]\downarrow$$

Fe(Ⅲ)盐有三个显著性质:氧化性、配合性和水解性。Fe^{3+}能氧化Cu为Cu^{2+},用以制备印刷电路板。$[Fe(NCS)]^{2+}$具有特征的血红色。$[Fe(CN)_6]^{3-}$的钾盐$K_3[Fe(CN)_6]$是红色晶体,俗称赤血盐。向Fe^{2+}溶液中加入$[Fe(CN)_6]^{3-}$,生成蓝色难溶的$KFe[Fe(CN)_6]$,俗称滕氏蓝:

$$Fe^{2+} + K^+ + [Fe(CN)_6]^{3-} = KFe[Fe(CN)_6]\downarrow$$

经结构分析,滕氏蓝和普鲁士蓝是同一化合物,它们有多种化学式,本章介绍的$KFe[Fe(CN)_6]$只是其中的一种。

Fe(Ⅲ)对F^-离子的亲和力很强,FeF_3(无色)的稳定常数较大,在定性和定量分析中用以掩蔽Fe^{3+}。

Fe^{3+}离子在水溶液中有明显的水解作用,在水解过程中,同时发生多种缩合反应,随着酸度的降低,缩合度可能增大而产生凝胶沉淀。利用加热水解使Fe^{3+}生成$Fe(OH)_3$除铁,是制备各类无机试剂的重要中间步骤。

12.2.4.2 钴、镍及其化合物

(1) 钴、镍。钴和镍在常温下对水和空气都较稳定。它们都溶于稀酸中,与铁不同的是:铁在浓硝酸中发生“钝化”;但钴和镍与浓硝酸发生激烈反应,与稀硝酸反应较慢。钴和镍与强碱不发生作用,故实验室中可以用镍制坩埚熔融碱性物质。

(2) 钴、镍的氧化物和氢氧化物。钴、镍的氧化物颜色各异,CoO为灰绿色,Co_2O_3为黑色,NiO为暗绿色,Ni_2O_3为黑色。

向Co^{2+}溶液中加碱,生成玫瑰红色(或蓝色)的$Co(OH)_2$,放置后逐渐被空气中的O_2氧化为棕色的$Co(OH)_3$。向Ni^{2+}溶液中加碱,生成比较稳定的绿色的$Ni(OH)_2$。

$Co(OH)_3$为碱性,溶于酸得到Co^{2+}(Co^{3+}在酸性介质中是强氧化剂):

$$4Co^{3+} + 2H_2O = 4Co^{2+} + 4H^+ + O_2\uparrow$$

(3) 钴、镍的盐。常见的Co(Ⅱ)盐是$CoCl_2 \cdot 6H_2O$,由于所含结晶水的数目不同而呈现多种不同的颜色:

$$CoCl_2 \cdot 6H_2O(\text{粉红}) \xrightarrow{52.3\ ℃} CoCl_2 \cdot 2H_2O(\text{紫红}) \xrightarrow{90\ ℃} CoCl_2 \cdot H_2O(\text{蓝紫}) \xrightarrow{120\ ℃} CoCl_2(\text{蓝})$$

这个性质用以制造变色硅胶,以指示干燥剂吸水情况。

Co(Ⅱ)盐不易被氧化,在水溶液中能稳定存在。而在碱性介质中,$Co(OH)_2$能被空气中的O_2氧化为棕色的$Co(OH)_3$沉淀。

Co(Ⅲ)是强氧化剂,在水溶液中极不稳定,易转化为Co^{2+}。Co(Ⅲ)只存在于固态和配合物中,如CoF_3、Co_2O_3、$Co_2(SO_4)_3 \cdot 18H_2O$;$[Co(NH_3)_6]Cl_3$、$K_3[Co(NH_3)_6]$、$Na_3[Co(NO_2)_6]$。

常见的Ni(Ⅱ)盐有黄绿色的$NiSO_4 \cdot 7H_2O$,绿色的$NiCl_2 \cdot 6H_2O$和绿色的$Ni(NO_3)_2 \cdot 6H_2O$。常见的配离子有$[Ni(NH_3)_6]^{2+}$、$[Ni(CN)_4]^{2-}$、$[Ni(C_2O_4)_3]^{4-}$等。Ni^{2+}在氨性溶液中与丁二酮肟(镍试剂)作用,生成鲜红色的螯合物沉淀,用以鉴定Ni^{2+}。

12.3 ds区元素

12.3.1 铜族元素

12.3.1.1 铜族元素的基本性质

铜族元素包括铜、银、金,属于ⅠB族元素,位于周期表中的ds区。铜族元素的结构特征为$(n-1)d^{10}ns^1$。从最外层电子说,铜族和ⅠA族的碱金属元素都只有1个电子,失去s电子后都呈现+1氧化态,因此在氧化态和某些化合物的性质方面ⅠB与ⅠA族元素有一些相似之处;但由于ⅠB族元素的次外层比ⅠA族元素多10个d电子,它们又有一些显著差异。如:

(1) 与同周期的碱金属相比,铜族元素的原子半径较小,第1电离势较大,表现在物理性质上:ⅠA族单质金属的熔点、沸点、硬度均低;而ⅠB族金属具有较高的熔点和沸点,有良好的延展性、导热性和导电性。

(2) 铜族元素的标准电极电势比碱金属要正。ⅠA族是极活泼的轻金属,在空气中极易被氧化,能与水剧烈反应,同族内的活泼性自上而下增大;ⅠB族都是不活泼的重金属,在空气中比较稳定,与水几乎不起反应,同族内的活泼性自上而下减小。

(3) 铜族元素有+1、+2、+3三种氧化态,而碱金属只有+1一种。碱金属离子一般是无色的,铜族水合离子大多数显颜色。

(4) ⅠA族所形成的化合物多数是离子型化合物,ⅠB族的化合物有相当程度的共价性。ⅠA族的氢氧化物都是极强的碱,并且非常稳定;ⅠB族的氢氧化物的碱性较弱,且不稳定,易脱水形成氧化物。

(5) ⅠA族的离子一般很难成为配合物的形成体,ⅠB族的离子有很强的配合能力。

12.3.1.2 铜、银、金及其化合物

(1) 铜、银和金

铜族元素的化学活性从Cu至Au降低,主要表现在与空气中氧的反应和与酸的反应上。

室温时,在纯净干燥的空气中,铜、银、金都很稳定。加热时,铜形成黑色氧化铜,但银和金不与空气中的氧化合。在含有CO_2的潮湿空气中久置,铜表面会慢慢生成一层绿色的铜锈:

$$2Cu + O_2 + H_2O + CO_2 \xlongequal{} Cu(OH)_2 \cdot CuCO_3$$

银和金不发生上述反应。

铜、银可以被硫腐蚀,特别是银对硫及硫化物(H_2S)极为敏感,这是银器暴露在含有这些物质的空气中生成一层Ag_2S黑色薄膜而使银失去白色光泽的主要原因。金不与硫直接反应。

铜族元素均能与卤素反应。铜在常温下就能与卤素反应,银与卤素的反应很慢,金必须加热才能与干燥的卤素起反应。

铜、银、金都不能与稀盐酸或稀硫酸作用放出氢气。但在有空气存在时,铜可以缓慢溶

解于稀酸中，铜还可溶于热的浓盐酸中：

$$2Cu + 4HCl + O_2 \xlongequal{} 2CuCl_2 + 2H_2O$$

$$2Cu + 2H_2SO_4 + O_2 \xlongequal{} 2CuSO_4 + 2H_2O$$

$$2Cu + 8HCl(浓) \xlongequal{\triangle} 2H_3[CuCl_4] + H_2\uparrow$$

铜和银溶于硝酸或热的浓硫酸，而金只能溶于王水(这时 HNO_3 做氧化剂，HCl 做配位剂)：

$$Cu + 4HNO_3(浓) = Cu(NO_3)_2 + 2NO_2\uparrow + 2H_2O$$

$$2Ag + 2H_2SO_4(浓) = Ag_2SO_4 + SO_2\uparrow + 2H_2O$$

$$Au + 4HCl + HNO_3 = H[AuCl_4] + NO\uparrow + 2H_2O$$

(2) 铜的化合物。

① Cu(Ⅰ)的化合物。在酸性溶液中，Cu^+ 离子易歧化，不能稳定存在：

$$2Cu^+ \rightleftharpoons Cu + Cu^{2+} \qquad K^{\ominus} = 1.2\times10^6(293\ K)$$

但必须指出，Cu^+ 在高温及干态时比 Cu^{2+} 稳定。

Cu_2O 和 Ag_2O 都是共价型化合物，不溶于水。Ag_2O 在 573 K 时分解为银和氧，而 Cu_2O 对热稳定。CuOH 和 AgOH 均很不稳定，很快分解为 M_2O。

Cu^+ 为 d^{10} 型离子，具有空的外层 s、p 轨道，能和 X^-(F^- 除外)、NH_3、$S_2O_3^{2-}$、CN^- 等配体形成稳定程度不同的配离子。

无色的$[Cu(NH_3)_2]^+$ 在空气中易于氧化成深蓝色的$[Cu(NH_3)_4]^{2+}$ 离子。

② Cu(Ⅱ)的化合物。+2 氧化态是铜的特征氧化态。在 Cu^{2+} 溶液中加入强碱，即有蓝色 $Cu(OH)_2$ 絮状沉淀析出，它微显两性，既溶于酸也能溶于浓 NaOH 溶液，形成蓝紫色$[Cu(OH)_4]^{2-}$ 离子：

$$Cu(OH)_2 + 2OH^- \xlongequal{} [Cu(OH)_4]^{2-}$$

$Cu(OH)_2$ 加热脱水变为黑色 CuO。

在碱性介质中，Cu^{2+} 可被含醛基的葡萄糖还原成红色的 Cu_2O，用以检验糖尿病。最常见的铜盐是 $CuSO_4\cdot5H_2O$(胆矾)，它是制备其他铜化合物的原料。

Cu^{2+} 为 d^9 构型，绝大多数配离子为四短两长键的细长八面体，有时干脆成为平面正方形结构。如$[Cu(H_2O)_4]^{2+}$(蓝色)、$[Cu(NH_3)_4]^{2+}$(深蓝色)、$[Cu(en)_2]^{2+}$(深蓝紫色)、$[CuCl_4]^{2-}$(淡黄色)，均为平面正方形。由于 Cu^{2+} 有一定的氧化性，所以与还原性阴离子，如 I^-、CN^- 等反应，生成较稳定的 CuI 及$[Cu(CN)_2]^-$，而不是 CuI_2 和$[Cu(CN)_4]^{2-}$。

(3) 银的化合物。氧化态为+1 的银盐的一个重要特点是只有 $AgNO_3$、AgF 和 $AgClO_4$ 等少数几种盐溶于水，其他则难溶于水。非常引人注目的是，$AgClO_4$ 和 AgF 的溶解度高得惊人(298 K 时分别为 5 570 $g\cdot L^{-1}$ 和 1 800 $g\cdot L^{-1}$)。

Cu(Ⅰ)不存在硝酸盐，而 $AgNO_3$ 却是一个最重要的试剂。固体 $AgNO_3$ 及其溶液都是氧化剂($E^{\ominus}(Ag^+/Ag)=0.799$ V)，可被氨、联氨、亚磷酸等还原成 Ag。

$$2NH_2OH + 2AgNO_3 = N_2\uparrow + 2Ag\downarrow + 2HNO_3 + 2H_2O$$
$$N_2H_4 + 4AgNO_3 = N_2\uparrow + 4Ag\downarrow + 4HNO_3$$
$$H_3PO_3 + 2AgNO_3 + H_2O = H_3PO_4 + 2Ag\downarrow + 2HNO_3$$

Ag^+和Cu^{2+}离子相似，形成配合物的倾向很大，把难溶银盐转化成配合物是溶解难溶银盐的重要方法。

(4) 金的化合物。Au(Ⅲ)化合物最稳定。Au^+像Cu^+离子一样，容易发生歧化反应，298 K时反应平衡常数为10^{13}：

$$3Au^+ \rightleftharpoons Au^{3+} + 2Au$$

可见Au^+离子在水溶液中不能存在。

Au^+像Ag^+一样，容易形成二配位的配合物，如$[Au(CN)_2]^-$。

在最稳定的+3氧化态的化合物中，有氧化物、硫化物、卤化物及配合物。

碱与Au^{3+}水溶液作用产生一种沉淀物，其脱水后变成棕色的Au_2O_3。Au_2O_3溶于浓碱形成含$[Au(OH)_4]^-$离子的盐。

将H_2S通入$AuCl_3$的无水乙醚冷溶液中，可得到Au_2S_3，它遇水后很快被还原成Au(Ⅰ)或Au。

金在473 K时和氯气作用，可得到褐红色晶体$AuCl_3$。在固态和气态时，该化合物均为二聚体(类似于Al_2Cl_6)。$AuCl_3$易溶于水，并水解形成一羟三氯合金(Ⅲ)酸：

$$AuCl_3 + H_2O = H[AuCl_3OH]$$

将金溶于王水或将Au_2Cl_6溶解在浓盐酸中，然后蒸发得到黄色的氯代金酸$HAuCl_4 \cdot 4H_2O$。由此可以制得许多含有平面正方形离子$[AuX_4]^-$的盐(X=F、Cl、Br、I、CN、SCN、NO_3)。

12.3.2 锌族元素

12.3.2.1 锌族元素的基本性质

锌族元素包括锌、镉、汞，是ⅡB族元素。锌族元素的结构特征为$(n-1)d^{10}ns^2$。锌族和ⅡA族的碱土金属元素都有2个s电子，失去s电子后都能呈+2氧化态，故ⅡB与ⅡA族元素有一些相似之处。但锌族元素的次外层有18个电子，对原子核的屏蔽较小，有效核电荷较大，对外层s电子的引力较大，其原子半径、M^{2+}离子半径都比同周期的碱土金属小，而其第1、第2电离势之和及电负性都比碱金属大。由于锌族元素是18电子层结构，所以本族元素的离子具有很强的极化力和明显的变形性，因此在性质上与碱土金属也有许多不同。如：

(1) 主要物理性质：ⅡB族金属的熔沸点都比ⅡA族低，汞在常温下是液体。ⅡA族和ⅡB族金属的导电性、导热性、延展性都较差(只有镉有延展性)。

(2) 化学活泼性：锌族元素的活泼性较碱土金属差。ⅡA族元素在空气中易被氧化，不但能从稀酸中置换出氢气，而且能从水中置换出氢气。ⅡB族在干燥空气中常温下不起反应，不能从水中置换出氢气。在稀的盐酸或硫酸中，锌易溶解，镉较难，汞则完全不溶解。

(3) 化合物的键型及形成配合物的倾向：由于ⅡB族元素的离子具有18电子构型，因而它们的化合物所表现的共价性，不管在程度上或范围上，都比ⅡA族元素的化合物所表现的共价性为大。ⅡB族金属离子形成配合物的倾向比ⅡA族金属离子强得多。

(4) 氢氧化物的酸碱性：ⅡB族元素的氢氧化物是弱碱性的，且易脱水分解；ⅡA族的氢氧化物则是强碱性的，不易脱水分解。而 $Be(OH)_2$ 和 $Zn(OH)_2$ 都是两性的。

(5) 盐的溶解度及水解情况：两族元素的硝酸盐都易溶于水；ⅡB族元素的硫酸盐易溶，而钙、锶、钡的硫酸盐则是微溶；两族元素的碳酸盐都难溶于水。ⅡB族元素的盐在溶液中都有一定程度的水解，而钙、锶和钡的盐则不水解。

(6) 某些性质的变化规律：ⅡB族元素的金属活泼性自上而下减弱，但它们的氢氧化物的碱性却自上而下增强；而ⅡA族元素的金属活泼性以及它们的氢氧化物的碱性自上而下都增强。

12.3.2.2 锌、汞及其化合物

(1) 锌和汞。锌在含有 CO_2 的潮湿空气中很快变暗，生成一层碱式碳酸锌，它是一层较紧密的保护膜：

$$4Zn + 2O_2 + 3H_2O + CO_2 = ZnCO_3 \cdot 3Zn(OH)_2$$

锌在加热条件下，可以与绝大多数非金属反应。1 273 K 时，锌在空气中燃烧生成氧化锌。汞在约 620 K 时与氧明显反应，但在约 670 K 以上，HgO 又分解为单质汞。

锌粉与硫磺共热可形成硫化锌。汞与硫磺粉研磨即能形成硫化汞。这种反常的活泼性是因为汞是液态，研磨时汞与硫磺的接触面增大，反应就容易进行。

锌既可以与非氧化性的酸反应又可以与氧化性的酸反应，而汞在通常情况下只能与氧化性的酸反应。汞与热的浓硝酸反应，生成硝酸汞：

$$3Hg + 8HNO_3 = 3Hg(NO_3)_2 + 2NO\uparrow + 4H_2O$$

用过量的汞与冷的稀硝酸反应，生成硝酸亚汞：

$$6Hg + 8HNO_3 = 3Hg_2(NO_3)_2 + 2NO\uparrow + 4H_2O$$

和汞不同，锌与铝相似，都是两性金属，能溶于强碱溶液中：

$$Zn + 2NaOH + 2H_2O = Na_2[Zn(OH)_4] + H_2\uparrow$$

锌和铝又有区别，锌溶于氨水形成氨配离子，而铝不溶于氨水形成配离子：

$$Zn + 4NH_3 + 2H_2O = [Zn(NH_3)_4]^{2+} + H_2\uparrow + 2OH^-$$

锌、汞都能与其他各种金属形成合金。锌与铜的合金称为黄铜，汞的合金称为汞齐。

(2) 锌、汞的化合物。Zn^{2+} 和 Hg^{2+} 离子均为18电子构型，均无色，故一般化合物也无色。但 Hg^{2+} 离子的极化力和变形性较强，与易变形的 S^{2-}、I^- 形成的化合物往往显共价性，呈现很深的颜色和较低的溶解度，如：ZnS(白色、难溶)和 HgS(黑色或红色，极难溶)；ZnI_2(无色、易溶)和 HgI_2(红色或黄色，微溶)。

在 Zn^{2+} 和 Hg^{2+} 离子溶液中加适量碱，发生如下反应：

$$Zn^{2+} + 2OH^- = Zn(OH)_2\downarrow\text{(白色)}$$
$$Hg^{2+} + 2OH^- = HgO\text{(黄色)}\downarrow + H_2O$$

$Zn(OH)_2$ 为两性，既可溶于酸又可溶于碱，受热脱水变为 ZnO。$Hg(OH)_2$ 在室温下不存在,只生成 HgO。而 HgO 也不够稳定,受热分解成单质。

$ZnCl_2$是固体盐中溶解度最大的(283 K, 333 g/100 g H_2O),在浓溶液中形成配合酸:

$$ZnCl_2 + H_2O \longrightarrow H[ZnCl_2(OH)]$$

这种酸有显著的酸性,能溶解金属氧化物:

$$FeO + 2H[ZnCl_2(OH)] \longrightarrow Fe[ZnCl_2(OH)]_2 + H_2O$$

故 $ZnCl_2$的浓溶液用作焊药。

$HgCl_2$(熔点为 549 K)加热能升华,常称升汞,有剧毒,稍有水解,但易氨解:

$$HgCl_2 + H_2O \longrightarrow Hg(OH)Cl + HCl$$

$$HgCl_2 + 2NH_3 \longrightarrow Hg(NH_2)Cl\downarrow(\text{白色}) + NH_4Cl$$

$HgCl_2$ 可被 $SnCl_2$还原成 Hg_2Cl_2(白色沉淀):

$$2HgCl_2 + SnCl_2 + 2HCl \longrightarrow Hg_2Cl_2\downarrow(\text{白色}) + H_2SnCl_6$$

若 $SnCl_2$过量,则进一步还原为 Hg:

$$Hg_2Cl_2 + SnCl_2 + 2HCl \longrightarrow 2Hg\downarrow(\text{黑色}) + H_2SnCl_6$$

红色 HgI_2可溶于过量 I^-溶液中:

$$Hg^{2+} + 2I^- \longrightarrow HgI_2\downarrow \;; HgI_2 + 2I^- = [HgI_4]^{2-}(\text{无色})$$

$K_2[HgI_4]$和 KOH 的混合液称为奈斯勒试剂,用以检验 NH_4^+ 或 NH_3:

$$NH_4Cl + 2K_2[HgI_4] + 4KOH \longrightarrow Hg_2NI\cdot H_2O\downarrow(\text{红色}) + KCl + 7KI + 3H_2O$$

Hg_2^{2+} 在水溶液中能稳定存在,且与 Hg^{2+} 有下列平衡:

$$Hg^{2+} + Hg \rightleftharpoons Hg_2^{2+} \qquad K^{\ominus} = 166$$

Hg_2Cl_2俗称甘汞,微溶于水,无毒,无味,但见光易分解:

$$Hg_2Cl_2 \xlongequal{\text{光}} HgCl_2 + Hg$$

它在氨水中发生歧化反应:

$$Hg_2Cl_2 + 2NH_3 \longrightarrow HgNH_2Cl\downarrow(\text{白色}) + Hg\downarrow(\text{黑色}) + NH_4Cl$$

此反应可用以检验 Hg_2^{2+} 离子。

习　题

12.1 完成并配平下列反应方程式:

(1) $Ti + HCl \longrightarrow$

(2) $Cr_2O_3 + H_2SO_4 \longrightarrow$

(3) $MnO_2 + H_2SO_4$(浓)$\longrightarrow$

(4) $Cu + HNO_3$(浓)$\longrightarrow$

(5) $Ag + H_2SO_4$(浓)$\longrightarrow$

(6) $Au + HCl + HNO_3 \longrightarrow$

(7) $Zn + NaOH + H_2O \longrightarrow$

12.2　配平下列反应方程式：

(1) Cu^{2+} + NaOH(浓) + $OH^- \longrightarrow Na_2[Cu(OH)_4]$

(2) $Cu^{2+} + I^- \longrightarrow CuI(s) + I_2$

(3) CuS + HNO_3(浓) $\longrightarrow Cu(NO_3)_2 + NO\uparrow + S\downarrow + H_2O$

(4) Zn + HNO_3(极稀) $\longrightarrow Zn(NO_3)_2 + NH_4NO_3 + H_2O$

(5) $Hg_2Cl_2 + NH_3 \longrightarrow HgNH_2Cl\downarrow + Hg\downarrow + NH_4Cl$

(6) HgS + HCl(浓) + HNO_3(浓) $\longrightarrow H_2[HgCl_4] + S\downarrow + NO\uparrow + H_2O$

12.3　用反应方程式说明下列现象：

(1) 铜器在潮湿空气中会慢慢生成一层铜绿。

(2) 在 $CuCl_2$ 浓溶液中逐渐加入水稀释时，溶液颜色由黄棕色经绿色而变为蓝色。

(3) 往 $AgNO_3$ 溶液中滴加 KCN 溶液时，先生成白色沉淀而后溶解，再加入 NaCl 溶液时并无 AgCl 沉淀生成，但加入少许 Na_2S 溶液时却析出黑色 Ag_2S 沉淀。

12.4　焊接金属时，常用浓 $ZnCl_2$ 溶液处理金属的表面。请写出该处理的化学反应方程式。

12.5　加热 $ZnCl_2 \cdot H_2O$ 得不到无水 $ZnCl_2$，请解释。

12.6　水银温度计打碎之后，该如何处理？

12.7　在硝酸铜固体中混有少量的硝酸银，如何除去硝酸银杂质？

12.8　选用适当的配合剂，将下列各种沉淀溶解，并写出相应的反应方程式：

(1) AgBr；(2) $Cu(OH)_2$；(3) $Zn(OH)_2$。

12.9　某一化合物 A 溶于水得一浅蓝色溶液。在 A 溶液中加入 NaOH 溶液可得浅蓝色沉淀 B。B 能溶于 HCl 溶液，也能溶于氨水。A 溶液中通入 H_2S，有黑色沉淀 C 生成。C 难溶于 HCl 溶液，而易溶于热浓 HNO_3 中。在 A 溶液中加入 $Ba(NO_3)_2$ 溶液，无沉淀产生；而加入 $AgNO_3$ 溶液时，有白色沉淀 D 生成。D 溶于氨水。试写出 A～D 的名称，以及各步骤的有关反应式。

12.10　怎样鉴别 Fe^{3+} 和 Fe^{2+}？举出你所知道的化学反应。

12.11　写出以钛铁矿为原料制备二氧化钛的各步反应方程式。

附录A　SI单位和我国法定计量单位

表1　SI基本单位

量的名称	单位名称	单位符号	量的名称	单位名称	单位符号
长度	米	m	热力学温度	开[尔文]	K
质量	千克或公斤	kg	物质的量	摩[尔]	mol
时间	秒	s	发光强度	坎[德拉]	cd
电流	安[培]	A			

表2　SI导出单位(摘录)

物理量	单位名称	单位符号	物理量	单位名称	单位符号
面积	平方米	m^2	电量、电荷	库[仑]	C
体积	立方米	m^3	能、功、热量	焦[耳]	J
密度	千克每立方米	kg/m^3	电位、电压、电动势	伏[特]	V
(物质的量)浓度	摩[尔]每立方米	mol/m^3	热容、熵	焦[耳]每开[尔文]	J/K
力	牛[顿]	N	摄氏温度	摄氏度	℃
压力(压强)	帕[斯卡]	Pa	偶极矩	库[仑]米	C·m

表3　与SI单位并用的我国法定计量单位

量的名称	单位名称	单位符号
时间	分、[小]时、天[日]	min、h、d
平面角	度、分、秒	(°)、(′)、(″)
质量	吨、原子质量单位	t、u
体积	升	L
能	电子伏	eV

表4　SI用于表示倍数和分数的词头(摘录)

所表示的因数	词头名称	词头符号	所表示的因数	词头名称	词头符号
10^{24}	尧[它]	Y	10^{1}	十	da
10^{21}	泽[它]	Z	10^{-1}	分	d
10^{18}	艾[可萨]	E	10^{-2}	厘	c
10^{15}	拍[它]	P	10^{-3}	毫	m
10^{12}	太[拉]	T	10^{-6}	微	μ
10^{9}	吉[咖]	G	10^{-9}	纳[诺]	n
10^{6}	兆	M	10^{-12}	皮[可]	p
10^{3}	千	k	10^{-15}	飞[母托]	f
10^{2}	百	h			

附录B　一些常用的物理化学常数

量的名称	量的符号	数值和单位
摩尔气体常数	R	8.314 510 $J \cdot mol^{-1} \cdot K^{-1}$
电子的电荷	e	$1.602\ 177\ 33 \times 10^{-19}$ C
原子质量单位	u	$1.660\ 540\ 2 \times 10^{-27}$ kg
阿伏加德罗(Avogadro)常数	N_A	$6.022\ 136\ 7 \times 10^{23}\ mol^{-1}$
法拉第(Faraday)常数	F	$9.648\ 530\ 9 \times 10^{4}\ C \cdot mol^{-1}$
普朗克(Planck)常数	h	$6.626\ 075\ 5 \times 10^{-34}\ J \cdot s$
玻耳兹曼(Boltzmann)常数	k	$1.380\ 658 \times 10^{-23}\ J \cdot K^{-1}$
波尔(Bohr)半径	α_0	$5.291\ 772\ 083 \times 10^{-11}$ m

附录 C　标准热力学数据(298.15 K, 100 kPa)

物质	$\Delta_f H_m^\ominus/(kJ \cdot mol^{-1})$	$\Delta_f G_m^\ominus/(kJ \cdot mol^{-1})$	$S_m^\ominus/(J \cdot mol^{-1} \cdot K^{-1})$
Ag(s)	0	0	42.55
AgCl(s)	−127.068	−109.789	96.2
AgBr(s)	−100.37	−96.90	107.1
AgI(s)	−61.84	−66.19	115.5
Ag_2CO_3(s)	−506.14	−437.09	167.36
Ag_2O(s)	−31.0	−11.2	121.3
Al(s)	0	0	28.33
Al_2O_3-α	−1 675.7	−1 582.3	50.92
Br_2(l)	0	0	152.23
Br_2(g)	30.907	3.110	245.463
HBr(g)	−36.4	−53.45	198.695
CaF_2(s)	−1 219.6	−1 167.3	68.87
$CaCl_2$(s)	−795.8	−748.1	104.6
CaO(s)	−635.09	−604.03	39.75
$CaCO_3$(方解石)	−1 206.92	−1 128.79	92.9
$Ca(OH)_2$(s)	−986.09	−898.49	83.39
C(金刚石)	1.895	2.900	2.377
C(石墨)	0	0	5.740
CO(g)	−110.525	−137.168	197.674
CO_2(g)	−393.51	−394.359	213.74
Cl_2(g)	0	0	223.066
HCl(g)	−92.307	−95.299	186.908
Cu(s)	0	0	33.15
CuO(s)	−157.3	−129.7	42.63

续表

物质	$\Delta_f H_m^{\ominus}$/(kJ·mol^{-1})	$\Delta_f G_m^{\ominus}$/(kJ·mol^{-1})	$S_m^{\ominus}$/(J·mol^{-1}·K^{-1})
Cu_2O(s)	−168.6	−146.0	93.14
CuS(s)	−53.1	−53.6	66.5
Cu_2S(s)	−79.5	−86.2	120.9
F_2(g)	0	0	202.78
HF(g)	−271.1	−273.2	173.779
Fe (s)	0	0	27.28
FeO(s)	−266.52	−244.3	54.0
FeS(s)	−100.0	−100.4	60.29
$FeCO_3$(s)	−747.68	−673.84	92.8
Fe_2O_3(s)	−824.2	−742.2	87.40
Fe_3O_4(s)	−1 118.4	−1 015.4	146.4
H_2(g)	0	0	130.684
H_2O(l)	−285.830	−237.129	69.91
H_2O(g)	−241.818	−228.572	188.825
H_2O_2(l)	−187.78	−120.35	109.6
HgO(红,斜方晶形)	−90.83	−58.539	70.29
I_2(s)	0	0	116.135
I_2(g)	62.438	19.327	260.69
MnO_2(s)	−520.03	−465.14	53.05
NaOH(s)	−425.609	−379.494	64.455
Na_2SO_4(s)	−1 387.08	−1 270.16	149.58
Na_2CO_3(s)	−1 130.68	−1 044.44	134.98
$NaHCO_3$(s)	−950.81	−851.0	101.7
N_2(g)	0	0	191.61
N_2O(g)	82.05	104.20	219.85
NO(g)	90.25	86.55	210.761
NH_3(g)	−46.11	−16.45	192.45
N_2H_4(l)	50.63	149.34	121.21
NO_2(g)	33.18	51.31	240.06
N_2O_4(g)	9.660	98.39	304.42
HNO_3(l)	−174.10	−80.71	155.60
NH_4NO_3(s)	−365.56	−183.87	151.08

续表

物质	$\Delta_f H_m^\ominus$/(kJ·mol^{-1})	$\Delta_f G_m^\ominus$/(kJ·mol^{-1})	$S_m^\ominus$/(J·mol^{-1}·K^{-1})
NH_4Cl(s)	−314.43	−202.87	94.6
NH_4HS(s)	−156.9	−50.5	97.5
O_2(g)	0	0	205.138
O_3(g)	142.7	163.2	238.93
S(斜方)	0	0	31.8
S(单斜)	0.29	0.096	32.55
S(g)	222.80	182.27	167.825
H_2S(g)	−20.63	−33.56	205.79
SO_2(g)	−296.830	−300.194	248.22
SO_3(g)	−395.72	−371.06	256.76
P(白磷)	0	0	41.1
P(红磷)	−17.6	−121	22.80
PCl_3(g)	−287.0	−267.8	311.78
PCl_5(g)	−374.9	−305.0	364.58
Si(s)	0	0	18.83
$SiCl_4$(l)	−687.0	−619.84	239.7
$SiCl_4$(g)	−657.01	−616.98	330.73
SiF_4(g)	−1 614.94	−1 572.65	282.49
SiO_2(石英)	−910.94	−856.64	41.84
SiO_2(无定形)	−903.49	−850.70	46.9
Sn(s,白)	0	0	51.55
Sn(s,灰)	−2.09	0.13	44.14
SnO_2(s)	−580.7	−519.6	52.3
Zn(s)	0	0	41.63
$ZnCl_2$(s)	−415.05	−369.398	111.46
ZnO(s)	−348.28	−318.30	43.64
$Zn(OH)_2$(s, β)	−641.91	−553.52	81.2
CH_4(g)	−74.81	−50.72	186.264
C_2H_6(g)	−84.68	−32.82	229.60
C_2H_2(g)	226.73	209.20	200.94
CH_3COOH(l)	−484.5	−389.9	159.8
C_2H_5OH(l)	−277.69	−174.78	160.7

附录 D　解离常数(298.15 K)

化学式	$pK_i^\ominus$	$K_i^\ominus$	化学式	$pK_i^\ominus$	$K_i^\ominus$
H_3AsO_4	2.223	$K_{a1}^\ominus = 6.0\times10^{-3}$	H_2CrO_4	0.74	$K_{a1}^\ominus = 1.8\times10^{-1}$
	6.76	$K_{a2}^\ominus = 1.7\times10^{-7}$		6.481	$K_{a2}^\ominus = 3.3\times10^{-7}$
	11.29	$K_{a3}^\ominus = 5.1\times10^{-12}$	HNO_2	3.14	7.2×10^{-4}
$HAsO_2$	9.28	5.2×10^{-10}	H_2S	7.24	$K_{a1}^\ominus = 5.7\times10^{-8}$
H_3BO_3	9.237	$K_{a1}^\ominus = 5.8\times10^{-10}$		14.92	$K_{a2}^\ominus = 1.2\times10^{-15}$
H_2CO_3	6.357	$K_{a1}^\ominus = 4.4\times10^{-7}$	H_3PO_4	2.148	$K_{a1}^\ominus = 7.1\times10^{-3}$
	10.328	$K_{a2}^\ominus = 4.7\times10^{-11}$		7.198	$K_{a2}^\ominus = 6.3\times10^{-8}$
HCN	9.21	6.2×10^{-10}		12.32	$K_{a3}^\ominus = 4.8\times10^{-13}$
HF	3.20	6.3×10^{-4}	H_3PO_3	1.43	$K_{a1}^\ominus = 3.7\times10^{-2}$
$HClO_4$	−1.6	39.8		6.68	$K_{a2}^\ominus = 2.1\times10^{-7}$
$HClO_2$	1.96	1.1×10^{-2}	$H_4P_2O_7$	0.92	$K_{a1}^\ominus = 1.2\times10^{-1}$
HClO	7.538	2.9×10^{-8}		2.10	$K_{a2}^\ominus = 7.9\times10^{-3}$
HBrO	8.55	2.8×10^{-9}		6.70	$K_{a3}^\ominus = 2.0\times10^{-7}$
HIO	10.5	3.2×10^{-11}		9.35	$K_{a4}^\ominus = 4.5\times10^{-10}$
HIO_3	0.796	1.6×10^{-1}	H_4SiO_4	9.60	$K_{a1}^\ominus = 2.5\times10^{-10}$
HIO_4	1.64	2.3×10^{-2}		11.8	$K_{a2}^\ominus = 1.6\times10^{-12}$
H_2O_2	11.64	$K_{a1}^\ominus = 2.3\times10^{-12}$		12	$K_{a3}^\ominus = 1.0\times10^{-12}$
H_2SO_4	2	$K_{a2}^\ominus = 1.0\times10^{-2}$	HAc	4.76	1.75×10^{-5}
H_2SO_3	1.89	$K_{a1}^\ominus = 1.3\times10^{-2}$	HCOOH	3.75	1.77×10^{-4}
	7.208	$K_{a2}^\ominus = 6.2\times10^{-8}$	HSCN	−1.8	63
H_2SeO_4	1.66	$K_{a2}^\ominus = 2.2\times10^{-2}$	$NH_3\cdot H_2O$	$pK_b^\ominus = 4.75$	$K_b^\ominus = 1.78\times10^{-5}$

附录E　溶度积常数(289.15 K)

难溶电解质	$K_{sp}^{\ominus}$	难溶电解质	$K_{sp}^{\ominus}$
$AgCl$	1.8×10^{-10}	Cu_2S	2.5×10^{-48}
$AgBr$	5.35×10^{-13}	CuS	6.3×10^{-36}
AgI	8.52×10^{-17}	$CuCO_3$	1.4×10^{-10}
$AgOH$	2.0×10^{-8}	$FeCO_3$	3.13×10^{-11}
Ag_2SO_4	1.20×10^{-5}	$Fe(OH)_2$	4.87×10^{-17}
Ag_2SO_3	1.50×10^{-14}	$Fe(OH)_3$	4.0×10^{-38}
Ag_2S	6.3×10^{-50}	FeS	6.3×10^{-18}
Ag_2CO_3	8.46×10^{-12}	$Hg(OH)_2$	3.0×10^{-26}
$Ag_2C_2O_4$	3.4×10^{-11}	Hg_2Cl_2	1.43×10^{-18}
Ag_2CrO_4	1.1×10^{-12}	Hg_2Br_2	6.4×10^{-23}
$Ag_2Cr_2O_7$	2.0×10^{-7}	Hg_2I_2	5.2×10^{-29}
Ag_3PO_4	8.89×10^{-17}	Hg_2CO_3	3.6×10^{-17}
$Al(OH)_3$	1.3×10^{-33}	$HgBr_2$	6.2×10^{-20}
As_2S_3	2.1×10^{-22}	HgI_2	2.8×10^{-29}
$Au(OH)_3$	5.5×10^{-46}	Hg_2S	1.0×10^{-47}
$BaCO_3$	2.6×10^{-9}	HgS(红)	4.0×10^{-53}
BaC_2O_4	1.6×10^{-7}	HgS(黑)	1.6×10^{-52}
$BaCrO_4$	1.2×10^{-10}	$K_2[PtCl_6]$	7.4×10^{-6}
$Ba_3(PO_4)_2$	3.4×10^{-23}	$La(OH)_3$	2.0×10^{-9}
$BaSO_4$	1.1×10^{-10}	LiF	1.84×10^{-3}
$Be(OH)_2$	6.92×10^{-22}	$Mg(OH)_2$	1.8×10^{-11}
$Bi(OH)_3$	6.0×10^{-31}	$MgCO_3$	3.5×10^{-8}
$BiAsO_4$	4.4×10^{-10}	MgF_2	6.5×10^{-9}
$Bi_2(C_2O_4)_3$	3.98×10^{-36}	$Mn(OH)_2$	1.9×10^{-13}

续表

难溶电解质	$K_{sp}^{\ominus}$	难溶电解质	$K_{sp}^{\ominus}$
$BiPO_4$	1.26×10^{-23}	MnS(无定性,粉红)	2.5×10^{-10}
$CaSO_4$	4.93×10^{-5}	MnS(结晶,绿)	2.5×10^{-13}
$CaSO_3\cdot\frac{1}{2}H_2O$	3.1×10^{-7}	$MnCO_3$	1.8×10^{-11}
$CaCO_3$	6.7×10^{-9}	$Ni(OH)_2$(新)	2.0×10^{-15}
$CaC_2O_4\cdot H_2O$	2.32×10^{-9}	$NiCO_3$	6.6×10^{-9}
CaF_2	2.7×10^{-11}	α-NiS	3.2×10^{-19}
$Ca(OH)_2$	5.5×10^{-6}	$PbCO_3$	7.4×10^{-14}
$Ca_3(PO_4)_2$	2.07×10^{-29}	$PbCl_2$	1.6×10^{-5}
CdS	8.0×10^{-27}	$PbCrO_4$	2.8×10^{-13}
$Cd(OH)_2$	7.2×10^{-15}	$Pb(OH)_2$	1.2×10^{-15}
$Cr(OH)_3$	6.3×10^{-31}	$Pb(OH)_4$	3.2×10^{-66}
$Co(OH)_2$(蓝)	5.92×10^{-15}	$PbSO_4$	1.6×10^{-8}
$Co(OH)_3$(粉红,新沉淀)	1.6×10^{-15}	$Pb_3(PO_4)_3$	8.0×10^{-43}
$CoCO_3$	1.4×10^{-13}	PbS	8.0×10^{-28}
$CrPO_4\cdot 4H_2O$(绿)	2.4×10^{-23}	PbF_2	2.7×10^{-8}
$CrPO_4\cdot 4H_2O$(紫)	1.0×10^{-17}	$Sn(OH)_2$	1.4×10^{-28}
$CrAsO_4$	7.7×10^{-21}	$Sn(OH)_4$	1.0×10^{-56}
CuOH	1.0×10^{-14}	$SrSO_4$	3.2×10^{-7}
$Cu(OH)_2$	2.2×10^{-20}	$ZnCO_3$	1.4×10^{-11}
CuCl	1.72×10^{-7}	$Zn(OH)_2$	3.0×10^{-17}
CuBr	6.27×10^{-9}	α-ZnS	1.6×10^{-24}
CuI	1.27×10^{-12}	β-ZnS	2.5×10^{-22}

附录 F　标准电极电势(289.15 K)

1　在酸性溶液中

电对	电极反应 氧化型$+ne^-\rightleftharpoons$还原型	$E^\ominus$/V
Li^+/Li	$Li^+ + e^- \rightleftharpoons Li$	−3.040
K^+/K	$K^+ + e^- \rightleftharpoons K$	−2.931
Ba^{2+}/Ba	$Ba^{2+} + 2e^- \rightleftharpoons Ba$	−2.912
Ca^{2+}/Ca	$Ca^{2+} + 2e^- \rightleftharpoons Ca$	−2.868
Na^+/Na	$Na^+ + e^- \rightleftharpoons Na$	−2.71
Mg^{2+}/Mg	$Mg^{2+} + 2e^- \rightleftharpoons Mg$	−2.372
Be^{2+}/Be	$Be^{2+} + 2e^- \rightleftharpoons Be$	−1.847
Al^{3+}/Al	$Al^{3+} + 3e^- \rightleftharpoons Al$	−1.662
Mn^{2+}/Mn	$Mn^{2+} + 2e^- \rightleftharpoons Mn$	−1.185
Zn^{2+}/Zn	$Zn^{2+} + 2e^- \rightleftharpoons Zn$	−0.761 8
Cr^{3+}/Cr	$Cr^{3+} + 3e^- \rightleftharpoons Cr$	−0.744
Fe^{2+}/Fe	$Fe^{2+} + 2e^- \rightleftharpoons Fe$	−0.447
Cd^{2+}/Cd	$Cd^{2+} + 2e^- \rightleftharpoons Cd$	−0.403
$PbSO_4/Pb$	$PbSO_4 + 2e^- \rightleftharpoons Pb + SO_4^{2-}$	−0.358 8
Co^{2+}/Co	$Co^{2+} + 2e^- \rightleftharpoons Co$	−0.28
Ni^{2+}/Ni	$Ni^{2+} + 2e^- \rightleftharpoons Ni$	−0.257
AgI/Ag	$AgI + e^- \rightleftharpoons Ag + I^-$	−0.152 2
Sn^{2+}/Sn	$Sn^{2+} + 2e^- \rightleftharpoons Sn$	−0.137 5
Pb^{2+}/Pb	$Pb^{2+} + 2e^- \rightleftharpoons Pb$	−0.126 2
H^+/H_2	$2H^+ + 2e^- \rightleftharpoons H_2$	0
$AgBr/Ag$	$AgBr + e^- \rightleftharpoons Ag + Br^-$	0.071 3
$S_4O_6^{2-}/S_2O_3^{2-}$	$S_4O_6^{2-} + 2e^- \rightleftharpoons 2S_2O_3^{2-}$	0.08

续表

电对	电极反应 氧化型$+ne^- \rightleftharpoons$还原型	$E^{\ominus}/V$
$S/H_2S(aq)$	$S+2H^++2e^- \rightleftharpoons H_2S(aq)$	0.142
Sn^{4+}/Sn^{2+}	$Sn^{4+}+2e^- \rightleftharpoons Sn^{2+}$	0.151
SO_4^{2-}/H_2SO_3	$SO_4^{2-}+4H^++2e^- \rightleftharpoons H_2SO_3+H_2O$	0.172
Cu^{2+}/Cu^+	$Cu^{2+}+e^- \rightleftharpoons Cu^+$	0.153
$AgCl/Ag$	$AgCl+e^- \rightleftharpoons Ag+Cl^-$	0.222 3
Hg_2Cl_2/Hg	$Hg_2Cl_2+2e^- \rightleftharpoons 2Hg+2Cl^-$	0.268 1
Cu^{2+}/Cu	$Cu^{2+}+2e^- \rightleftharpoons Cu$	0.341 9
$[Fe(CN)_6]^{3-}/[Fe(CN)_6]^{4-}$	$[Fe(CN)_6]^{3-}+e^- \rightleftharpoons [Fe(CN)_6]^{4-}$	0.358
$H_2SO_3/S_2O_3^{2-}$	$2H_2SO_3+2H^++4e^- \rightleftharpoons S_2O_3^{2-}+3H_2O$	0.400
Cu^+/Cu	$Cu^++e^- \rightleftharpoons Cu$	0.521
I_2/I^-	$I_2+2e^- \rightleftharpoons 2I^-$	0.535 5
$Cu^{2+}/CuCl$	$Cu^{2+}+Cl^-+e^- \rightleftharpoons CuCl$	0.559
H_3AsO_4/H_3AsO_3	$H_3AsO_4+2H^++2e^- \rightleftharpoons H_3AsO_3+H_2O$	0.560
$HgCl_2/Hg_2Cl_2$	$2HgCl_2+2e^- \rightleftharpoons Hg_2Cl_2+2Cl^-$	0.63
O_2/H_2O_2	$O_2+2H^++2e^- \rightleftharpoons H_2O_2$	0.695
Fe^{3+}/Fe^{2+}	$Fe^{3+}+e^- \rightleftharpoons Fe^{2+}$	0.771
Hg_2^{2+}/Hg	$Hg_2^{2+}+2e^- \rightleftharpoons 2Hg$	0.797 3
Ag^+/Ag	$Ag^++e^- \rightleftharpoons Ag$	0.799 6
Hg^{2+}/Hg	$Hg^{2+}+2e^- \rightleftharpoons Hg$	0.851
Cu^{2+}/CuI	$Cu^{2+}+I^-+e^- \rightleftharpoons CuI$	0.86
Hg^{2+}/Hg_2^{2+}	$2Hg^{2+}+2e^- \rightleftharpoons Hg_2^{2+}$	0.920
NO_3^-/HNO_2	$NO_3^-+3H^++2e^- \rightleftharpoons HNO_2+H_2O$	0.934
NO_3^-/NO	$NO_3^-+4H^++3e^- \rightleftharpoons NO+2H_2O$	0.957
HNO_2/NO	$HNO_2+H^++e^- \rightleftharpoons NO+H_2O$	0.983
HIO/I^-	$HIO+H^++2e^- \rightleftharpoons I^-+H_2O$	0.987
Br_2/Br^-	$Br_2+2e^- \rightleftharpoons 2Br^-$	1.066
IO_3^-/HIO	$IO_3^-+5H^++4e^- \rightleftharpoons HIO+2H_2O$	1.14
ClO_4^-/ClO_3^-	$ClO_4^-+2H^++2e^- \rightleftharpoons ClO_3^-+H_2O$	1.189
IO_3^-/I_2	$2IO_3^-+12H^++10e^- \rightleftharpoons I_2+6H_2O$	1.195
MnO_2/Mn^{2+}	$MnO_2+4H^++2e^- \rightleftharpoons Mn^{2+}+2H_2O$	1.224
O_2/H_2O	$O_2+4H^++4e^- \rightleftharpoons 2H_2O$	1.229

续表

电对	电极反应 氧化型+ne^- ⇌ 还原型	$E^{\ominus}$/V
HNO_2/N_2O	$2HNO_2+4H^++4e^- \rightleftharpoons N_2O+3H_2O$	1.297
Cl_2/Cl^-	$Cl_2+2e^- \rightleftharpoons 2Cl^-$	1.358
$Cr_2O_7^{2-}/Cr^{3+}$	$Cr_2O_7^{2-}+14H^++6e^- \rightleftharpoons 2Cr^{3+}+7H_2O$	1.36
ClO_4^-/Cl^-	$ClO_4^-+8H^++8e^- \rightleftharpoons Cl^-+4H_2O$	1.389
ClO_4^-/Cl_2	$2ClO_4^-+16H^++14e^- \rightleftharpoons Cl_2+8H_2O$	1.39
ClO_3^-/Cl^-	$ClO_3^-+6H^++6e^- \rightleftharpoons Cl^-+3H_2O$	1.451
PbO_2/Pb^{2+}	$PbO_2+4H^++2e^- \rightleftharpoons Pb^{2+}+2H_2O$	1.455
ClO_3^-/Cl_2	$2ClO_3^-+12H^++10e^- \rightleftharpoons Cl_2+6H_2O$	1.468
BrO_3^-/Br^-	$BrO_3^-+6H^++6e^- \rightleftharpoons Br^-+3H_2O$	1.478
BrO_3^-/Br_2	$2BrO_3^-+12H^++10e^- \rightleftharpoons Br_2+6H_2O$	1.482
MnO_4^-/Mn^{2+}	$MnO_4^-+8H^++5e^- \rightleftharpoons Mn^{2+}+4H_2O$	1.51
$HClO/Cl_2$	$2HClO+2H^++2e^- \rightleftharpoons Cl_2+2H_2O$	1.630
MnO_4^-/MnO_2	$MnO_4^-+4H^++3e^- \rightleftharpoons MnO_2+2H_2O$	1.679
H_2O_2/H_2O	$H_2O_2+2H^++2e^- \rightleftharpoons 2H_2O$	1.776
$S_2O_8^{2-}/SO_4^{2-}$	$S_2O_8^{2-}+2e^- \rightleftharpoons 2SO_4^{2-}$	2.010
FeO_4^{2-}/Fe^{3+}	$FeO_4^{2-}+8H^++3e^- \rightleftharpoons Fe^{3+}+4H_2O$	2.20
BaO_2/Ba^{2+}	$BaO_2+4H^++2e^- \rightleftharpoons Ba^{2+}+2H_2O$	2.365
$XeF_2/Xe(g)$	$XeF_2+2H^++2e^- \rightleftharpoons 2HF+Xe(g)$	2.64
F_2/F^-	$F_2+2e^- \rightleftharpoons 2F^-$	2.866
$F_2/HF(aq)$	$F_2+2H^++2e^- \rightleftharpoons 2HF(aq)$	3.053
$XeF/Xe(g)$	$XeF+e^- \rightleftharpoons Xe(g)+F^-$	3.4

2　在碱性溶液中

电对	电极反应 氧化型+ne^- ⇌ 还原型	$E^{\ominus}$/V
$Ca(OH)_2/Ca$	$Ca(OH)_2+2e^- \rightleftharpoons Ca+2OH^-$	−3.02
$Mg(OH)_2/Mg$	$Mg(OH)_2+2e^- \rightleftharpoons Mg+2OH^-$	−2.690
$[Al(OH)_4]^-/Al$	$[Al(OH)_4]^-+3e^- \rightleftharpoons Al+4OH^-$	−2.328
SiO_3^{2-}/Si	$SiO_3^{2-}+3H_2O+4e^- \rightleftharpoons Si+6OH^-$	−1.697
$Cr(OH)_3/Cr$	$Cr(OH)_3+3e^- \rightleftharpoons Cr+3OH^-$	−1.48
$[Zn(OH)_4]^{2-}/Zn$	$[Zn(OH)_4]^{2-}+2e^- \rightleftharpoons Zn+4OH^-$	−1.285

续表

电对	电极反应 氧化型$+ne^- \rightleftharpoons$还原型	$E^\ominus$/V
$HSnO_2^-/Sn$	$HSnO_2^- + H_2O + 2e^- \rightleftharpoons Sn + 3OH^-$	−0.91
H_2O/OH^-	$2H_2O + 2e^- \rightleftharpoons H_2 + 2OH^-$	−0.8277
$[Fe(OH)_4]^-/[Fe(OH)_4]^{2-}$	$[Fe(OH)_4]^- + e^- \rightleftharpoons [Fe(OH)_4]^{2-}$	−0.73
$Ni(OH)_2/Ni$	$Ni(OH)_2 + 2e^- \rightleftharpoons Ni + 2OH^-$	−0.72
AsO_4^{3-}/AsO_2^-	$AsO_4^{3-} + 2H_2O + 2e^- \rightleftharpoons AsO_2^- + 4OH^-$	−0.71
AsO_2^-/As	$AsO_2^- + 2H_2O + 3e^- \rightleftharpoons As + 4OH^-$	−0.68
SO_3^{2-}/S^{2-}	$SO_3^{2-} + 3H_2O + 6e^- \rightleftharpoons S^{2-} + 6OH^-$	−0.59
$SO_3^{2-}/S_2O_3^{2-}$	$2SO_3^{2-} + 3H_2O + 4e^- \rightleftharpoons S_2O_3^{2-} + 6OH^-$	−0.576
NO_2^-/NO	$NO_2^- + H_2O + e^- \rightleftharpoons NO + 2OH^-$	−0.46
S/S^{2-}	$S + 2e^- \rightleftharpoons S^{2-}$	−0.407
$CrO_4^{2-}/[Cr(OH)_4]^-$	$CrO_4^{2-} + 4H_2O + 3e^- \rightleftharpoons [Cr(OH)_4]^- + 4OH^-$	−0.13
O_2/HO_2^-	$O_2 + H_2O + 2e^- \rightleftharpoons HO_2^- + OH^-$	−0.076
$Co(OH)_3/Co(OH)_2$	$Co(OH)_3 + e^- \rightleftharpoons Co(OH)_2 + OH^-$	0.17
O_2/OH^-	$O_2 + 2H_2O + 4e^- \rightleftharpoons 4OH^-$	0.401
ClO^-/Cl_2	$2ClO^- + 2H_2O + 2e^- \rightleftharpoons 4OH^- + Cl_2$	0.421
MnO_4^-/MnO_4^{2-}	$MnO_4^- + e^- \rightleftharpoons MnO_4^{2-}$	0.56
MnO_4^-/MnO_2	$MnO_4^- + 2H_2O + 3e^- \rightleftharpoons MnO_2 + 4OH^-$	0.595
MnO_4^{2-}/MnO_2	$MnO_4^{2-} + 2H_2O + 2e^- \rightleftharpoons MnO_2 + 4OH^-$	0.60
ClO^-/Cl^-	$ClO^- + H_2O + 2e^- \rightleftharpoons Cl^- + 2OH^-$	0.841
HO_2^-/OH^-	$HO_2^- + H_2O + 2e^- \rightleftharpoons 3OH^-$	0.878
O_3/O_2	$O_3 + H_2O + 2e^- \rightleftharpoons O_2 + 2OH^-$	1.24

参考文献

[1] 武汉大学,吉林大学.无机化学[M].3版.北京:高等教育出版社,1994.

[2] 高职高专化学教材编写组.无机化学[M].3版.北京:高等教育出版社,2008.

[3] 大连理工大学无机化学教研室.无机化学[M].5版.北京:高等教育出版社,2008.

[4] 北京师范大学,华中师范大学,南京师范大学无机化学教研室.无机化学[M].4版.北京:高等教育出版社,2003.

[5] 天津大学无机化学教研室.无机化学[M].4版.北京:高等教育出版社,2010.

[6] 古国榜,李朴.无机化学[M].3版.北京:化学工业出版社,2010.

[7] 史文权.无机化学[M].武汉:武汉大学出版社,2011.

[8] 严宣申,王长富.普通无机化学[M].2版.北京:北京大学出版社,1999.

[9] 申泮文.无机化学[M].北京:化学工业出版社,2002.

元素周期表

原子序数 —— 92 U —— 元素符号，红色指放射性元素

元素名称 注*的是人造元素 —— 铀

$5f^36d^17s^2$ —— 外围电子层排布，括号指可能的电子层排布

238.0 —— 相对原子质量(加括号的数据为该放射性元素半衰期最长同位素的质量数)

非金属　金属　过渡元素

族/周期	IA 1	ⅡA 2	ⅢB 3	ⅣB 4	VB 5	ⅥB 6	ⅦB 7	Ⅷ 8	9	10	ⅠB 11	ⅡB 12	ⅢA 13	ⅣA 14	VA 15	ⅥA 16	ⅦA 17	0 18	电子层	0族电子数
1	1 H 氢 $1s^1$ 1.008																	2 He 氦 $1s^2$ 4.003	K	2
2	3 Li 锂 $2s^1$ 6.941	4 Be 铍 $2s^2$ 9.012											5 B 硼 $2s^22p^1$ 10.81	6 C 碳 $2s^22p^2$ 12.01	7 N 氮 $2s^22p^3$ 14.01	8 O 氧 $2s^22p^4$ 16.00	9 F 氟 $2s^22p^5$ 19.00	10 Ne 氖 $2s^22p^6$ 20.18	L K	8 2
3	11 Na 钠 $3s^1$ 22.99	12 Mg 镁 $3s^2$ 24.31											13 Al 铝 $3s^23p^1$ 26.98	14 Si 硅 $3s^23p^2$ 28.09	15 P 磷 $3s^23p^3$ 30.97	16 S 硫 $3s^23p^4$ 32.07	17 Cl 氯 $3s^23p^5$ 35.45	18 Ar 氩 $3s^23p^6$ 39.95	M L K	8 8 2
4	19 K 钾 $4s^1$ 39.10	20 Ca 钙 $4s^2$ 40.08	21 Sc 钪 $3d^14s^2$ 44.96	22 Ti 钛 $3d^24s^2$ 47.87	23 V 钒 $3d^34s^2$ 50.94	24 Cr 铬 $3d^54s^1$ 52.00	25 Mn 锰 $3d^54s^2$ 54.94	26 Fe 铁 $3d^64s^2$ 55.85	27 Co 钴 $3d^74s^2$ 58.93	28 Ni 镍 $3d^84s^2$ 58.69	29 Cu 铜 $3d^{10}4s^1$ 63.55	30 Zn 锌 $3d^{10}4s^2$ 65.39	31 Ga 镓 $4s^24p^1$ 69.72	32 Ge 锗 $4s^24p^2$ 72.61	33 As 砷 $4s^24p^3$ 74.92	34 Se 硒 $4s^24p^4$ 78.96	35 Br 溴 $4s^24p^5$ 79.90	36 Kr 氪 $4s^24p^6$ 83.80	N M L K	8 18 8 2
5	37 Rb 铷 $5s^1$ 85.47	38 Sr 锶 $5s^2$ 87.62	39 Y 钇 $4d^15s^2$ 88.91	40 Zr 锆 $4d^25s^2$ 91.22	41 Nb 铌 $4d^45s^1$ 92.91	42 Mo 钼 $4d^55s^1$ 95.94	43 Tc 锝 $4d^55s^2$ 〔98〕	44 Ru 钌 $4d^75s^1$ 101.1	45 Rh 铑 $4d^85s^1$ 102.9	46 Pd 钯 $4d^{10}$ 106.4	47 Ag 银 $4d^{10}5s^1$ 107.9	48 Cd 镉 $4d^{10}5s^2$ 112.4	49 In 铟 $5s^25p^1$ 114.8	50 Sn 锡 $5s^25p^2$ 118.7	51 Sb 锑 $5s^25p^3$ 121.8	52 Te 碲 $5s^25p^4$ 127.6	53 I 碘 $5s^25p^5$ 126.9	54 Xe 氙 $5s^25p^6$ 131.3	O N M L K	18 32 18 8 2
6	55 Cs 铯 $6s^1$ 132.9	56 Ba 钡 $6s^2$ 137.3	57~71 La~Lu 镧系	72 Hf 铪 $5d^26s^2$ 178.5	73 Ta 钽 $5d^36s^2$ 180.9	74 W 钨 $5d^46s^2$ 183.8	75 Re 铼 $5d^56s^2$ 186.2	76 Os 锇 $5d^66s^2$ 190.2	77 Ir 铱 $5d^76s^2$ 192.2	78 Pt 铂 $5d^96s^1$ 195.1	79 Au 金 $5d^{10}6s^1$ 197.0	80 Hg 汞 $5d^{10}6s^2$ 200.6	81 Tl 铊 $6s^26p^1$ 204.4	82 Pb 铅 $6s^26p^2$ 207.2	83 Bi 铋 $6s^26p^3$ 209.0	84 Po 钋 $6s^26p^4$ 〔210〕	85 At 砹 $6s^26p^5$ 〔210〕	86 Rn 氡 $6s^26p^6$ 〔222〕	P O N M L K	8 18 32 18 8 2
7	87 Fr 钫 $7s^1$ 〔223〕	88 Ra 镭 $7s^2$ 〔226〕	89~103 Ac~Lr 锕系	104 Rf 𬬻* $(6d^27s^2)$ 〔261〕	105 Db 𬭊* $(6d^37s^2)$ 〔262〕	106 Sg 𬭳* 〔263〕	107 Bh 𬭛* 〔264〕	108 Hs 𬭶* 〔265〕	109 Mt 鿏* 〔268〕	110 Uun * 〔269〕	111 Uuu * 〔272〕	112 Uub * 〔277〕								

镧系	57 La 镧 $5d^16s^2$ 138.9	58 Ce 铈 $4f^15d^16s^2$ 140.1	59 Pr 镨 $4f^36s^2$ 140.9	60 Nd 钕 $4f^46s^2$ 144.2	61 Pm 钷 $4f^56s^2$ 〔145〕	62 Sm 钐 $4f^66s^2$ 〔150.4〕	63 Eu 铕 $4f^76s^2$ 152.0	64 Gd 钆 $4f^75d^16s^2$ 157.3	65 Tb 铽 $4f^96s^2$ 158.9	66 Dy 镝 $4f^{10}6s^2$ 162.5	67 Ho 钬 $4f^{11}6s^2$ 164.9	68 Er 铒 $4f^{12}6s^2$ 167.3	69 Tm 铥 $4f^{13}6s^2$ 168.9	70 Yb 镱 $4f^{14}6s^2$ 173.0	71 Lu 镥 $4f^{14}5d^16s^2$ 175.0
锕系	89 Ac 锕 $6d^17s^2$ 〔227〕	90 Th 钍 $6d^27s^2$ 232.0	91 Pa 镤 $5f^26d^17s^2$ 231.0	92 U 铀 $5f^36d^17s^2$ 238.0	93 Np 镎 $5f^46d^17s^2$ 〔237〕	94 Pu 钚 $5f^67s^2$ 〔244〕	95 Am 镅* $5f^77s^2$ 〔243〕	96 Cm 锔* $5f^76d^17s^2$ 〔247〕	97 Bk 锫* $5f^97s^2$ 〔247〕	98 Cf 锎* $5f^{10}7s^2$ 〔251〕	99 Es 锿* $5f^{11}7s^2$ 〔252〕	100 Fm 镄* $5f^{12}7s^2$ 〔257〕	101 Md 钔* $(5f^{13}7s^2)$ 〔258〕	102 No 锘* $(5f^{14}7s^2)$ 〔259〕	103 Lr 铹* $(5f^{14}6d^17s^2)$ 〔260〕

注：相对原子质量录自1997年国际原子量表，并全部取4位有效数字。